"十四五"普通高等教育本科部委级规划教材

现代服装材料基础与应用

汪秀琛　刘哲　主编

中国纺织出版社有限公司

内 容 提 要

本书内容系统全面，包括导读部分、基础部分、应用部分及实验部分四个部分。其中，导读部分主要介绍了服装材料的历史与发展现状；基础部分主要介绍了服装用纤维、纱线、织物的形成、类别、性能，以及其他材料的种类、结构与性能；应用部分介绍了服装材料在服装产品中的设计应用、功能应用及管理应用，实验部分介绍了服装材料的基础实验及应用实验。

本书以服装材料的基础知识与实际应用为体系，强调对服装材料的系统理解和灵活应用。语言简练易懂，图片清晰直观，使各知识点更加易于理解和实际应用。本书可作为高等院校服装类专业教材，也可供服装行业技术人员、研究人员及从业人员阅读与参考。

图书在版编目（CIP）数据

现代服装材料基础与应用 / 汪秀琛，刘哲主编 . -- 北京：中国纺织出版社有限公司，2022.9

“十四五”普通高等教育本科部委级规划教材

ISBN 978-7-5180-1828-4

Ⅰ. ①现… Ⅱ. ①汪… ②刘… Ⅲ. ①服装—材料—高等学校—教材 Ⅳ. ① TS941.15

中国版本图书馆 CIP 数据核字（2022）第 108881 号

责任编辑：苗　苗　　特约编辑：籍　博

责任校对：楼旭红　　责任印制：王艳丽

中国纺织出版社有限公司出版发行

地址：北京市朝阳区百子湾东里 A407 号楼　邮政编码：100124

销售电话：010—67004422　传真：010—87155801

http://www.c-textilep.com

中国纺织出版社天猫旗舰店

官方微博 http://weibo.com/2119887771

三河市宏盛印务有限公司印刷　各地新华书店经销

2022 年 9 月第 1 版第 1 次印刷

开本：787 × 1092　1/16　印张：19

字数：380 千字　定价：59.80 元

前言 PREFACE

服装材料是服装产品的物质基础，服装材料的理解、识别及应用在服装设计与开发中，是提高服装产品质量及使用价值的核心要素。熟练掌握服装材料的基础知识及应用方法是现代服装类专业学生及服装领域从业人员的必备素质。

自2012年《服装材料基础与应用》出版以来已经历了多年，服装材料、服装材料技术、服装产品应用都经历了一系列创新与发展。为适应现代服装材料与服装产品的发展及面临的变革，为培养有创新精神、实践能力，以及具有家国情怀和可持续发展视野的高素质新时代服装设计人才和服装工程技术应用人才，笔者按照教育部关于“十四五”普通高等教育本科部委级规划教材的要求，对已有的教材进行了重新调整和修订，编写了《现代服装材料基础与应用》一书。

在本次编写过程中，笔者充分考虑了一线教学和广大读者用户应用的反馈与需求，将《服装材料基础与应用》结构与内容进行了大幅度调整和修改，从而使新书《现代服装材料基础与应用》更能满足现代服装类专业的需要。本书分为四个部分，即导读部分、基础部分、应用部分和实验部分。

其中，导读部分阐述了服装材料的概念与分类，分析了国内外服装材料的历史与发展现状。基础部分内容结合现代服装材料的最新进展，对基础知识进行了更新和调整，使基础理论知识更系统和全面，对基础知识难点内容进行了重新梳理和归类总结，配备了大量表格和图片，使基础知识更直观、更易理解。应用部分介绍了服装材料设计应用、功能应用及管理应用，更符合服装产品设计与开发的实际需求。实验部分结合基础知识，介绍了服装用纤维、纱线和织物的识别与分析等基础实验；结合实际应用需求介绍了服装材料设计与功能等应用实验，使服装材料在实际生产过程中应用得更合理。

本书还结合高等教育新工科、新设计、一流课程、课程思政教育教学改革的要求和研究成果，以及最新服装专业培养目标和培养要求，增加了课程教学设计、学习指导和学习思考，新增了课程思政元素及教学和学习目标，使广大读者和从业者从新工科、新设计和思政角度更好地学习、理解、消化和思考，以帮助读者更好地理解与掌握服装材料相关知识，并合理、科学地应用到实践中。

本次编写的分工如下：第一章、第四章、第五章、第八章由西安工程大学汪秀琛编写，绪论、第二章、第三章、第七章由西安工程大学刘哲编写，第六章由浙江理工大学刘正编写，第九章、第十章由西安工程大学薛媛编写。全书由汪秀琛和刘哲统稿。

本书在编写过程中还参考了许多教材、专著、论文、标准、文献，引用了一些学者的科研成果，笔者在此谨对这些专家学者致以谢意。

由于编者水平有限，书中难免有不妥之处，热忱欢迎广大读者批评指正。

编　者

2022 年 3 月

教学授课内容、课时分配、课程思政参考

该教材分为四个部分，分别为导读部分、基础部分、应用部分和实验部分。使用该教材授课时，可根据各教学单位的教学培养计划、教学目标进行课程内容与课时的设计。可以将理论基础授课、应用授课和实验授课分开进行单独教学设计，设置独立的课程；也可以将理论基础、应用和实验授课相结合，设计课内应用和课内实验授课模块。具体授课时根据教学层次、教学对象及教学目标进行授课内容选择设计与学时安排。

教学环节过程中章节安排、学时分配及课程思政元素分配如下：

教学环节	章节安排	学时分配	课程思政元素
导读部分（2学时）	绪论	2	科学探索精神，科技报国，家国情怀，环境保护意识，传统文化传承
基础部分（24学时）	第一章　服装用纤维	6	科学探索精神，创新精神，工程伦理意识，环境保护意识，可持续性发展，传统文化传承
	第二章　服装用纱线	4	科学探索精神，创新精神
	第三章　服装用织物	8	科学探索精神，创新精神，环境保护意识，传统文化传承
	第四章　服装用毛皮与皮革	2	科学探索精神，创新精神，伦理意识，环境保护意识，可持续性发展
	第五章　服装用辅料	4	创新精神，环境保护意识
应用部分（16学时）	第六章　服装材料的设计应用	6	创新精神，设计伦理意识，合作意识，可持续性发展
	第七章　服装材料的功能应用	6	科学探索精神，创新精神，科技报国，工程伦理意识，服装人的使命担当
	第八章　服装材料的管理应用	4	科学探索精神，创新精神，伦理意识，环境保护意识，可持续性发展
实验部分（16学时）	第九章　服装材料基础实验	8	科学探索精神，创新精神，合作意识
	第十章　服装材料应用实验	8	科学探索精神，创新精神，合作意识

导读部分

基础部分

应用部分

实验部分

绪论

课题名称：绪论　　课题时间：2学时

课题内容：

1. 服装材料的概述
2. 服装材料的历史与发展
3. 服装材料的地位及意义

教学目标：

1. 使学生了解服装材料的概念与分类、历史与发展及服装材料在服装中的地位及意义，培养学生根据市场、文化、健康、经济、性能等需求，合理选择、应用服装材料的能力。
2. 通过教学内容和教学模式设计，培养学生科技创新精神和家国情怀，领略服装材料的传统文化传承，将环境保护意识和可持续发展的内涵贯穿到服装材料应用实际中。

教学方式：理论授课

教学要求：

1. 了解服装材料的概念及分类
2. 了解服装材料的历史与发展
3. 了解服装材料的地位及意义

课前（后）准备：

1. 从科技创新和科技报国角度，分析现代服装材料高科技的应用。
2. 从环境保护和可持续性发展角度，分析服装原材料的发展及趋势。
3. 从文化传承和家国情怀角度，思考现代服装材料在服装中的地位和意义。

一、服装材料概述

服装材料是指构成服装产品的全部材料。这些材料有的属于服装的主体材料，有的属于服装的支撑或辅助材料。通过这些材料的有机结合，实现了服装的各种功能，完成了服装的使用价值。

由于服装材料品种繁多，原料丰富，作用各异，它的分类方法也多种多样。

（一）按服装材料的作用分类

按服装材料在服装中的作用进行分类，可分为服装面料和服装辅料。

1. 服装面料

服装面料是指构成服装最主要的物质材料，体现服装的主体特征，在服装中起主要作用。服装面料的功能是体现服装的总体特征，如服装的造型、风格、功能等，还能实现舒适性、美观等服用价值。

2. 服装辅料

服装辅料是指在服装构成的所有材料中，起辅助作用的物质材料。常用的辅料有里料、衬料、絮填料、垫料、扣紧材料、缝纫线等。服装辅料主要起到衬托、联结、缝合、装饰等作用。

（二）按服装材料的原料分类

按服装材料的原料分类，可分为纺织材料和非纺织材料，如图0-1所示。

1. 纺织材料

纺织材料是指以纺织纤维为原料加工而成的各种材料。

（1）纤维加工制品：是指由纤维加工而成的纱线类制品，或由纤维、纱线加工而成的织物类制品。前者包括绳带类、缝纫线类等，后者包括机织物、针织物或编织物等。

（2）纤维集合制品：是由纤维直接集合而成的产品，如非织造物等。

2. 非纺织材料

非纺织材料是指不以纺织纤维为原料而加工形成的各种材料。

（1）皮革材料：是由天然的或人工的毛皮或皮革加工制得的产品。有从天然动物身上获得的连毛带皮，经过一定的鞣制加工处理，得到具有一定柔韧性、保暖性等的毛皮类产品，如裘皮、皮草等。有从动物身上获得的去毛留皮，经过一定鞣制加工而得的皮革类产品，如兽皮、鱼皮等。还包括在纺织制品或其他制品的基础上，通过植毛或涂层等方法人工制成的仿天然毛皮、皮革类产品，如人造毛皮、人造皮革、人造皮膜等。

（2）金属材料：是由一些金属加工制得的产品，如由钢、铁、铜、铝、镍、钛等材料制成的金属纤维、导电纤维等。这类材料使服装具有一些特殊的功能，达到某些应用性能，如防电磁辐射、抗静电等。也可以由一些金属材料直接制成服装辅料和服饰配件，如金属拉链、金属纽扣等。

（3）其他材料：是由泡沫、木质、贝壳、石材、橡胶、化学品等制成的产品，可用作服装面料，也可用作服装辅料或服饰配件，如橡胶防护服、泡沫衬垫、贝壳纽扣等。

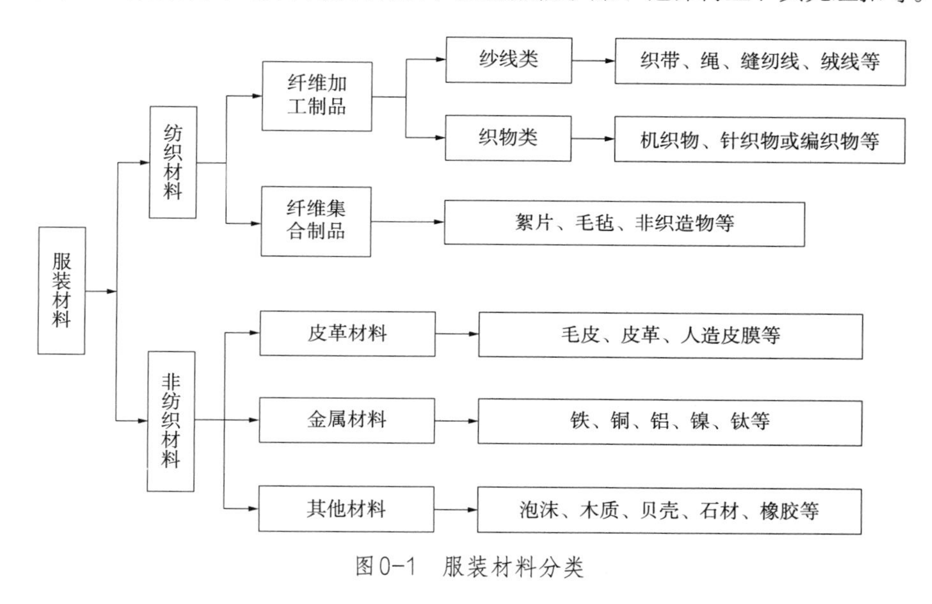

图0-1 服装材料分类

二、服装材料的历史与发展

（一）服装原材料的历史与发展

旧石器时代人类把树叶和兽皮包裹在身上来保护、装饰或遮盖身体，这种材料可以看作初始服装材料。随着人类文明的进步及生产方式的变化，狩猎和采集的生活方式转变为游牧和农耕的生活方式，纤维材料开始在人类生活中出现。公元前8000年左右，古埃及人开始使用麻纤维，生产了亚麻布。公元前4000~前3000年，中国先人开始使用丝纤维，用蚕丝制衣。长纤维的应用给了人们很多启发，随后人类发明了纺、绩技术，棉花和羊毛短纤维开始用作服装材料。

严格来说，从棉、麻、毛、丝四大天然纤维的使用开始，服装材料的应用和服饰文化才真正开始。但是天然纤维原料主要依赖于农牧业的发展，其生产受到自然条件的制约。19世纪末20世纪初，英国研究者生产出了黏胶人造丝，1890年法国的查尔东耐发明了铜氨人造丝，1894年克罗斯和比万发明了醋酯纤维，真正带来了服装材料的巨大变革。黏胶、铜氨、醋酯纤维以天然的纤维素为原料，在原料的选择上仍然受到限制。1938年美国杜邦公司生产出了第一种合成纤维——尼龙纤维（聚酰胺纤维），并在1950年生产出了腈纶纤维（聚丙烯腈纤维），1953年生产出了涤纶纤维（聚酯纤维），极大地改善了纤维原料的不足。并且随着纺织工业和化学纤维的广泛应用，人们在纤维的使用过程中也认识到了天然纤维和人造纤维的不足，把天然纤维和人造纤维混合纺纱和交织使用，从而达到相互取长补短的效果，增强了服装材料为人类服务的功能。

（二）服装材料技术的历史与发展

从原始的纺、绩技术的发明到传统的纺纱机、织布机的发明，特别是工业革命以来，机械化工业的发展，给纤维工业和纺织的工业化生产带来了划时代的飞跃，也使服装材料的技术发展明显向前迈了一大步。纱线品种、布料种类与数量增加，制作速度加快，生产周期缩短，纱线与布料制作成本降低，使服装的改进与普及成为可能。从天然染料的应用到各种合成染料的使用，服装材料的色彩、图案、花式不断更新换代。不同的整理技术赋予了服装材料防蛀、防缩、防污、防辐射、防火、防化学品等性能，从而延伸了服装的功能，并增添了许多前所未有的新功能，为服装的发展及应用做出了不可替代的贡献。

现代高端科学技术的发展，使服装材料技术突飞猛进。在天然纤维的应用技术上，人们大量应用了现代的信息工程、生物工程、物理、化学、电子等高新技术，改进了原有天然纤维固有的不足，满足了消费者对服装休闲、舒适、健康、环保和安全的需求。例如，新型棉中的转基因棉、彩色棉等，既避免了印染加工所产生的环境污染，又具有独特的色彩和风格。由新型麻中的罗布麻、酶处理麻纤维等做成的服装，具有防霉、防臭、活血、降压、耐光的特点。新型丝中的蛛丝纤维、蓬松真丝、放缩免烫真丝等，赋予了丝纤维更优良的强度、保暖性、造型性和尺寸稳定性等。新型毛中的丝光毛、超细毛等，改善了毛纤维原有的结构形态，避免了天然毛的缩绒性，使毛纤维的应用更加广泛，满足了服装穿着者更多的需求。

在化学纤维的开发及应用上，高新技术的应用更是层出不穷，大量的新产品、新纤维、高性能、高技术材料不断涌现。在人造纤维的基础上，研制了新型再生蛋白质纤维和新型再生纤维素材料。在合成纤维中研发出了异形纤维、复合纤维、高收缩纤维等。还有大量的功能性服装材料，如变色、自动调温、防弹、防生化、防辐射、防燃服装材料等。这些新型材料的出现，使服装不论是在日常使用还是在特殊用途方面，都极大地满足了人类的生活，服装材料的发展也达到了前所未有的进步。

高科技的应用已是服装材料发展的新趋势，也是各国纺织、服装技术的竞争热点。特别是进入21世纪，国内与国际纺织服装企业所推出的高科技新型服装材料层出不穷，使现代服装的外观更漂亮、穿着更舒适、功能更多样、风格更新颖、服装在人类史上的意义更远大。

（三）服装材料的发展趋势

1. 保护环境及生态平衡的需求

现代全球能源的不断紧张及部分资源的枯竭，使资源开发及应用的矛盾日益突出，服装材料的发展及原材料应用必须从环境生态平衡、资源保护的角度出发，不断研究开发出各种新型、生长周期短、不给生态平衡造成破坏、可循环和可再生的服装材料。例如，科研人员用研发的可循环回收的新溶剂来溶解纤维素原材料，成功开发了新型再生纤维素纤维等，在很大程度上实现了资源的充分利用和生态平衡。

2. 人体防护及保健的需求

现代科技的发展和工业化程度的提高，自然和社会环境中潜伏着许多影响人类健康的不利因素。科技工作者利用各种高科技，研制出如防治高血压的罗布麻服装、活血化瘀促进新陈代谢的远红外磁化服装，以及杀菌除臭服装等各种保健类服装。利用现代的智能可穿戴技术，开发出能监测心率、呼吸、血压等数据的智能服装，适应人们对自身健康的更高需求。这种符合人体健康的防护、保健等智能服装及材料将是服装发展的必然趋势。

3. 人体着装高质量及智能的需求

现代人类文明的进步及社会的发展，使人们对穿着的服装除了具有基本穿着功能外，还提出了更高、更广的要求。例如，舒适性的需求，不仅仅局限于面料质地柔软、款式宽松、能适应人体活动的需要，又赋予了新的含义。科研人员开发了具有导湿排汗功能的新型面料和服装，具有明显的防水、透气、透湿功能，满足了服装舒适性的新要求。根据服装的智能化需求，研究人员开发出了能自动调节舒适程度的会“呼吸”的服装，具有微循环系统的“空调”服装，在增加服装舒适性的同时，还赋予了服装智能化的功能。

4. 现代化生活方式的需求

现代社会，服装的日常穿着、服用、洗涤、熨烫、保养、废弃等都将发生一系列的变革，服装及材料的发展必须符合现代社会的发展。例如，利用纳米技术研制开发的具有抗油污功能的服装，穿着后不需要经常洗涤，外观能保持常新。织物经特殊处理后，使一些服装具备了耐磨、耐压、抗皱、抗缩等功能，使人们减少服装管理的时间，以适应现代社会快节奏的生活。

5. 服装文化发展的需求

现代服装在各项科技的支撑下，在满足人们物质需求的同时，还要适应人类文化的发展。科研人员已研制了能播放音乐、接听电台，同时还可以使用可持续能源的智能服装，使快乐常伴人们身边。还有一种能及时下载网络信息的服装，让人们可以不受环境限制，在第一时间内掌握最新信息等，满足了人类对现代文化发展的需求。

三、服装材料的地位与意义

（一）服装艺术与材料的综合体现

服装是人类生存的必需品，而服装材料是服装的物质基础。在服装设计中，几乎所有产品的形态尺寸、造型风格、功能等都必须通过服装材料来实现。在从材料到服装成品的转换过程中，材料由平面形态转换为三维立体形态，完成服装产品符合人体的立体功能，实现了服装与人体塑造及服装美观艺术的结合，是设计创意与材料的综合体现。

（二）服装社会功能与任务的实现

服装是人类与外界环境的屏蔽体，而且实现多种功能，体现了人体着装的目的及任务，构成了人体、服装、环境的和谐，实现了其社会功能与任务。

（三）服装科学管理和消费理念的结合

服装材料还实现了服装产品与科学管理的结合，实现了服装产品与消费理念的结合。在服装加工生产中，服装材料的特性为服装三维成品的实现提供了基础，通过一系列平面裁剪、缝制加工，将服装材料与工艺特性、科学生产管理及质量保证等体系有机地结合起来。在服装营销及消费过程中，服装材料实现了服装产品使用价值，完成了服装产品的各种功能，体现了服装产品的价值观。

（四）服装文化的传承

服装材料还帮助服装产品实现了服装文化的传承。人类的物质文明与精神文明构成了人类的文化，服装材料作为文化的载体，推动了人类文明的发展。服装材料既是历史的，又是今天和未来的。服装材料是时代的象征，又是时代的发展，既记载了文化习俗，又传播了文化的价值。服装材料既是文化的象征，又是文化的标志。

第一章
服装用纤维

课题名称：服装用纤维　　课题时间：6学时

课题内容：

1. 服装用纤维概述
2. 服装用纤维结构
3. 服装用纤维性能
4. 服装用纤维种类

教学目的：

1. 使学生能系统地掌握服装用纤维的概念、类别、结构及主要性能，培养学生自主更新服装材料知识及独立分析和解决与服装用纤维相关的复杂问题的能力。
2. 通过教学内容和教学模式设计，培养学生科技创新精神和工程伦理意识，将环境保护意识和可持续发展的内涵贯穿到服装用纤维的选择与实际应用中。

教学方式：理论授课、案例分析、多媒体演示

教学要求：

1. 了解服装用纤维的概念及分类
2. 掌握服装用纤维的形态结构与主要性能
3. 掌握服装常用纤维的特征与性能

课前（后）准备：

1. 服装用纤维形态特征有哪些？
2. 服装用纤维的内部结构有哪些特征？
3. 服装用纤维的性能有哪些？它们如何在服装材料中发挥作用？
4. 服装材料的吸湿性在服装中有什么作用？其吸湿机理是什么？
5. 从科技创新角度，新型服装用纤维的开发要考虑哪些因素？
6. 从工程伦理和环境保护角度，分析生物技术在新型服用纤维中的应用。

第一节
服装用纤维概述

一、服装用纤维的概念

服装用纤维是指长度达到几十毫米以上并具有一定的强度、一定抱合性能及服用性能且可以加工生产为纺织制品的纤维。

服装用纤维作为服装材料的最小单元，须具备一定的物理和化学性能，如纤维的长度和长度整齐度、细度和细度均匀性、强度和模量、延伸性和弹性、抱合力和摩擦力、吸湿性和透气性、染色性、化学稳定性。如果服装还有其他特殊功能要求，服装用纤维还需要具备一些特殊性能，如耐疲劳性、调温性、阻燃性、防静电性、防辐射性、防弹性能等。

二、服装用纤维的分类

服装用纤维种类很多，主要的分类如图1-1所示。

（一）天然纤维

天然纤维是指从自然界中获得的适用于纺织的纤维。根据它的生物属性又分为植物纤维、动物纤维和矿物纤维。

1. 植物纤维

植物纤维是从植物上获得的纤维的总称。植物纤维的主要组成物质是纤维素，又称天然纤维素纤维。

（1）种子纤维：从一些植物种子表皮细胞中生长的单细胞纤维。基本由纤维素组成，如棉纤维、木棉纤维等。

（2）韧皮纤维：从一些植物的韧皮部取得的纤维。主要由纤维素及其伴生物质和细胞间质（果胶、半纤维素、木质素）组成，如亚麻、苎麻纤维等。

（3）叶纤维：从一些植物的叶子或叶鞘中取得的纤维。主要由纤维素及伴生物质和细胞间质（半纤维素、木质素）组成，如蕉麻、剑麻等。

（4）果实纤维：从一些植物的果实中取得的纤维。主要由纤维素及伴生物质和细胞间质（半纤维素、木质素）组成，如椰壳纤维等。

（5）维管束纤维：取自植物的维管束细胞的纤维。主要由纤维素和细胞间质木质素组成，如竹原纤维。

2. 动物纤维

动物纤维是在动物身上生长或从动物分泌物中取得的纤维。由于它的组成物质是蛋白质，又称天然蛋白质纤维。

（1）毛纤维：从动物毛囊中生长，具有多细胞结构，由角蛋白组成的纤维，如绵羊毛、山羊绒、骆驼毛、兔毛等。

（2）丝纤维：由一些昆虫丝腺所分泌的物质形成的纤维，如桑蚕丝、柞蚕丝等。

3. 矿物纤维

矿物纤维是从纤维状结构的矿物岩石中取得的纤维，主要由硅酸盐组成，属于天然无机纤维，如石棉纤维等。

（二）化学纤维

化学纤维是指以天然的或合成的高聚物为原料，经过化学方法制成的纺织纤维。按照原料的不同、加工方法的不同、组成物质的不同，化学纤维又分为再生纤维和合成纤维。

1. 再生纤维

再生纤维又称人造纤维。它是以天然聚合物为原料，经过化学方法制成的与原高聚物在化学组成上基本相同的化学纤维。

（1）再生纤维素纤维：是指以天然纤维素物质为原料，经溶解或熔融再抽丝制成的纤维，如黏胶纤维、铜氨纤维、天丝纤维等。

（2）再生蛋白质纤维：是指由天然蛋白质产品经过提纯、溶解、抽丝制成的纤维，如酪素纤维、牛奶纤维、大豆纤维、花生纤维等。

（3）再生纤维素酯纤维：是以天然纤维素为原料，经化学方法，转化为纤维素醋酸酯的纤维，有二醋酯纤维、三醋酯纤维。其化学组成与原高聚物不同，也称半合成纤维。

2. 合成纤维

合成纤维是先将低分子化合物原料制成单体，经人工合成为高分子聚合物，再溶解或熔融成液体后抽丝而成的纤维。

（1）普通合成纤维：是以煤、石油、天然气、工农业副产品等为原料，经过一系列化学作用制成单体后，经人工合成为成纤聚合物，再加工而成的纤维。主要有聚酯纤维（涤纶）、聚酰胺纤维（锦纶）、聚丙烯腈纤维（腈纶）、聚丙烯纤维（丙纶）、聚乙烯醇缩甲醛纤维（维纶）、聚氯乙烯纤维（氯纶）、聚氨酯纤维（氨纶）等。

（2）改性合成纤维：通过物理改性和化学改性的方法改善合成纤维的性能而制得的化学纤维。例如，超细纤维、截面异形纤维、复合纤维、高收缩纤维、中空纤维、高强度纤维、导电纤维、抗菌纤维等

（3）高性能合成纤维：指具有特殊优异性能的新型合成纤维。例如，耐高温的芳香族聚酰胺纤维（芳纶）、高强度高模量纤维（芳纶1414）、耐腐蚀的含氟纤维（氟纶）、阻燃纤维（PTO纤维）、耐辐射的聚酰亚胺等。

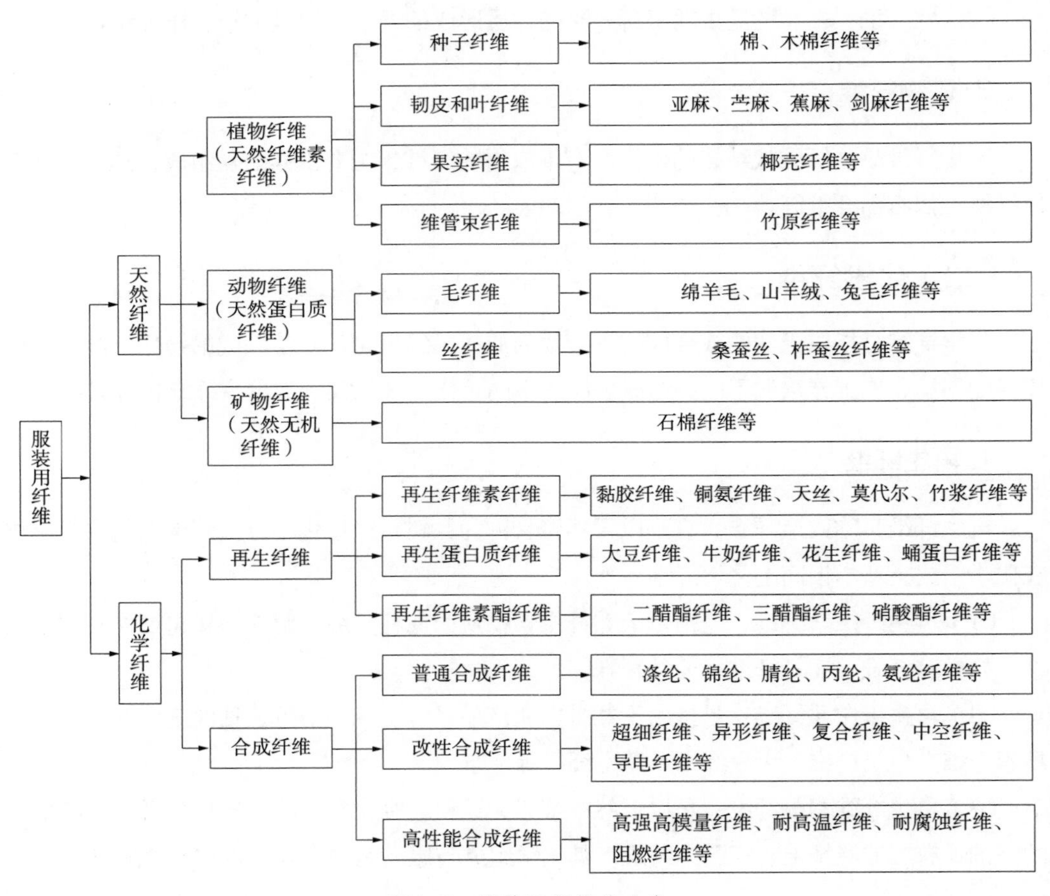

图1-1 服装用纤维的分类

第二节

服装用纤维结构

一、服装用纤维的形态结构

服装用纤维的形态结构是以纤维轮廓为主的特征，包括纤维的长短、粗细、截面形状与结构、卷曲和转曲等几何外观形态。纤维形态结构不仅与纤维的物理性能、纺织工艺性能有着密切的关系，而且对纺织制品的使用性能也有直接影响。

（一）纤维的长度

纤维的长度是纤维外部形态的主要特征之一，大都以mm为单位，各种纤维在自然伸展状态下都有不同程度的弯曲或卷缩，它的投影长度为自然长度。纤维在伸直但未伸长时两端的距离，称为伸直长度，即一般所指的纤维长度。

天然纤维的长度由纤维的种类和生长条件决定，而化学纤维的长度则可根据需要由生产者自行控制。一般化学短纤维是根据所模仿的天然纤维的平均长度进行等长切断或异长度切断的，而化学纤维长丝则不进行切断。根据纺纱工艺和服用的要求，纤维的长度与纤维直径之比值应为10^2~10^5。常用纤维的长度如表1-1所示。

表1-1　常用纤维的长度

纤维品种	长度（mm）	纤维品种	长度（mm）
细绒棉	25~31	马海毛	200~250
长绒棉	33~55	兔毛	25~45
亚麻	25~30	蚕丝	5×10^5~10×10^5
苎麻	120~500	中长化学纤维	51~65
美利奴羊毛	55~120	毛型化学纤维	76~120
山羊绒	35~45	棉型化学纤维	38~41

纤维的长度对纺纱成型、服装用织物的外观和质量，以及织物手感等有很大的影响。纤维长度在纺织加工工艺上的地位仅次于纤维的细度，它影响织物和纱线的品质，而且是确定纱线系统及工艺参数的重要因素。

（二）纤维的细度

纤维的细度以纤维的直径或截面面积的大小来表达。在多数情况下，因纤维截面形状不规则及中腔、缝隙、孔洞的存在而无法用直径、截面面积等指标准确表达，习惯上使用单位长度的质量（线密度）或单位质量的长度来表示纤维的细度。因此，纤维的细度指标分为直接指标和间接指标。

1. 直接指标

主要有直径、宽度和截面面积。截面直径是纤维细度的主要直接指标，其度量单位为μm。只有当纤维的截面接近圆形时，才能用直径表示纤维的细度。目前在纤维的常规试验中，羊毛采用直径来表示其细度或线密度。

2. 间接指标

是指利用纤维长度和重量间的关系来表示纤维细度的指标。

（1）线密度（Tt）：是指1000m长的纤维在公定回潮率时的重量（g），其计算公式如式（1-1）所示。

$$\mathrm{Tt}=\frac{G_k}{L}\times 1000 \tag{1-1}$$

式中，Tt为纤维的线密度（tex）；G_k为纤维在公定回潮率时的重量（g），$G_k=G_0\times(1+W_k)$，W_k为公定回潮率，G_0指干重（g）；L为纤维的长度（m）。

线密度越大，纤维越粗。对于纤维来说，特克斯这个单位太大，常用分特来表示线密度的单位。分特单位符号为dtex，等于1/10特克斯。

（2）纤度（N_d）：是指9000m长的纤维在公定回潮率时的重量（g），其计算公式如式（1-2）所示。

$$N_d=\frac{G_k}{L}\times 9000 \tag{1-2}$$

式中，N_d为纤维的纤度（旦，D）；G_k为纤维在公定回潮率时的重量（g）；L为纤维的长度（m）

纤度数值越大，说明纤维越粗。

（3）公制支数：是指在公定回潮率时，1g重的纤维所具有的长度。其计算公式如式（1-3）所示。

$$N_m=\frac{L}{G_k} \tag{1-3}$$

式中，N_m为纤维的公制支数；L为纤维的长度（m）；G_k为纤维在公定回潮率时的重量（g）。

公制支数数值越大，纤维越细。

（4）英制支数：在公定回潮率下，1磅重纤维阶所具有长度的840码的倍数，其计算公式如式（1-4）所示。

$$N_e = \frac{L}{G_e \times 840} \tag{1-4}$$

式中，N_e为纤维的英制支数；L为纤维的长度（码）；G_e为英制公定回潮率下纤维的重量（磅）。

英制支数数值越大，纤维越细。

服装用纤维的细度或线密度与成纱、织物和服装的服用性能有密切的关系，常用纤维的细度如表1-2所示。

表1-2　常用纤维的细度

纤维品种	细度（dtex）	直径（μm）	纤维品种	细度（dtex）	直径（μm）
细绒棉	1.4~2.2	13.5~17	美利奴羊毛	3.4~5.6	18~27
长绒棉	1.1~1.4	11.5~13	马海毛	9.3~25.9	30~50
亚麻	1.9~3.8	15~25	蚕丝	1.1~9.8	10~30
苎麻	6.3~7.5	20~45	黏胶	6.8~18.9	25~40

3. 指标之间的换算

（1）直径与线密度、纤度、公制支数间的换算如式（1-5）~式（1-8）所示。

$$d = 35.68\sqrt{\frac{\mathrm{Tt}}{\gamma}}\ \text{（当Tt的单位以tex表示时）} \tag{1-5}$$

$$d = 11.3\sqrt{\frac{\mathrm{Tt}}{\gamma}}\ \text{（当Tt的单位以dtex表示时）} \tag{1-6}$$

$$d = 11.89\sqrt{\frac{N_d}{\gamma}} \tag{1-7}$$

$$d = \frac{1129}{\sqrt{N_m \gamma}} \tag{1-8}$$

式中，d为纤维的直径（μm）；γ为纤维的密度（g/cm^3）。

（2）线密度与英制支数的换算如式（1-9）所示。

$$\mathrm{Tt}=\frac{C}{N_e} \tag{1-9}$$

式中，C为常数，纯棉的C值为583.1，化学纤维的C值为590.5，如果是混纺纱，可根据混纺比进行计算。

例如，T/JC（65/35）45S纱线，C=590.5×65%+583.1×35%=588。

纯棉型纱线：$\mathrm{Tt}=\frac{583.1}{N_e}$，纯化学纤维型纱线：$\mathrm{Tt}=\frac{590.5}{N_e}$。

（3）公制支数与英制支数的换算如式（1-10）~式（1-12）所示。

纯化学纤维型纱线：

$$N_e=0.5905N_m \tag{1-10}$$

纯棉纱线：

$$N_e=0.583N_m \tag{1-11}$$

混纺纱线：如T/JC（65/35）45S纱线，则

$$N_e=(0.5905\times65\%+0.583\times35\%)N_m \tag{1-12}$$

（三）纤维的截面形态

纤维的截面形态是指通过光学显微镜或电子显微镜直接观察到的纤维纵、横向截面特征及纤维中存在的各种孔洞、缝隙等。

纤维的截面形状随纤维种类而异，天然纤维具有各自的形态，化学纤维则可以根据生产设计喷丝孔，从而获得具有各种截面的纤维，即使喷丝孔相同，也可通过控制纤维的成形过程而形成不同的截面形状。

纤维的截面形状将会影响纤维的卷曲状态、比表面积、抗弯刚度、密度、摩擦性能等，而且与纤维的手感风格及性能密切相关。在纤维复合成纱时，不同截面形态的纤维在纱线截面内的填充程度也会不同，这些都会影响最终织物产品的品质。

（四）纤维的密度

纤维的密度是指单位体积纤维的重量，常用纤维的密度如表1-3所示。

表1-3 常用纤维的密度

纤维名称	密度（g/cm^3）	纤维名称	密度（g/cm^3）
棉	1.53~1.54	涤纶	1.33~1.34
麻	1.46~1.55	锦纶	1.12~1.14
羊毛	1.30~1.32	腈纶	1.14~1.17

续表

纤维名称	密度（g/cm^3）	纤维名称	密度（g/cm^3）
蚕丝	1.25~1.30	维纶	1.26~1.30
黏胶纤维	1.50~1.52	氯纶	1.39~1.41
铜氨纤维	1.50~1.52	氨纶	1.20~1.21
醋酯纤维	1.30~1.32	丙纶	0.90~0.92

纤维的密度直接影响所制成织物的表面覆盖能力及织物的重量。不同的服装用纤维在重量相同的情况下，密度较小的纤维有较高的覆盖能力（比表面积大），密度较大的纤维有较低的覆盖能力（比表面积小）。由不同纤维制成的服装，在纱线粗细、组织结构、服装款式、服装规格相同的情况下，密度较大的纤维制成的服装较重，密度较小的纤维制成的服装较轻。

二、服装用纤维的内部结构

（一）纤维的大分子结构

自然界中任何物质都是由分子组成的，最简单的分子只有一个原子，称为原子分子，属低分子物。有些物质的分子是由成千上万个原子组成的，这样的分子非常大，由大分子组成的物质称为高分子化合物，又称高分子聚合物（高聚物）。服装用纤维原料大多数都是高聚物，高聚物大分子都是由许多相同或相似的原子团彼此以共价键多次反复连接而成的，其大分子是呈长链状的，如图1-2所示。

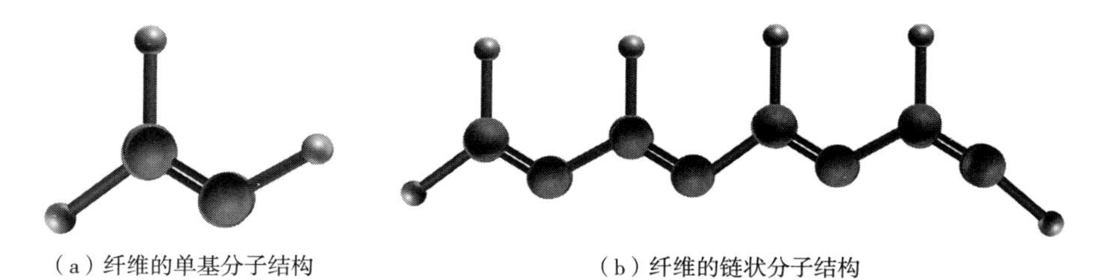

（a）纤维的单基分子结构　（b）纤维的链状分子结构

图1-2 纤维的大分子结构

相同或相似的原子团称为大分子的基本链节（或称为单基或基本单元），而且纤维的基本链节结构随纤维品种而异。单基的化学结构、官能团的种类决定了纤维的耐酸、耐碱、耐光及染色等化学性能，如腈纶的单基中含有氰基，所以它的耐光性好；大分子上亲水基团的多少和强弱，影响着纤维的吸湿性，如羊毛纤维分子结构中含有大量的亲水基团，所以它的吸湿性能较好；卤素基的存在有助于提高纤维的阻燃性，如氯纶；分子极性的强弱影响着纤维的电学性质等。

组成高聚物大分子基本单元（单基）的数目称为聚合度。服装用纺织纤维的聚合度很大，特别是天然纤维的聚合度更高，如棉纤维的聚合度为数千甚至上万。化学纤维为适应纺丝条件，聚合度不宜过高，如再生纤维素纤维聚合度为300~600，合成纤维则是数百或上千。而且一根纤维中各个大分子的聚合度也不尽相同，它们具有一定的分散性，这就是高聚物大分子的多分散性。大分子的聚合度与纤维的力学性质，特别是拉伸强度关系密切。聚合度达到临界聚合度时纤维开始具有强度，聚合度增加，纤维强度也随着增加，当聚合度增加到一定程度后，纤维强度便不再增加而趋于不变。

（二）纤维的大分子排列方式

1. 纤维大分子的结晶度

纤维大分子的凝聚状态有着复杂的结构，通常将其分为两类，即结晶态和非晶态。

（1）结晶态：纤维中大分子有规律整齐排列的状态叫作结晶态，呈现结晶态的区域叫结晶区。结晶区中的大分子排列比较整齐密实，缝隙孔洞较少，分子间互相接近的各个基团的结合力强，水分子和染料分子难以进入。

（2）非晶态：纤维中大分子排列杂乱无章的形态叫作非晶态，呈现非晶态的区域叫非晶区。非晶区中的大分子排列比较紊乱，堆砌比较疏松，有较多的缝隙和孔洞，密度较低，水分子和染料易进入。

纤维是由结晶态与非晶态组成的混合物，其内部同时存在着结晶区和非晶区。纤维中结晶区部分的质量占整个纤维质量的百分比称为纤维的结晶度。

2. 纤维大分子的取向度

在纤维大分子排列中，大多数大分子的排列方向与纤维的轴线方向相同。纤维内大分子链主轴方向与纤维轴线方向一致的程度称为取向度。取向度越高，纤维的拉伸强度越高，变形能力越小，其光学、力学等性能各向异性比较明显。天然纤维的取向度与纤维的品种、生长条件有关。化学纤维的取向度主要取决于制造过程中对纤维的拉伸，拉伸倍数较大时，纤维的取向度就越高。

3. 大分子排列方式对纤维性能的影响

服装用纤维的结晶度、取向度及非晶区中大分子的排列状态对其性能有很大影响。结晶区纤维的吸湿能力、变形能力、染色性均较差，伸长能力小，但强度大。非晶区的分子数量和排列是决定纤维强度、伸长能力和变形能力的关键。可见，结晶度的大小对纤维的吸湿能力、染色性、密度、透气性、力学性质等均有影响。在结晶度相同的情况下，如果结晶结构分布不同，对纤维性能也有影响，一般以结晶颗粒小且均匀为宜。结晶度过高，结晶颗粒大时，纤维呈现脆性。取向度高时，纤维强度较大，但伸长能力较小。在化学纤维生产制造中，采用较大的牵伸倍数来提高纤维的取向度，可制得高强度低伸长能力（即高强低伸）型纤维。反之，可制得高伸低强型纤维。

第三节 服装用纤维性能

一、服装用纤维的力学性能

纤维承受各种作用力所呈现的特性称为纤维的力学性能，又称纤维的机械性质。常用纤维的力学性能如表1-4所示。

表1-4 常用纤维的力学性能

纤维品种	断裂强度（N/tex）		断裂伸长率（%）		弹性回复率（%）
	干态	湿态	干态	湿态	
棉	0.18~0.31	0.22~0.40	7~12	—	74（伸长2%）
苎麻	0.49~0.57	0.51~0.68	1.5~2.3	2.0~2.4	48（伸长2%）
羊毛	0.09~0.15	0.07~0.14	25~35	25~50	86~93（伸长3%）
蚕丝	0.26~0.35	0.19~0.25	15~25	27~33	54~55（伸长5%）
黏胶	0.18~0.26	0.11~0.16	16~22	21~29	55~80（伸长3%）
涤纶（普通型）	0.42~0.52	0.42~0.52	30~45	30~45	97（伸长3%）
锦纶6	0.38~0.62	0.33~0.53	25~55	27~58	100（伸长3%）
腈纶	0.25~0.40	0.22~0.35	25~50	25~60	89~95（伸长3%）
维纶	0.44~0.51	0.35~0.43	15~20	17~23	70~80（伸长3%）
丙纶	0.40~0.62	0.40~0.62	30~60	30~60	96~100（伸长3%）
氯纶	0.22~0.35	0.22~0.35	20~40	20~40	70~85（伸长3%）
氨纶	0.04~0.09	0.03~0.09	450~800	—	95~99（伸长50%）

（一）服装用纤维的拉伸性能

纤维在受到外力拉伸作用下产生了一系列的应力应变关系，称为纤维拉伸性能。

1. 强力（绝对强力）

又称拉伸断裂强力，是指纤维在被拉断时所能承受的最大负荷（外力），单位为牛顿（N）。

2. 强度

是用来比较不同粗细纤维的拉伸断裂性质的指标。根据线密度指标不同，强度指标有以下几种：

（1）断裂应力（强度极限）：是指单位截面的纤维在被拉断时所能承受的最大负荷，单位为牛顿/平方毫米（N/mm^2）。

（2）断裂强度（相对强力）：是指单位线密度的纤维在被拉断时所能承受的最大负荷，单位为牛顿/特（N/tex）或牛顿/旦（N/D）。

3. 纤维的断裂伸长率

是指纤维在被拉断时所增加的伸长量与纤维被拉断前的总长度之比，它表示纤维承受拉伸变形的能力。其计算公式如式（1-13）所示。

$$\varepsilon = \frac{L_a - L_0}{L_0} \tag{1-13}$$

式中，ε为纤维的断裂伸长率（%）；L_a为纤维被拉断时的长度（mm）；L_0为纤维被拉伸前的长度（mm）。

（二）服装用纤维的拉伸变形和弹性

服装用纤维在加工和使用过程中不断受到拉伸力的作用，形状随时间不断发生变化。纤维在承受一定时间的外力作用后去除负荷，其变形的回复也各不相同。

1. 服装用纤维拉伸变形的类型

（1）急弹性变形：是指纤维在受到拉伸力时，立即产生伸长变形，去除拉伸力后，立即产生回缩变形。

（2）缓弹性变形：是指纤维在拉伸力不变的情况下产生的伸长或去除外力后产生的回缩变形，是随时间变化的变形，而且变形是缓慢的。

（3）塑性变形：是指纤维受拉伸力作用时能伸长，但拉伸力去除后不能回缩的变形。

2. 纤维的弹性

纤维的弹性是指其抵抗外力作用的能力，要求回复到原来状态的能力。表示弹性大小的常用指标是弹性回复率。弹性回复率又称回弹率，它是急弹性变形或一定时间的缓弹性变形量占总变形量的百分率。其计算公式如式（1-14）所示。

$$R_{\varepsilon}=\frac{L_1-L_2}{L_1-L_0} \tag{1-14}$$

式中，R_{ε}为弹性回复率（%）；L_0为未加外力时纤维的原伸直长度（mm）；L_1为加上外力时，纤维伸长后的长度（mm）；L_2为去除外力一定时间后纤维的伸直长度（mm）。

当服装用纤维在一个比拉伸断裂能力小的恒定拉伸力长时间作用下，或在较小恒定力的反复作用下，纤维内部结构的破坏积累到承受不住这种拉伸力时，纤维就会被拉断，这种现象称为纤维的疲劳。纤维能承受加负荷、去负荷的反复循环次数，称为纤维的耐久度或坚牢度，是用来表征纤维疲劳特性的指标。纤维的坚牢度与纤维的弹性回复率、拉伸力、断裂强度等有一定关系。因此，纤维在穿用过程中，应减少外力作用的时间或次数，增加纤维回复变形的机会，就可使服装获得更长的使用寿命。

二、服装用纤维的热学性能

（一）纤维的导热性

服装用纤维在生产加工和穿着使用过程中，经常会处于不同的温度条件下，受到不同程度热的作用。在外界环境与人体有温差的情况下，热通过纤维从高温向低温传递，这种现象反映了纤维的导热性。纤维的导热性，一般用导热系数λ来表示。导热系数λ是指在传热方向上，当纤维材料厚度为1m（面积为$1m^2$），两个平行表面之间的温差为1℃时，1s内通过材料传导的热量（J），单位为$W \cdot m^{-1} \cdot ℃^{-1}$。$\lambda$值越大，说明纤维的导热性越好。反之，$\lambda$值越小，说明纤维的导热性越差，即抵抗热由高温向低温传递的能力越强，因此纤维的绝热性能越好，保暖性也越好。

表1-5是在环境温度20℃、相对湿度为65%的条件下测得的常用纤维集合体的导热系数。服装用纤维是多孔性物质，纤维内部及纤维之间有很多孔隙，孔隙内充满着空气。因此，纤维往往是以纤维、空气和水分三者的混合物的形式存在的集合体，其导热过程较为复杂。纤维材料集合体的保暖性主要取决于纤维间保持的静止空气和水分的数量，即静止空气越多，保暖性越好；水分越多，保暖性越差。

表1-5 常用纤维材料集合体的导热系数

纤维名称	λ（W·m^{-1}·℃$^{-1}$）	纤维名称	λ（W·m^{-1}·℃$^{-1}$）
棉	0.071~0.073	锦纶	0.244~0.337
羊毛	0.052~0.055	腈纶	0.051
蚕丝	0.05~0.055	丙纶	0.221~0.302
醋酯纤维	0.05	氯纶	0.042
黏胶纤维	0.055~0.071	静止空气	0.026
涤纶	0.084	水	0.697

（二）纤维的耐热性和热稳定性

1. 热转变温度

绝大多数纤维材料的内部结构呈晶相和非晶相两相结构，对于晶相的结晶区，熔点是指晶体从结晶态转变为熔融态的温度。对于非晶相的无定形区，在热的作用下其热力学状态有脆折态、玻璃态、高弹态和黏流态。玻璃化温度是指纤维从玻璃态向高弹态转化时的温度。当温度到达某点时，结晶度不高的聚合物在没有熔融之前明显变形，呈现出外力作用下的流动特征，此时的温度为软化点。

常用纤维受热作用后，形态随温度变化而变化的情况如表1-6所示。

表1-6 常用纤维受热后的转变温度

纤维名称	玻璃化温度（℃）	软化点（℃）	熔点（℃）	分解点（℃）	洗涤最高温度（℃）	熨烫温度（℃）
棉	—	—	—	150	90~100	200
羊毛	—	—	—	245	30~40	180
蚕丝	—	—	—	250	30~40	160
黏胶纤维	—	—	—	350	30~40	190
涤纶	80~90	235~240	256	420~449	70~100	160~170
锦纶 6	47，65	180	215~225	431	80~85	110~120
锦纶 66	82	225	253	403	80~85	120~140
腈纶	65~90	190~240	—	280~300	40~50	130~140
丙纶	-35	145~150	163~175	469	—	100~120
氨纶	82	90~100	200	—	30~40	30~40

续表

纤维名称	玻璃化温度（℃）	软化点（℃）	熔点（℃）	分解点（℃）	洗涤最高温度（℃）	熨烫温度（℃）
维纶	85	220~230（干）	—	—	—	150（干）
		110（湿）				
氯纶	82~87	90~100	227~273	190	30~40	30~40

多数合成纤维的力学三态特征比较明显，纤维的玻璃化转变温度大都高于室温，所以在室温条件下，服装能保持一定抗拉伸能力和硬挺度，如氨纶在常温环境下具有优良的弹性。而天然纤维及再生纤维素纤维等在某些升温速率下未呈现比较明显的黏流态特征，而是直接分解、炭化。

2. 纤维的耐热性

纤维的耐热性是指其抵抗热破坏的性能，在热能的作用下纤维内部的大分子会分解，纤维的强力下降，同时颜色和其他性能也会发生变化。耐热性较好的纤维在加工和使用过程中，可以承受较高温度的作用而保持一定的强度和其他性能。

3. 纤维的热稳定性

纤维的热稳定性是指在一定温度下，随时间增加，纤维抵抗性能恶化的能力，通常用纤维强力随作用时间延长而降低的程度来表示。热稳定性较好的纤维在加工和使用过程中，可以承受一定温度较长时间的作用而保持一定的强力。常用纤维的热稳定性能如表1-7所示。

表1-7 常用纤维的热稳定性能

纤维名称	剩余强度（%）				
	在20℃时未加热	在100℃时		在130℃时	
		20天	80天	20天	80天
棉	100	92	68	38	10
亚麻	100	70	41	24	12
苎麻	100	62	26	12	6
蚕丝	100	73	39	—	—
黏胶纤维	100	90	62	44	32
涤纶	100	100	96	95	75
锦纶	100	82	43	21	13
腈纶	100	100	100	91	55

（三）纤维的热变形性

随着温度的改变，纤维材料的力学性能和形态都会随之而变，在形态方面纤维材料也遵循一般固体材料热胀冷缩的规律，产生微量的变形，但令人们印象最为深刻的却是纤维材料受热后产生的收缩（纤维、纱线长度的变短，织物的尺寸变短，集合体的体积缩小等），即热收缩，织物局部受热收缩严重时会出现熔孔现象。

1. 纤维的热收缩性

纤维的热收缩是指在温度升高时，纤维内大分子间的作用力减弱，以致在内应力的作用下大分子回缩，或者由于伸直大分子间作用力的减弱，大分子克服分子间的束缚通过热运动而自动的弯曲缩短，形成卷曲构象，从而产生纤维收缩的现象。纤维材料的热收缩对其成品的服用性能是有影响的，纤维的热收缩大时，织物的尺寸稳定性差；纤维的热收缩不匀时，织物会起皱不平。

（1）合成纤维的热收缩性：合成纤维在纺丝、成形过程中，为了获得良好的物理机械性，都要经受拉伸力的作用，导致生产的纤维有所伸长并残留一定内应力，因为受玻璃态的约束，纤维的伸长不能回缩。而当纤维受热温度超过一定限度时，纤维中大分子活动能力增强，约束力减弱，纤维内应力发生作用，使纤维产生收缩现象，这种特性被称为合成纤维的热收缩性。

（2）羊毛纤维的热收缩性：除合成纤维外，天然纤维中的羊毛在一定温度作用下，也会产生热收缩现象。主要表现为羊毛织物或服装在热加工过程中，面料的长、宽发生缩短、变形现象。羊毛的这种性能称为羊毛纤维的热收缩性。

2. 纤维的熔融性

合成纤维属于热塑性纤维，其织物在瞬时接触到温度超过其熔点的火星或其他热体时，接触位置吸收热量，开始熔融，熔体向四周扩散，在织物上形成孔洞。火星熄灭或热体脱离，孔洞周围已熔断的纤维端部相互黏结，使孔洞不再继续扩大。合成纤维的这种性能叫熔融性。

（四）纤维的热定型性

当把纤维加热到一定温度（合成纤维须在玻璃化温度以上）时，纤维内大分子间的结合力减弱，分子链段开始自由运动，纤维变形能力提高。在外力作用下强迫其变形，会引起纤维内部分子链间部分原有的价键拆开，并在新的位置上重建。冷却并解除外力后，新的形状就会保持下来，以后只要不超过这一处理的温度，形状基本上不会发生变化，这个性质称为热塑性，这个加工过程就称为热定型。纤维的热定型温度必须高于玻璃化温度，但不得高于黏流转变温度。温度太低，大分子运动困难，内应力难以完全消除，达不到热定型的效果；温度太高，会破坏纤维材料，纤维颜色变黄，手感发硬，甚至熔融黏结。

（五）纤维的燃烧性

服装用纤维是否易燃烧及在燃烧过程中表现出的燃烧速度、熔融、收缩等现象称为纤维的燃烧性能。纤维材料抵抗燃烧的性能称为阻燃性。纤维的燃烧性能指标分为两类，一类是表征纤维可燃性的指标，主要用发火点（开始冒烟时的温度）、点燃温度（燃烧开始时的温度）和燃烧速度（燃烧的难易程度）来衡量纤维是否容易燃烧。点燃温度和发火点越低，纤维及制品就越易燃烧。另一类是表征纤维阻燃性的指标，主要用极限氧指数来衡量纤维是否容易维持燃烧。极限氧指数LOI（Limit Oxygen Index）是指纤维材料在氧—氮混合气体里点燃后维持燃烧所需要的最低含氧量体积百分数。极限氧指数越大，燃烧需要的氧气浓度越高，则材料的阻燃性越好。常用纤维的燃烧性能如表1-8所示。

纤维的燃烧特征，可以作为燃烧法鉴别纤维的参考。根据纤维在火焰中和离开火焰后的燃烧情况，可以把纤维材料分为：

（1）易燃纤维：快速燃烧，容易形成火焰，如纤维素纤维、腈纶、丙纶等。

（2）可燃纤维：缓慢燃烧，离开火焰可能会自行熄灭，如羊毛、蚕丝、锦纶、涤纶和维纶等。

（3）难燃纤维：与火焰接触时可燃烧或炭化，离开火焰便自行熄灭，如氯纶、腈氯纶、阻燃涤纶、间位芳纶、对位芳纶、酚醛纤维、聚苯硫醚纤维等。

（4）不燃纤维：与火焰接触也不燃烧，如石棉纤维、玻璃纤维、金属纤维、碳纤维、碳化硅纤维、玄武岩纤维、硼纤维等。

表1-8 常用纤维的燃烧性能表征值

纤维名称	发火点（℃）	点燃温度（℃）	火焰最高温度（℃）	极限氧指数（%）
棉	160	350~400	860	17~20
羊毛	165	600~650	941	24~26
蚕丝	190	620~630	800	23~24
黏胶纤维	165	330~420	850	17~19
涤纶	—	450~580	697	20~22
锦纶	—	450~530	875	20~21
腈纶	—	330~560	855	17~18

续表

纤维名称	发火点（℃）	点燃温度（℃）	火焰最高温度（℃）	极限氧指数（%）
维纶	—	—	—	19~19.7
丙纶	—	450~570	839	17~18.6
氯纶	—	450~650	—	37~39
芳纶	—	430~500	—	27~28.5

三、服装用纤维的电学性能

服装用纤维在生产加工及使用过程中，会遇到一些有关电学性质的问题。例如，干燥的纤维导电性很差，可作为工业和国防上的电器绝缘材料；在干燥环境中，穿着合成纤维的服装时，易产生静电吸附现象；在加工时，可利用材料的静电进行静电纺纱、静电植绒等特殊工艺。

（一）纤维的导电性能

服装用纤维的导电性能是服装材料的重要性质之一，在各种聚合物中，导电性能的跨度很大，服装用纤维的导电性能可以用电阻来表征。纤维的电阻常用质量比电阻（$\rho_m=R\frac{m}{l^2}$，其中R为纤维电阻，单位为Ω；m为纤维质量，单位为g；l为纤维长度，单位为cm；ρ_m为质量比电阻，单位为$\Omega \cdot g/cm^2$）来表示。质量比电阻是指纤维长1cm、重1g时的电阻值。服装材料中纺织材料是不良导体，因此质量比电阻都很大。

影响纤维材料电阻大小的最主要因素是纤维的吸湿性和空气的相对湿度，纤维吸湿性好、空气相对湿度又大时，纤维吸湿量大而电阻小。因此棉、麻、黏胶纤维的电阻比涤纶、锦纶、腈纶等合成纤维的电阻小。羊毛纤维表面因有鳞片覆盖而吸湿性很差，也表现出较高的电阻。纤维内含水率增加时，质量比电阻就会降低，服装在潮湿的气候下就不易产生静电积累。纤维电阻过高易产生静电而影响服装的舒适性能。

（二）纤维的静电性能

两种材料互相接触摩擦后分开时会产生电荷分离，一方带正电荷，另一方带负电荷，并呈现相当高的电位差（电压），在服装穿着过程中产生表面纤维竖立，毛羽突起，吸附灰尘及杂物，裙及裤裹腿，穿脱衣服时出现电火花，并发出声响，人和人或物体接触时电击打手等问题。静电问题不仅影响服装的美观，引起人的不舒适、不快之感，同时可能引起重大破坏和灾害。在纺织服装加工过程中表现出带同种电荷的纤维互相排斥飞散，与不同电荷的机件黏附缠绕，无法顺利成形等现象，轻则影响产品质量（纱线条干均匀度恶化），重则无法生产，甚至引起爆炸及火灾。

服装材料所带静电的强度，可以用电荷半衰期来表示，即纤维材料上的静电电压或电荷衰减到原始数值的一半所需的时间；也可以用纤维的比电阻来间接表示。各种纤维的最大带电量大致相等，但静电衰减速度却差异很大。材料的表面比电阻降到一定程度，可以防止静电现象发生。在常用纤维中纤维素纤维的静电现象不明显，羊毛和蚕丝有一定的静电干扰，而合成纤维的静电现象较严重。

四、服装用纤维的光学性能

服装用纤维在光的照射下表现出来的性质为纤维的光学性质，包括纤维的色泽、纤维的耐光性及纤维的光致发光性。纤维的光学性质关系到服装材料的外观质量，也可用于纤维内部结构研究、质量检验及纤维的鉴别。

（一）纤维的色泽

纤维的色泽是指纤维的颜色和光泽。纤维的颜色取决于纤维对不同波长色光的吸收和反射能力。纤维的光泽取决于光线在纤维表面的反射情况。

（1）纤维的颜色：是由光和人眼视网膜上的感色细胞共同形成的。人对光的明暗感觉取决于光的能量大小，人对光的颜色的感觉取决于光波的长短。天然纤维的颜色，一方面取决于品种（即天然色素），另一方面取决于生长过程中的外界因素。例如，细绒棉大多为乳白色，有些非洲长绒棉则为奶黄色。桑蚕丝的颜色有多种，其中白色茧最多，欧洲茧多为黄色，日本的青白种以绿色茧为代表。合成纤维如采用着色纺丝法，还可直接制得各种颜色的化学纤维。

（2）纤维的光泽：纤维是半透明体，当光线照射时，在纤维与空气的界面上，就会产生光的反射与折射。当纤维表面平滑一致，彼此平行排列时，照射到界面上的光线将在一定程度上沿一定角度被反射。反射光线强，纤维的光泽就强，纤维有明亮感。如果纤维表面粗糙不平，彼此紊乱排列，照射到界面上的光线将以不同角度向各个方面漫射，纤维的光泽就弱，纤维有暗淡感。粗羊毛的鳞片稀疏，表面平滑，光泽较强。细羊毛鳞片稠密，紧贴毛干程度较差，表面平滑程度较粗毛差，光泽较弱，显得柔和。圆形涤纶、锦纶等合成纤维长丝光泽极强，视觉上有不舒服感，实际生产中，常在其纺丝液中加入少量折射率不同的小颗粒状的消光剂，造成纤维反射光漫射，达到降低纤维光泽的目的。

纤维横截面的形状是影响光泽的重要因素。例如，棉纤维在正常情况下截面呈腰圆形，有中腔，纵向有天然转曲，光泽柔和暗淡。经丝光处理后，纤维发生膨胀，部分天然转曲消失，截面近似圆形，因此，纤维的光泽得到改善。利用特殊形状的纺丝孔生产各种异形横截面的纤维，可使其具有特殊的光泽。例如，三角形截面的锦纶丝具有金属的光泽，Y形截面的锦纶丝的光泽比三角形截面的光泽更强，三角形截面维纶的光泽优于圆形截面的纤维。

（二）纤维的耐光性

纤维抵抗日光作用的性能称为耐光性。纤维及其服装在长时间的使用过程中，不免要受到光的照射作用，使服用性能下降，如强力下降、褪色、光泽变暗淡等，直接影响服装的穿着和美观。表1-9列出了一些纤维材料受日光照射后的强度损失情况。

表1-9 纤维的耐日光性能

纤维名称	日晒时间（h）	强度损失（%）	纤维名称	日晒时间（h）	强度损失（%）
棉	940	50	黏胶纤维	900	50
羊毛	1120	50	涤纶	600	60
亚麻	1100	50	锦纶	200	36
蚕丝	200	50	腈纶	900	16~25

（三）纤维的光致发光性

纤维在受到紫外线照射时，其大分子受到激发，会辐射出一定波长的光，产生不同的颜色，这种现象被称为光致发光。各种服装用纤维由于其分子量和固有的性质不同，光强弱各异，因此导致发光的荧光颜色也不同。荧光颜色是指纤维受紫外光照射时，形成受激发射而产生的可见光的颜色。照射停止，荧光即消失。所以，可以利用这一特点鉴别纤维的种类及生产在不同光照下变色的功能纤维。

五、服装用纤维的耐化学品性能

纤维的耐化学品性能是指其抵抗各种化学试剂作用的能力。纤维、织物和服装在生产加工和服用过程中，要接触许多种化学物质，如纺织染整过程中的上浆、抗静电剂、丝光、漂白、染色、树脂整理、免烫整理等；服用过程中的洗涤、柔软整理等。为了能达到预期的工艺效果并提高服装的使用寿命及使用质量，就要了解各种服装用纤维的耐化学品性能，以便在加工和整理过程中合理地选择相应的化学用品。

纤维素纤维对碱的抵抗能力较强，而对酸的抵抗能力很弱。纤维素纤维染色性能较好，可用直接染料、还原染料、碱性染料及硫化染料等多种染料染色。蛋白质纤维的化学性能与纤维素纤维不同，对酸的抵抗力较对碱的抵抗力强。碱会对蛋白质纤维造成不同程度的损伤，甚至导致其分解。除热硫酸外，蛋白质纤维对其他强酸均有一定的抵抗能力，其中蚕丝稍逊于羊毛。氧化剂对蛋白质也有较大的破坏性。羊毛可用酸性染料、耐缩绒染料、酸性媒染染料、还原染料和活性染料染色；蚕丝可用直接染料、酸性染料、碱性染料及酸性媒染染料染色。合成纤维的耐化学品性能各有特点，耐酸碱的能力都比天然纤维强。

六、服装用纤维的吸湿性能

纤维材料在大气中吸收或放出气态水的能力称为吸湿性，纤维的吸湿性是关系到纤维性能、纺织工艺加工、织物服用舒适性及其他物理力学性能的一项重要特性。另外，吸湿对纺织品贸易中的重量与计价也有重要影响。

（一）纤维的吸湿平衡

纤维材料的含湿量随所处的大气条件而变化，在一定的大气条件下，纤维材料会吸收或放出水分，随着时间的推移逐渐达到一种平衡状态，其含湿量趋于一个稳定的值，这时单位时间内纤维材料吸收大气中的水分等于放出或蒸发出的水分，这种现象称为吸湿平衡。

纤维的吸湿平衡是一种动态平衡状态。如果大气中的水汽部分压力增大，使进入纤维中的水分子多于纤维放出的水分子，则表现为吸湿，反之则表现为放湿。纤维的吸湿或放湿是比较敏感的，一旦大气条件变化，则其含湿量也立即变化，由于服装材料的性质与吸湿有关，所以在进行物理力学性能测试时，试样应趋于吸湿平衡状态。

（二）纤维的吸湿指标

1. 含水率（M）

含水率是指纤维中所含水分重量占纤维湿重的百分率，其计算公式如式（1-15）所示。

$$M=\frac{G-G_0}{G} \tag{1-15}$$

式中，M为纤维的含水率（%）；G为纤维的湿重（g）；G_0为纤维的干重（g）。

2. 回潮率（W）

回潮率是指纤维中所含水分的重量占纤维干重的百分率。服装材料吸湿性的大小，绝大多数用回潮率来表示，其计算公式如式（1-16）所示。

$$W=\frac{G-G_0}{G_0} \tag{1-16}$$

式中，W为纤维的回潮率（%）；G为纤维的湿重（g）；G_0为纤维的干重（g）。

（1）实际回潮率：大气环境（温湿度条件）对各种纤维的吸湿能力影响较大，在不同的温湿度条件下，同种纤维也会有不同的吸湿性。将纤维处于周围一般温湿度条件下所具有的回潮率为实际回潮率。

（2）标准回潮率：各种服装用纤维的实际回潮率随温湿度条件的不同而变化，为了合理地比较各种服用纤维的吸湿能力，往往将纤维放在统一的标准大气状态下，经过一定时间的存放后，纤维的回潮率便达到一个稳定值，这时的回潮率规定为标准状态下的回潮率，即标准回潮率。

（3）公定回潮率：在贸易和成本计算中，纤维往往不处于标准状态，为了计量和核价的需要，各国依据各自的具体条件，对各种纤维材料的回潮率作了统一的规定，称为公定回潮率。我国常用纤维的公定回潮率如表1-10所示。

表1-10　常用纤维的公定回潮率

纤维名称	公定回潮率（%）	纤维名称	公定回潮率（%）	纤维名称	公定回潮率（%）
棉、棉纱线	8.5	亚麻、苎麻	12.0	锦纶	4.5
羊毛	15.0	椰壳纤维	13.0	腈纶	2.0
马海毛	14.0	黏胶纤维、铜氨纤维	13.0	维纶	5.0
分梳山羊绒	17.0	醋酯纤维	7.0	氯纶	0
兔毛、骆驼毛	15.0	莱赛尔纤维	10.0	丙纶	0
桑蚕丝、柞蚕丝	11.0	莫代尔纤维	11.0	氨纶	1.3
木棉	10.9	涤纶	0.4	芳纶	7.0

（4）混纺材料公定回潮率的计算：如果有几种纤维的混合原料，其公定回潮率的计算，可根据各原料重量混合比加权平均，其计算公式如式（1-17）所示。

$$\text{混纺材料公定回潮率}=\frac{\sum W_iP_i}{100} \tag{1-17}$$

式中，W_i为混纺材料中第i种纤维的公定回潮率（%）；P_i为混纺材料中第i种纤维的干重混纺比（%）。

例如，涤棉混纺纱（65/35），其中涤、棉混纺比例为65%∶35%，则根据公式计算，该涤棉混纺纱的公定回潮率如下：

$$涤棉混纺纱的公定回潮率=\frac{65\times0.4+35\times8.5}{100}=3.2\%$$

（三）服装用纤维的吸湿机理

服装用纤维的吸湿现象是较为复杂的。在吸湿过程中，大气环境中的水分子首先被吸附于纤维的表面，然后逐步地向其内部扩散，与大分子上的亲水基相结合，这种结合形式称直接吸收水（化学吸着水），水分子与纤维的结合力比较大；服装用纤维的另一种吸水方式是部分水分子填充纤维内部的微小孔隙，称为间接吸收水（毛细管凝结水），水与纤维的结合力小于直接吸收水，纤维吸收的水分子绝大多数进入非晶区。

1. 水分子在纤维内部的存在形式

纤维大分子上的亲水基团与水分子结合后形成直接吸收水，这是高聚物纤维具有吸湿性的主要原因。常见纤维大分子的亲水基团有羟基（—OH）、氨基（$—NH_2$）、酰胺基（—CONH—）、羧基（—COOH）等，它们对水分子有相当的亲和能力，主要依靠氢键与水分子结合，从而使水分子失去热运动的能力，而在纤维内部留存下来。所以纤维分子结构中亲水基越多，基团的极性越强，纤维的吸湿能力也就越大。纤维素纤维和蛋白质纤维都含有较多的亲水性基团，所以吸湿能力较强。而常用的几种合成纤维，含有的亲水性基团不多，吸湿能力就较弱。

纤维大分子上除了亲水基可直接吸收水分子外，已经被纤维吸收了的水分子由于它本身也具有极性，就有可能吸收其他水分子，后来被吸收的水分子积聚其上，方为间接吸收水，此水分子排列不定，结合力较弱，存在于纤维内部的微小间隙中，成为毛细管凝结水。当环境湿度很高时，这种间接吸收的水分会填充到纤维内部较大的间隙中，成为较大的毛细水，其结合能力更小。随着毛细水的增加，纤维发生溶胀，分子间的一些联结点被拆开，使更多的亲水基与水分子相结合。

2. 纤维内部结构的影响

如果纤维具有同样的化学组成，但内部结构不同，纤维的吸湿性也有很大的差异。

（1）结晶度的影响：纤维的吸湿作用主要发生在非晶区域，就是吸湿过程中，水分子一般不进入纤维分子的结晶区内。因为在结晶区内，分子排列紧密有序，水分子不易渗入。所以结晶度越低，吸湿性越强。例如，棉和黏胶纤维都是纤维素纤维，由于棉的结晶度为70%而黏胶纤维仅为30%左右，所以黏胶纤维的吸湿能力比棉高得多。

（2）聚合度的影响：聚合度对纤维的吸湿能力有一定的影响，通常情况下，聚合度越低，吸湿性越强。例如，黏胶纤维的聚合度不到棉的1/20，由于纤维素大分子两端的游离基团增大，吸湿性增大。

3. 水分子在纤维表面的吸附

物质表层分子由于所受引力的不平衡，使其具有多余的能量，称为物质的表面能。表面越大，表面上的分子数量越多，表面能也就越大。例如，在同样条件下细羊毛的吸湿能力比一般较粗的羊毛吸湿能力好；棉型黏胶纤维比毛型黏胶纤维的吸湿能力强；成熟度差的原棉比成熟度好的原棉吸湿性大。暴露在大气中的服装用纤维就会在其表面（包括内表面）吸附一定量的水汽，这一现象称为物理吸附。纤维表层分子的化学组成不同，对水汽的吸附能力也不同。

4. 纤维中的伴生物对纤维吸湿性的影响

纤维在生长、发育和生产过程中难免有一些伴生物的存在，这些伴生物对纤维的吸湿性也有一定的影响。例如，棉纤维在生长发育过程中常伴有蜡质等伴生物，它会影响原棉的吸湿能力，所以脱脂棉的吸湿能力大于普通棉；麻纤维的脱胶工艺，脱去的果胶也会影响麻纤维的吸湿性；丝纤维的丝胶，会增强丝纤维的吸湿能力，所以在丝纤维加工中，不宜脱胶过多；毛纤维表面的脂分会使毛纤维的吸湿能力下降，所以洗净毛比原毛吸湿性能好。

第四节 服装用纤维种类

一、天然纤维

（一）棉纤维

棉纤维是棉花种子上覆盖的纤维，成熟的棉纤维是长在棉籽上的种子毛，经采集轧制加工而成。

1. 棉纤维的分类

（1）按品种分类：可分为细绒棉、长绒棉。

细绒棉亦称陆地棉或高原棉，纤维较细，正常成熟的纤维色泽洁白或带有光泽，长度为25~31mm，是产量最大的棉花品种。长绒棉又称海岛棉，最著名的是埃及长绒棉。长绒棉细长、富有光泽、强力较高，纤维长度可达60~70mm，是最高级的棉纤维品种，在我国新疆、广东等地也有种植，常用来纺制精梳棉纱，织制高级棉织物。

（2）按初加工分类：可分为籽棉、皮棉、锯齿棉和皮辊棉。

籽棉是在棉田中采摘的带有棉籽的棉花。皮棉又称原棉，是经过轧花（除去棉籽的加工程序）后的棉纤维。锯齿棉是由锯齿轧棉机加工得到的皮棉。由于用锯齿抓住纤维，采用撕扯方式使棉纤维与棉籽分离，容易损伤棉纤维，也容易产生加工疵点，但纤维长度整齐度高，杂质和短纤维含量少，是多数的纺纱用棉。皮辊棉是由皮辊轧棉机加工得到的皮棉，采用表面粗糙的皮辊带动纤维运动，脱离棉籽，作用缓和，不易损伤纤维，轧工疵点少，但含杂及短纤维多，整齐度较差，多用于长绒棉的加工。

（3）按纤维色泽分类：可分为白色棉和彩色棉，如图1-3所示。

白色棉又可分为白棉、黄棉和灰棉。白棉是正常成熟的棉花，色泽呈洁白、乳白或淡黄色，是服装的主要原料。黄棉是由于在棉花生长晚期，棉铃经霜冻伤后枯死，棉籽表皮单宁染到纤维上从而使纤维呈现黄色。灰棉是由于棉花在生长过程中，雨量过多，日照不足，温度偏低，纤维成熟度低或受空气中灰尘污染或霉变从而呈现灰褐色。黄棉和灰棉品质很差，服装上基本不用。

（a）白棉

（b）彩色棉

图1-3 棉纤维

彩色棉是利用生物遗传工程方法，在棉花的植株上接入一些色素基因，使棉桃内的棉纤维具有相应的颜色而得到的棉纤维。目前彩色棉已培植出棕、绿、红、黄、蓝、紫、灰等多个色泽品系，因为该种棉纤维本身具有色彩，不需要进行后期染色加工，减少环境污染和能源消耗，是天然环保纤维。但天然彩色棉总体色调偏深、偏暗，且存在色谱不丰富、色泽不鲜艳、色泽稳定性差、色素遗传变异大等缺点，同时天然彩色棉产量较低，棉衣分率（衣

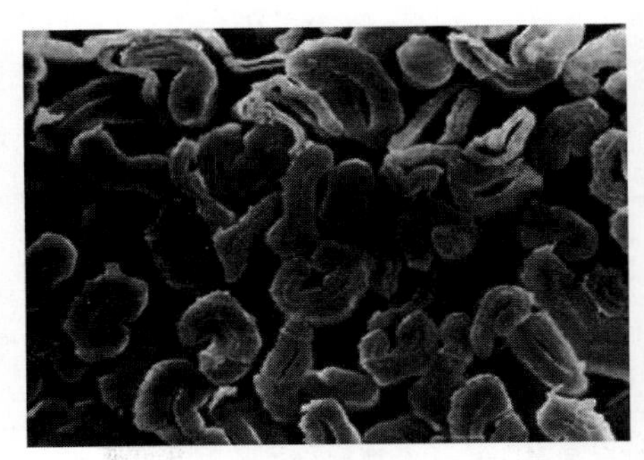

（a）横向截面

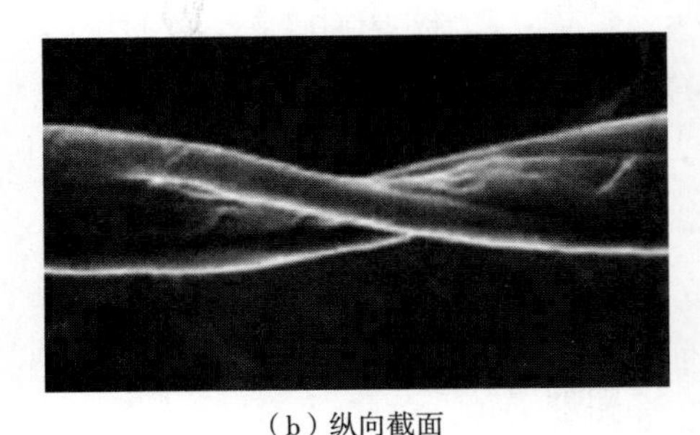

（b）纵向截面

图1-4 棉纤维截面形态

分率是指单位重量的籽棉与轧出皮棉的比例）也较低，制约了其实际的应用。彩色棉中的非纤维素成分含量比白棉的高，纤维长度偏短，一般为20~25mm，纤维较粗，线密度为2.5~4dtex，纤维的强度偏低，可纺性较差。目前彩色棉一般与白棉混纺加工，以增加色泽、鲜艳度和可加工性。在我国，新疆、江苏、四川等地种植的彩色棉主要为棕色和绿色。彩色棉的单产是白棉的75%，但其价值约为白棉的3倍，是比较具有经济价值的纤维之一。

2. 棉纤维的结构及形态

成熟的棉纤维横截面为腰圆形，有中腔，中腔干瘪，纵向转曲较多，如图1-4所示。一般棉纤维的长度为23~38mm，线密度一般为1.3~1.7dtex。棉纤维是天然的纤维素纤维，细胞壁的主要组成物质是纤维素，表层含有蜡类物质和少量糖类物质，内壁面含有蛋白质、糖类等。棉纤维聚合度为6000~15000，结晶度为65%~72%，密度为1.54g/cm^3。

3. 棉纤维的主要性能

（1）力学性能：棉纤维的强力较高，吸湿后强力稍有上升。棉纤维断裂伸长率较低，弹性模量较高，变形能力较差。棉纤维弹性较差，耐磨性不突出，所以棉服装不太耐穿。棉纤维形成的服装保形性和造型性较差，穿着时和洗后容易起皱。

（2）热学性能：棉纤维是热的不良导体，纤维内腔充满了静止的空气，因此棉纤维是一种保暖性较好的服装材料。棉纤维耐热性较好，但不如涤纶、腈纶，却优于羊毛、蚕丝，接近于黏胶纤维。棉纤维是易燃烧纤维，燃烧速度很快，而且离开火焰后继续燃烧，燃烧时伴有烧纸的味道。

（3）电学性能：棉纤维的比电阻较大，但棉纤维的吸湿能力较强，所以棉纤维及服装的静电现象较弱，服用效果较其他纤维优良。

（4）光学性能：棉纤维光泽较差。棉织物可通过漂白或荧光增白处理增加白度，丝光和轧光等后整理亦有助于提高光泽度。棉纤维染色性能良好，可以染成各种颜色，满足服装色彩的需求。棉纤维耐光性一般，如长时间与日光接触，纤维强力会降低，并发硬变脆，所以棉纤维制成的服装在晾晒时，要适当控制时间。

（5）耐化学品性能：棉纤维耐无机酸的能力较弱，在浓硫酸或盐酸中，即使在常温下也能引起纤维素的迅速破坏，纤维素长时间在稀酸溶液中也会水解，强力降低。汗液中的酸性物质也会损坏棉制品，所以棉纤维制成的服装在穿用过程中要勤洗勤换，而且在洗涤时，不适合选择酸性洗涤液。棉纤维耐碱性较好，氧化剂能使棉纤维生成氧化纤维素，强力下降，甚至发脆。棉纤维的染色性较好，可以采用直接染料、还原染料、活性染料、碱性染料、硫化染料等染色。

（6）吸湿性能：白棉的公定回潮率为8.5%，彩色棉吸湿性不如白棉。棉纤维在水中浸润后，能吸收接近其本身重量1/4的水分，导致横截面变大，长度变短，这也就是棉纤维的缩水性，因此棉织物在裁剪加工前应先进行预缩处理，以避免制成服装后尺寸变小。脱脂棉纤维吸着液态水最多可达干纤维本身重量的8倍以上，利用这一性能可以制成药棉。

（7）其他性能：棉纤维的防霉变性较差，在潮湿环境下，容易受到细菌和霉菌的侵蚀。霉变后棉织物的强力明显下降，纤维表面会产生黑斑，影响服装外观。

（二）麻纤维

麻纤维源于麻类植物茎秆的韧皮部分，属于纤维素纤维，如图1-5所示。麻纤维的许多品质与棉纤维相似，因产量较少和风格独特，又被誉为凉爽和高贵的纤维。麻纤维的品种很多，但服装用麻主要是苎麻和亚麻。

图1-5　麻纤维

1. 苎麻纤维

苎麻起源于中国，常被称为“中国草”，中国、菲律宾、巴西是其主要产地。

（1）苎麻纤维的结构及形态：苎麻纤维纵向外观为圆筒形或扁平形，没有转曲，纤维

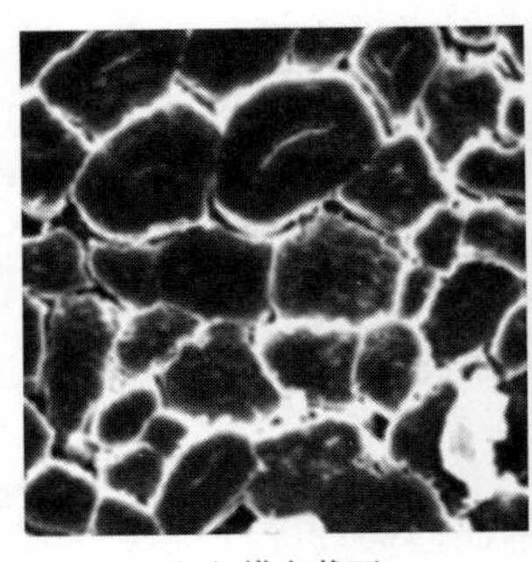
（a）横向截面

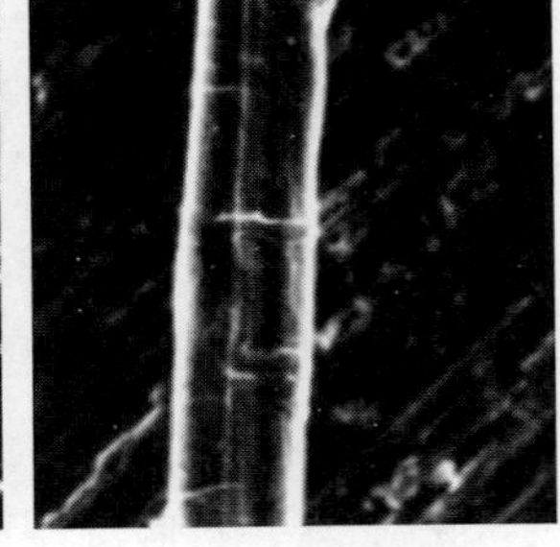
（b）纵向截面

图1-6　苎麻的截面形态

外表面有的光滑，有的有明显的条纹，纤维头端钝圆。苎麻纤维横截面为椭圆形，且有椭圆形或腰圆形中腔，细胞壁厚度均匀，有辐射状裂纹，如图1-6所示。

苎麻纤维的单纤维长度为60~250mm，最长可达550mm。纤维的线密度为6.3~7.5dtex，最细品种的线密度可达3dtex。苎麻纤维中65%~70%是纤维素，结晶度达70%，取向因子为0.913。苎麻纤维密度为1.54~1.55g/cm^3。

（2）苎麻纤维的主要性能：

①力学性能：苎麻纤维强度是天然纤维中最高的，但其伸长率较低。苎麻纤维硬挺，刚性大，具有较高的初始模量，但抗皱性和耐磨性较差。苎麻织物手感硬挺，不贴身，折皱回复性差，耐磨性差，因此实用价值受到影响。

②热学性能：苎麻纤维与棉纤维很类似，但耐热性好于棉纤维。

③电学性能：苎麻纤维的电学性能类似于棉纤维，服用过程中不易起静电。

④光学性能：苎麻纤维具有较强的光泽，优于棉纤维。脱胶后的精干麻色白且光泽好，耐光性类似于大多数的纤维素纤维。

⑤耐化学品性能：苎麻纤维与其他纤维素纤维相似，耐碱不耐酸。苎麻在稀碱液下极稳定，但在浓碱液中，纤维膨润，生成碱纤维素。苎麻可在强无机酸中溶解，染色性能优于亚麻，可以印染更多的色彩；经整理也可使粗糙的手感变得柔软光滑。

⑥吸湿性能：苎麻纤维具有非常好的吸湿、放湿性能，其在标准状态下回潮率为13%，润湿的苎麻织物3.5h即可阴干（而棉织物需要6h以上）。苎麻的透气性能好，而且耐水洗涤，尤其耐海水侵蚀，是优良的夏季服装材料。

⑦其他性能：苎麻纤维的抗霉和防蛀性能较棉纤维好。

2. 亚麻纤维

亚麻纤维在8000年前的古埃及就被人类发现并使用，是人类最早开发利用的天然纤维之一。

（1）亚麻纤维的结构及形态：亚麻纤维截面结构随麻茎部位不同而存在差异，根部纤维截面为圆形或扁圆形，细胞壁薄，中腔大而层次多；中部纤维截面为多角形，纤维细胞壁厚，纤维品质优良，梢部纤维束松散，细胞细小，如图1-7所示。

亚麻纤维的长度差异较大，麻茎根部纤维最短，中部次之，梢部最长。单纤维长度为

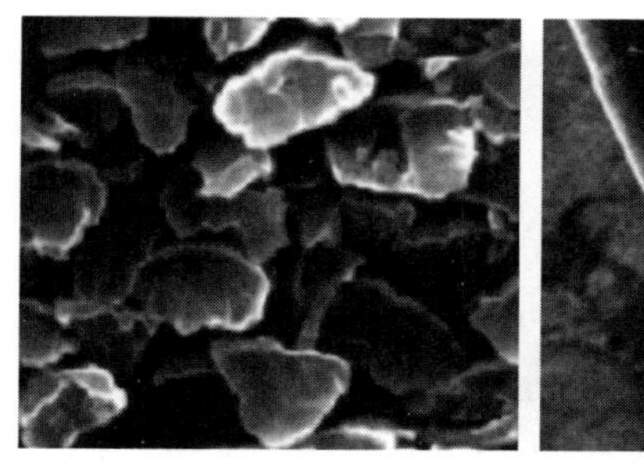
（a）横向截面

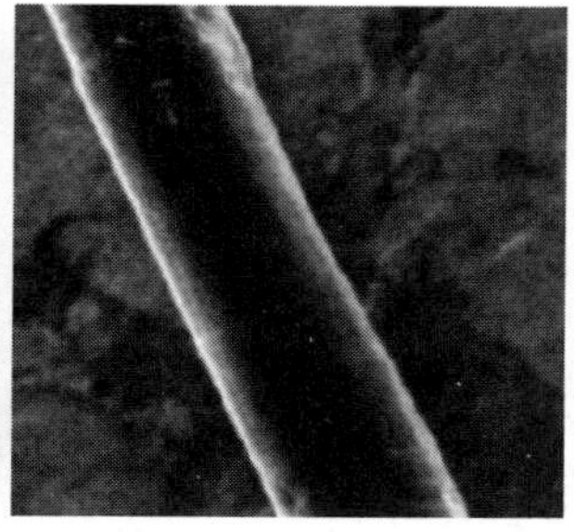
（b）纵向截面

图1-7　亚麻纤维的截面形态

10~26mm，最长可达30mm，线密度为1.9~3.8dtex。主要成分为纤维素，结晶度约66%，取向因子为0.934。亚麻纤维细胞壁的密度为1.49g/cm³。

（2）亚麻纤维的主要性能：

①力学性能：亚麻纤维有较好的强度，刚性大，手感比棉纤维粗硬，但比苎麻纤维柔软。

②热学性能：亚麻纤维导热性较好，通气性好，具有独特的“凉爽感”“清凉感”，适用于夏装。

③光学性能：优良的亚麻纤维为淡黄色，光泽较好。亚麻纤维有一定的耐光性，在日光照射下不变色，对紫外线的透过率也较大，有利于人体皮肤的卫生保健。

④耐化学品性能：亚麻纤维对酸的抵抗力差，对碱的抵抗力稍强。亚麻织物耐洗、易洗、缩水少，同时耐污染。因有较高的结晶度而使染色性能较差。

⑤吸湿性能：亚麻纤维具有很好的吸湿、导湿性能，亚麻纤维表面有许多细孔与中腔相连。这些细孔能很快吸收水分，并使水分发散，同时也能快速传递皮肤的热量，会使着装者有清凉的感觉。亚麻织物的吸水速度次于苎麻织物，但高于棉织物。亚麻纤维在标准状态下的回潮率为8%~11%，公定回潮率为12%。润湿的亚麻织物4.5h即可阴干。

⑥其他性能：亚麻纤维对细菌具有一定的抑制作用。亚麻布对金黄葡萄球菌的杀菌率可达94%，对大肠杆菌杀菌率达92%。

（三）毛纤维

1. 羊毛纤维

羊毛产地分布较广，澳大利亚、新西兰、阿根廷、南非和中国都是世界上的主要产毛国。新疆、内蒙古、青海等地是我国羊毛的主要产区。澳大利亚的美利奴羊毛品质优良、产毛量高；新西兰羊毛是绒线和针织物的主要原料。羊毛纤维如图1-8所示。

图1-8 羊毛纤维

（1）羊毛纤维的结构与形态：横向截面接近圆形，最外层是鳞片层，中间部分为皮质层，由正皮质细胞和偏皮质细胞组成，由于皮质细胞结构不同构成了双侧结构分布，使羊毛纵向呈现卷曲的外形。最里面是髓质层，由结构松散和充满空气的细胞组成，是一种多孔性组织，如图1-9所示。含髓质层多的羊毛卷曲较少，脆而易断，不易染色。髓质层越少，羊毛越软，卷曲越多，越易缩绒，手感也越好。

羊毛纤维的线密度一般为3.3~5.6dtex，长度一般为60~120mm。羊毛沿长度方向有自然的周期性卷曲，一般以每厘米的卷曲数来表示羊毛卷曲程度，叫卷曲度。羊毛卷曲排列越整齐，卷曲度越高，品质越好。羊毛纤维的分子排列较稀疏，结晶度较小，取向度不高，密度为1.32g/cm^3。

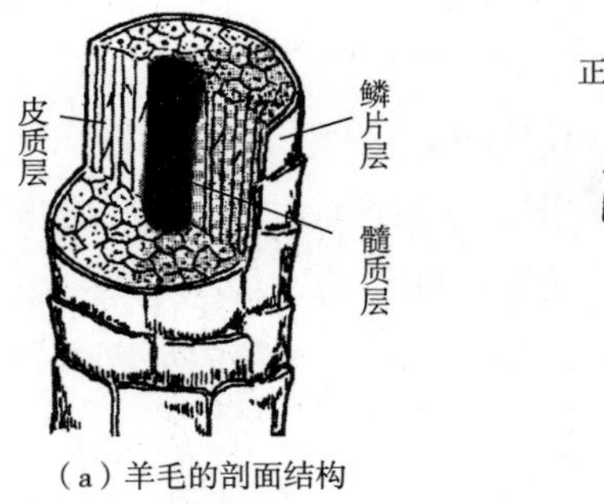

（a）羊毛的剖面结构

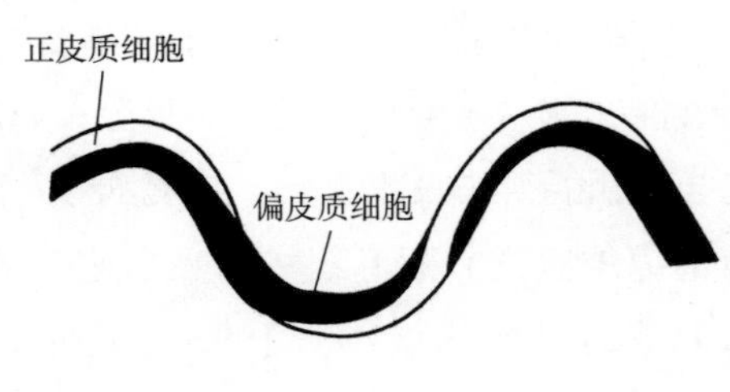

（b）羊毛皮质层的双侧结构

图1-9 羊毛结构示意图

（2）羊毛纤维的主要性能：

①力学性能：羊毛纤维强力低，弹性模量小，但断裂伸长率高，拉伸变形能力很大，耐用性也优于其他天然纤维。在潮湿状态下，羊毛纤维强力会下降，在40~50℃的水中，羊毛纤维便会吸水膨胀，强力明显下降。羊毛具有优良的弹性回复性能，服装的保形性好，经过热定形处理易形成所需要的服装造型。

②热学性能：羊毛纤维导热系数小，纤维又因卷曲而束缚静止空气，因此隔热保暖

性好，尤其经过缩绒和起毛整理的粗纺毛织物是冬季服装的理想材料。由于不易传导热量，采用高捻度高支纱所织造的轻薄精纺毛织物，又称“凉爽羊毛”，也是夏季的高档服装用料。羊毛耐热性不如棉纤维，较一般纤维差。

③光学性能：羊毛纤维表面光泽随表面鳞片的多少而异，粗羊毛鳞片较稀，表面平滑，反光强，而细羊毛反光弱，光泽柔和。羊毛表面顺鳞片或逆鳞片方向的摩擦系数截然不同，称为定向摩擦效应。羊毛纤维与棉纤维一样不耐日晒，日照时间长，纤维会发黄，强力会下降，因此羊毛纤维制成的服装应在阴凉通风处晾晒。

④耐化学品性：羊毛纤维耐酸不耐碱，对氧化剂也很敏感。耐酸性比丝、棉强，酸对羊毛一般不起作用或作用很小。羊毛纤维对碱的抵抗力较差，碱对羊毛有腐蚀作用。羊毛分子在染色时能与染料分子结合，染色牢固，色泽鲜艳。

⑤吸湿性：羊毛纤维公定回潮率可达15%左右。在湿润的空气中，羊毛吸湿超过30%而不感觉潮湿，细羊毛最大吸湿能力可达40%以上。羊毛干纤维的吸湿积分热在常用纤维中最大，调节体温的能力较大。毛料服装在淋湿后，不像其他织物那样很快有湿冷感。

⑥缩绒性：缩绒性指在湿热条件和化学试剂的作用下，羊毛纤维集合体受到机械外力的挤压揉搓而粘合成毡绒的性质。粗纺毛织物通常利用羊毛纤维的这个特性进行缩绒处理，使绒面紧密、丰厚，提高保暖效果。在实际服用时，毛织物应避免产生缩绒现象，否则纤维纱线互相嵌合使纹路模糊影响外观，并使尺寸缩小而影响穿着性能。

⑦其他性能：羊毛纤维易受虫蛀，也易霉变、发黄而被破坏。

2. 其他毛纤维

（1）山羊绒：山羊绒是紧贴山羊皮生长的浓密细软的绒毛，如图1-10所示。克什米尔山羊所产的绒毛质量最好，这种羊绒又称开司米（Cashmere）。绒毛纤维由鳞片层和皮质层组成，没有髓质层，平均长度为35~45mm，平均直径为14.5~16μm，比细羊毛还细。山羊绒的强伸度、弹性形变能力比绵羊毛好，具有细、轻、软、暖、滑等优良特性。由于一只山羊年产绒量只有100~200g，所以山羊绒有“软黄金”之称，可用作粗纺或精纺高级服装原料。

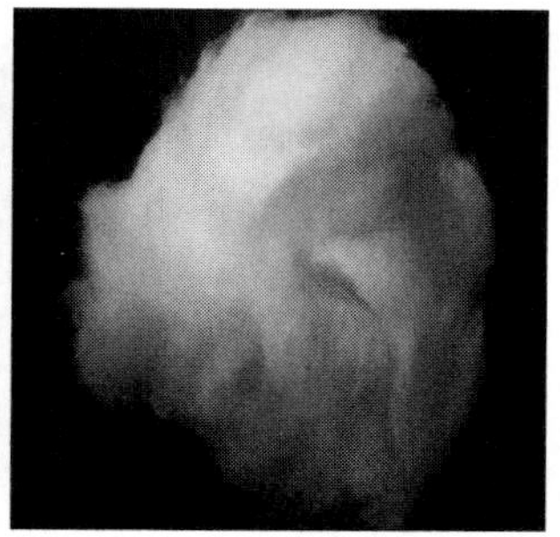

图1-10　山羊绒

（2）马海毛：马海毛是指原产于土耳其安哥拉地区的山羊粗毛，所以又称安哥拉山羊毛（Mohair），如图1-11所示。马海毛纤维粗长，卷曲少，长为200~250mm，直径为10~90μm，马海毛鳞片平阔，紧贴毛干，很少重叠，从而使纤维表面光滑，光泽强。马海毛纤维卷曲少，纤维强度及回弹性较高，不易收缩、毡缩，易于洗涤。马海毛常与羊毛等纤维混纺，可用来制作大衣、羊毛衫、围巾、帽子等高档服饰。

（3）兔毛：兔毛有普通兔毛和安哥拉兔毛两种，其中安哥拉长毛兔毛品质最好。兔毛由绒毛和粗毛组成，绒毛平均直径一般为12~14μm，粗毛直径在48μm左右，长度多为25~45mm，如图1-12所示。兔毛具有轻、软、暖、吸湿性和保暖性好的特点，但强度低。兔毛由于鳞片较少从而表面光滑，抱合力差，织物容易掉毛。兔毛常与羊毛或其他纤维混纺制作羊毛衫等。

（4）骆驼毛：骆驼毛由粗毛和绒毛组成，具有独特的驼色光泽，如图1-13所示。粗毛纤维构成外层保护毛被，称驼毛。细短纤维构成内层保暖毛被，称驼绒。驼毛多用作衬垫，其强度大，光泽好，御寒保温性能很好，适宜织制高档粗纺毛织物和针织物，用来制作高档服装。

（5）牦牛毛：牦牛毛由绒毛和粗毛组成，如图1-14所示。绒毛细而柔软，平均直径约为20μm，长约30mm。光泽柔和，手感柔软、滑腻，弹性好，保暖性好，常与羊毛等纤维混纺织成针织物和大衣呢。粗毛略有毛髓，平均直径约70μm，长约110mm，外形平

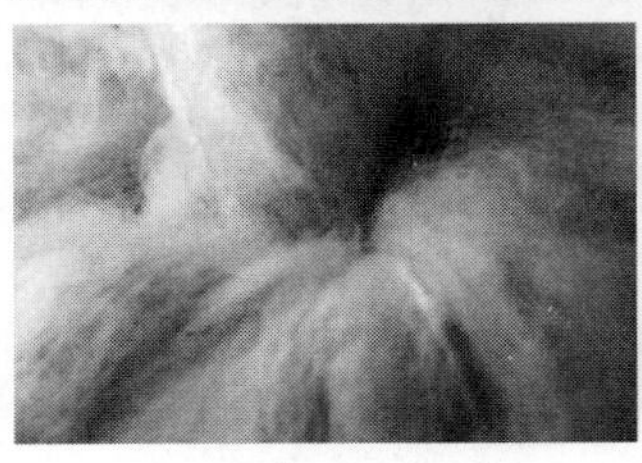

图1-11　马海毛

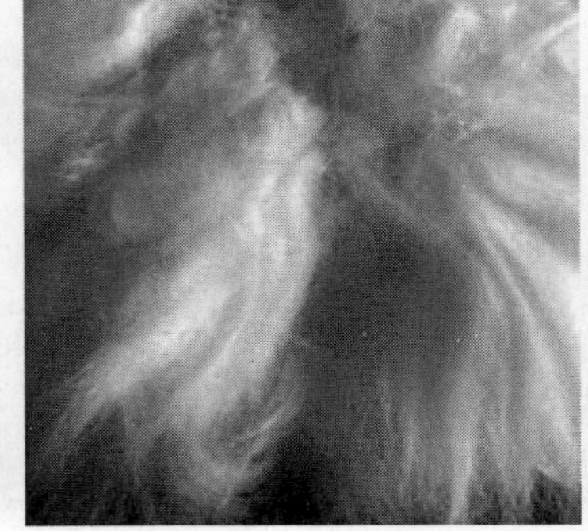

图1-12　兔毛

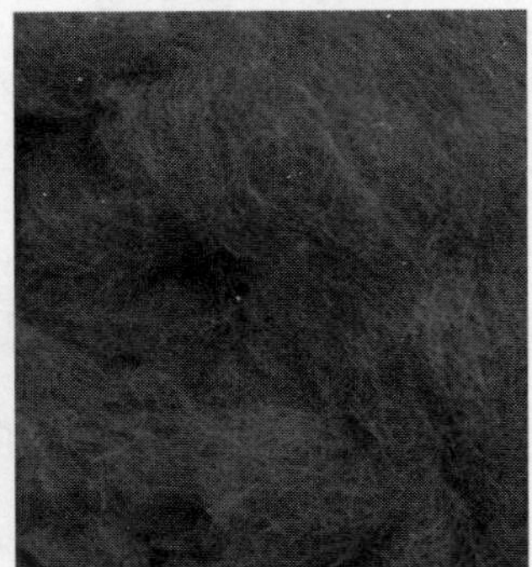

图1-13　骆驼毛

直，表面光滑，刚韧而有光泽。牦牛毛可用来制作衬垫织物、帐篷及毛毡等。用粗毛制成的黑炭衬是高档服装的辅料。

图1-14　牦牛毛

（6）羊驼毛：羊驼毛属于骆驼类毛纤维，色泽为白色、棕色、淡黄褐色或黑色，如图1-15所示。羊驼毛粗细毛混杂，平均直径为22~30μm，细毛长约50mm，粗毛长达200mm，比马海毛更细、更柔软。羊驼毛富有光泽，手感特别滑糯，强力和保暖性均远优于羊毛，可用作大衣和羊毛衫等的服装材料。

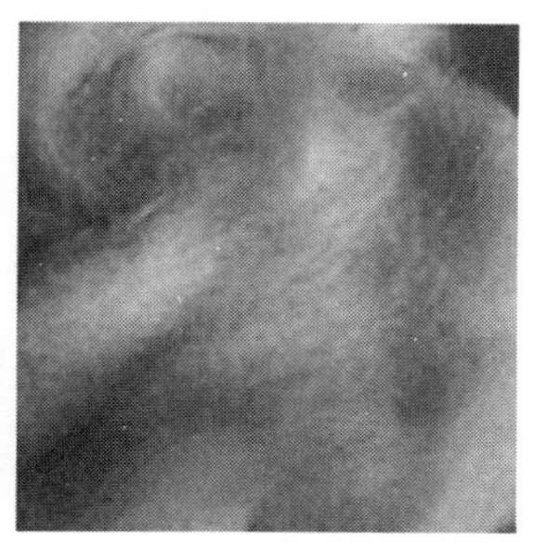

图1-15　羊驼毛

（四）丝纤维

蚕丝最早产于中国，目前我国蚕丝产量仍居世界第一。蚕丝分为家蚕丝和野蚕丝两种，家蚕丝即桑蚕丝，主要产于浙江、江苏、广东和四川等地。野蚕丝包括柞蚕丝等，主要产于辽宁和山东等地。

1. 桑蚕丝纤维

桑蚕丝又称真丝，为天然蛋白质纤维。蚕丝是唯一的天然长丝纤维，光滑柔软，富有光泽，穿着舒适，是高级的服装原料，被誉为“纤维皇后”，如图1-16所示。

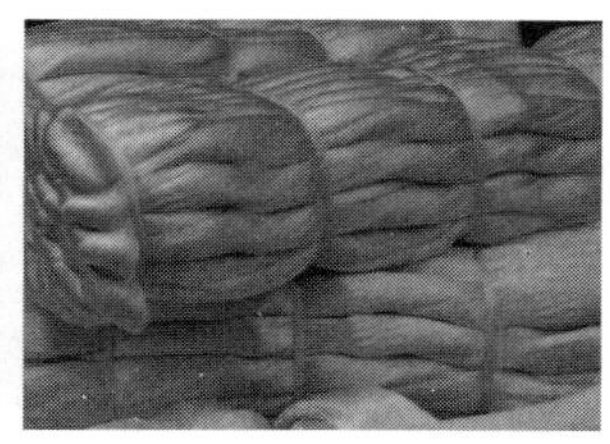

图1-16　桑蚕丝

（1）桑蚕丝纤维的结构与形态：桑蚕丝纤维纵向平直、光滑，横断面近似三角形，纤维由蛋白质构成，中心是丝素，外围是丝胶，如图1-17所示。

丝胶能溶于热水，丝素却不溶于水。由几个茧一起抽得的未经精练过的丝称为生丝，生丝经过精练脱胶以后称为熟丝。生丝硬，熟丝软。桑蚕丝纤维的长度为800~1100m，平

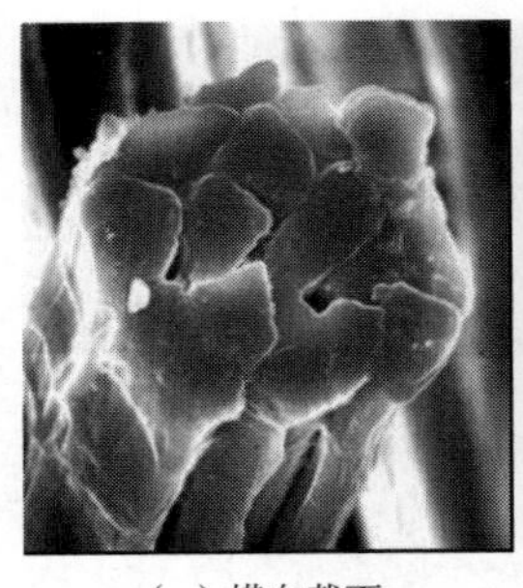
（a）横向截面

（b）纵向截面

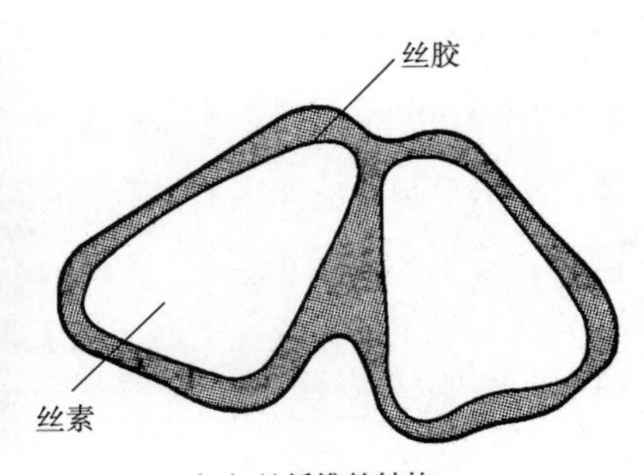

（c）丝纤维的结构

图1-17 桑蚕丝的结构形态

均直径为10~30μm，密度为1.3g/cm^3。

（2）桑蚕丝纤维的主要性能：

①力学性能：生丝强力较高，吸湿后强力有下降趋势，伸长增加。生丝强度高于羊毛，延伸性优于棉和麻纤维，耐用性一般。蚕丝纤维延伸性及弹性不及毛纤维，容易起皱，保形性较差，洗后需熨烫。蚕丝纤维摩擦时会产生独有的“丝鸣”现象。

②热学性能：桑蚕丝纤维保暖性仅次于羊毛，也是冬季较好的服装材料和填充材料。桑蚕丝的耐热性比棉纤维、亚麻纤维差，但比羊毛纤维好。

③电学性能：桑蚕丝纤维不易起静电。

④光学性能：丝纤维具有柔和优雅的光泽。桑蚕丝纤维外表光滑，无卷曲，所以抱合力较差，难与其他纤维混纺。桑蚕丝的耐光性比棉、毛纤维差，日光可导致桑蚕丝脆化、泛黄，强度下降。因此，桑蚕丝服装应尽量避免在日光下直接晾晒。

⑤耐化学品性：桑蚕丝纤维耐酸而不耐碱，用有机酸处理丝织物，可增加光泽，改善手感（强伸度稍有降低）。桑蚕丝纤维不耐盐水侵蚀，人体的汗液里含有盐分，夏季丝绸服装被汗水浸湿后，应冲洗干净，不宜浸泡，应勤洗勤换，同时桑蚕丝织物也不宜用含氯漂白剂或洗涤剂处理。

⑥吸湿性：桑蚕丝纤维回潮率为11%，吸湿饱和率可高达30%，在很潮湿的环境中，感觉仍是干燥的。由于丝素外面有一层丝胶，因此桑蚕丝的透水性差。

⑦其他性能：桑蚕丝纤维易受虫蛀，也易因霉变、发黄而受到破坏，在保管时应注意保持服装干净、干燥，同时注意通风和防蛀。

2. 柞蚕丝纤维

柞蚕茧为黄褐色，这种褐色色素不易除去，使柞蚕丝具有天然的淡黄色，且难以染色，如图1-18所示。

（1）柞蚕丝纤维结构与形态：柞蚕丝纤维截面近似桑蚕丝，但更扁平，纵向表面有条

图1-18 柞蚕丝

纹，内部有许多毛细孔。主要成分是丝素和丝胶，其中丝素占84%~85%，丝胶占12%左右。平均长度为800m左右，其中长的有1000m以上，短的在400m以下，平均直径为21~30μm。

（2）柞蚕丝的主要性能：

柞蚕丝光泽不如桑蚕丝亮，手感不如桑蚕丝光滑，也不如桑蚕丝柔软、细腻。柞蚕丝的坚牢度、吸湿性、耐热性等优于桑蚕丝；耐水性和强力也比桑蚕丝好，湿强度比干强度大4%左右。

柞蚕丝具有良好的吸湿透气性能，它比桑蚕丝粗，内部有许多毛细孔，靠近纤维中心的毛细孔较粗，靠近边缘的毛细孔较细，且通空气，因而具有较好的保暖性。柞蚕丝吸湿后再干燥会产生收缩，常温下稍有卷曲。化学性能也较桑蚕丝稳定，对强酸、强碱和盐类的抵抗力较强。柞蚕丝的耐光性、耐酸性、耐碱性比桑蚕丝好。柞蚕丝织物遇水时，丝纤维会吸水膨胀，产生扁平状凸起，改变光的反射形成水渍，水渍在服装重新下水后才会消失。

3. 蜘蛛丝纤维

蜘蛛丝纤维是另一优良的蛋白质纤维，可生物降解且无污染。蜘蛛与蚕不同，不会像蚕一样大肆繁殖，在整个生命过程中产生许多不同的丝，每一种丝源于不同的腺体，如图1-19所示。蜘蛛丝具有很高的强度、弹性、伸长性、韧性及抗断裂性，同时还具有质轻、抗红外线、耐低温等特点，被誉为“生物钢”。

（1）蜘蛛丝纤维的结构与形态：蜘蛛丝纤维横截面呈圆形，具有皮芯结构。蜘蛛丝的平均直径为6.9μm，结晶度很低，几乎呈无定形状态，其中牵引丝的结晶度只有桑蚕丝的35%。

（2）蜘蛛丝纤维的主要性能：蜘蛛丝纤维强度与钢相似，伸长率与蚕丝及合成纤维相似，远高于钢及对位芳纶，尤其是其断裂功最大，是对位芳纶的三倍多，因而其韧性很好，再加上其初始模量大、密度小，所以是一种非常优异的材料。蜘蛛丝在常温下处于润湿状态时，具有超收缩能力，可收缩至原长的

图1-19 蜘蛛丝

55%，且伸长率较干丝大，但仍有很高的弹性回复率。蜘蛛丝在200℃以下表现热稳定性，而且具有良好的耐低温性能，在-40℃时仍有弹性。蜘蛛丝摩擦系数小，抗静电性能优于合成纤维，导湿性、悬垂性优于蚕丝。

蜘蛛丝具有独特的溶解性，不溶于水、稀酸和稀碱，但溶于溴化锂、甲酸、浓硫酸等，同时对蛋白水解酶具有抵抗性，不能被其分解，遇高温加热时可溶于乙醇。蜘蛛丝有生物相容性，可以生物降解和回收，不会对环境造成污染。蜘蛛丝是典型的超细、高性能天然纤维，蜘蛛丝的耐紫外线性好，耐热性好，强度高，韧性好，断裂能高，质地轻，是制造防弹衣、降落伞、外科手术缝合线的理想材料，但无法大量获得。

（五）竹纤维

竹纤维是一种原生竹纤维，被称为竹原纤维，取自植物的维管束细胞，如图1-20所示。竹纤维是我国自主开发的天然纤维，是继棉、麻、毛、丝之后的第五大天然纤维。

图1-20 竹纤维

1. 竹纤维的结构与形态

竹纤维纵向有横节，粗细分布很不均匀，纤维内壁比较平滑，胞壁甚厚，胞腔小，纤维表面有无数微细沟槽，有的壁层上有裂痕。竹纤维的横截面为不规则的椭圆形或腰圆形，有中腔，且截面边缘有裂纹，在其横截面上还有许多近似于椭圆形的空洞，其内部存在着许多的管状腔隙，如图1-21所示。

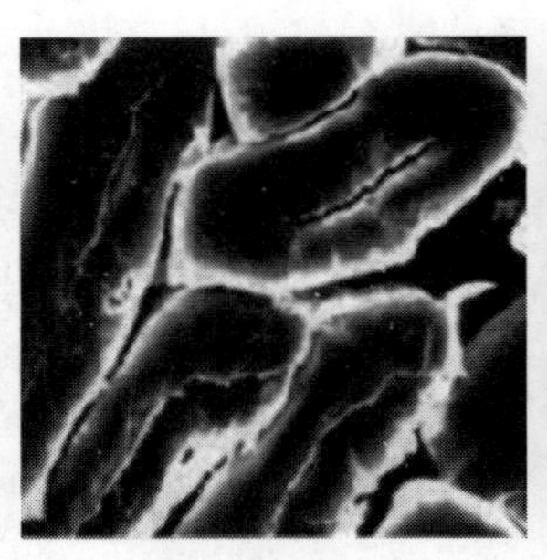

（a）横向截面

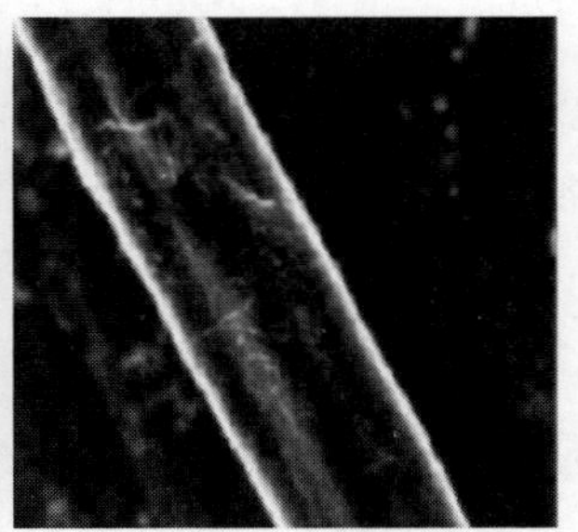

（b）纵向截面

图1-21 竹纤维的截面形态

竹纤维是一种天然多孔、中空纤维。主要成分是纤维素、半纤维素和木质素，纤维素含量一般为40%~53%。竹纤维结晶度约为31.6%。竹纤维单纤维长为1.33~3.04mm，直径为10.8~22.1μm。竹纤维很轻，是天然纤维中最轻的纤维，其密度为0.679~0.680g/cm^3。

2. 竹纤维的主要性能

（1）力学性能：竹纤维强度较好，弹性延伸性及回复性较差，易起折皱，尺寸稳定性较差，在穿用及保管时，应平铺晾晒，以防服装变形。

（2）热学性能：竹纤维不耐高温，应低温熨烫竹纤维织物。

（3）电学性能：竹纤维不带任何自由电荷，能抗静电，服用效果良好。

（4）吸湿性：竹纤维具有良好的吸湿性、渗透性、放湿性及透气性能，其在标准状态下的回潮率可达11.64%~12%，且吸湿速率特别高。竹纤维的径向湿膨胀率为15%~25%，犹如毛细管，可以在瞬间吸收和蒸发水分，故被誉为"会呼吸的纤维"，用这种纯天然竹原纤维纺织成的面料及加工制成的服装服饰产品吸湿性强、透气性好，有清凉感。

（5）其他性能：具有独特的抗菌性，抗菌效果具有一定的广谱效应。由于竹原纤维中含有叶绿素铜钠，因而具有良好的除臭作用，而且具有良好的防紫外线功效。竹纤维中的抗氧化物能有效清除体内的自由基，含有多种人体必需的氨基酸，具有一定的保健功效。所以竹纤维是良好的保健卫生服装材料，可用来开发多种功能性服装。

二、化学纤维

（一）化学纤维的生产加工

化学纤维是指以天然高聚物或人工合成的高聚物为原料，经物理机械加工而成的纤维。

化学纤维的生产流程如图1-22所示。

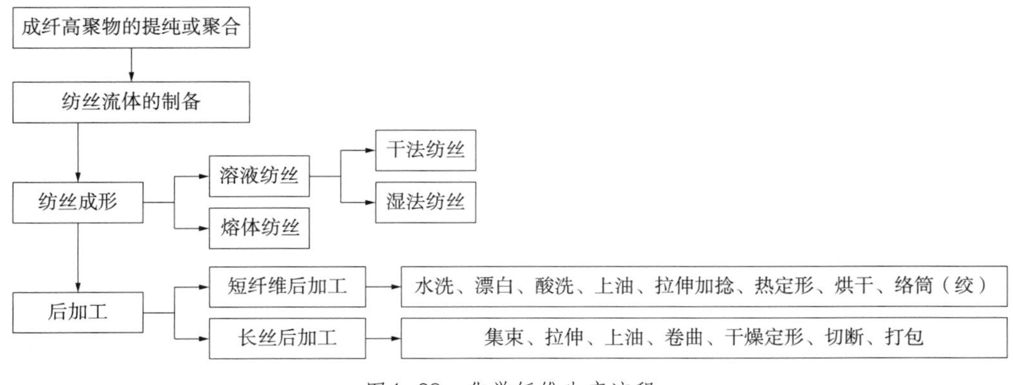

图1-22 化学纤维生产流程

1. 成纤高聚物的提纯或聚合

以天然的或合成的高分子化合物为原料，进行成纤高聚物的聚合或提纯。制造再生纤维时，须先提取纯净的高聚物原料；制造合成纤维时，须先将相应的低分子物质经化学合成制成高分子聚合物。

2. 纺丝流体的制备

将成纤高聚物用熔融或溶液法制成纺丝流体。熔融法是将成纤高聚物加热熔融成熔体，适用于加热后能熔融而不发生热分解的高聚物。如果成纤高聚物的熔点高于分解点则须用溶液法，此法是将成纤高聚物溶解于适当的溶剂中制成纺丝液。为了保证纺丝的顺利进行并纺得优质纤维，纺丝流体必须黏度适当，不含气泡和杂质，所以纺丝流体须经过滤、脱泡等处理。

3. 纺丝成形

将纺丝流体从喷丝头的喷丝孔中压出，压出的纺丝流体呈细流状，再在适当的介质中固化成为细丝，这一过程称为纺丝成形。刚纺成的细丝称为初生纤维，常用的纺丝方法有熔体纺丝法和溶液纺丝法。

（1）熔体纺丝法：是将熔融的成纤高聚物熔体，从喷丝头的喷丝孔中压出，在周围空气中冷却、固化成丝。此法纺丝过程简单，纺丝速度较快，纺成的丝大多为圆形截面，也可通过改变喷丝孔的形状来改变纤维截面形态。

（2）溶液纺丝法：又可以分为湿法纺丝和干法纺丝。

①湿法纺丝：是将溶解制备的纺丝液从喷丝头的喷丝孔中压出，压出的纺丝液呈细流状，在液体凝固剂中固化成丝。此法的特点是纺丝速度较慢，由于液体凝固剂的固化作用，截面大多不呈圆形，且有较明显的皮芯结构。

②干法纺丝：是将溶解制备的纺丝液，从喷丝头的喷丝孔中压出，压出的纺丝液呈细流状，在热空气中由于溶剂迅速挥发从而固化成丝。此法的纺丝速度较快，且可纺制较细的长丝，但由于溶剂挥发易污染环境，需回收溶剂，设备工艺复杂，成本高，故较少采用。

4. 后加工

由于初生纤维的强度很低，伸长很大，沸水收缩率很高，必须进行一系列后加工，以改善纤维的物理性能。

（二）再生纤维

1. 黏胶纤维

黏胶纤维是从纤维素原料中提取纯净的纤维素，经过烧碱、二硫化碳处理之后，将其制成黏稠的纺丝溶液，再采用湿法纺丝加工而成。

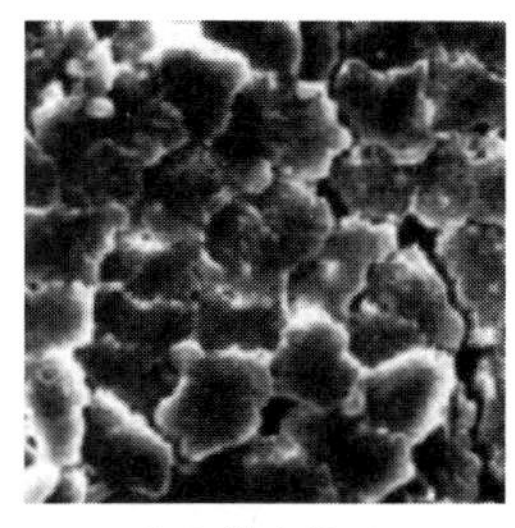

（a）横向截面

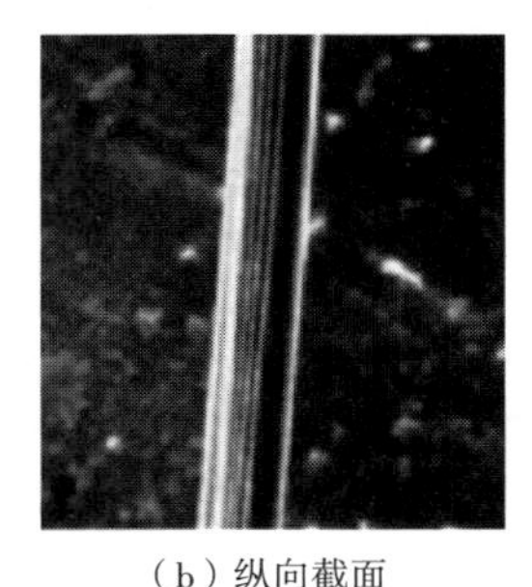

（b）纵向截面

图1-23　黏胶纤维的截面形态

（1）黏胶纤维的结构与形态：黏胶纤维截面边缘为不规则的锯齿形，纵向平直有不连续的条纹，如图1-23所示。黏胶纤维的主要组成物质是纤维素，其结晶度和聚合度都低于棉，聚合度为250~500，结晶度为30%，密度为1.5~1.52g/cm^3。

（2）黏胶纤维的主要性能：

①力学性能：普通黏胶纤维的断裂比强度较低，润湿后的黏胶纤维比强度急剧下降，其湿干强度比为40%~50%。在剧烈的强力条件下，黏胶纤维织物易受损伤。普通黏胶纤维在小负荷下容易变形，且变形后不易回复，即弹性差，织物容易起皱，耐磨性差，易起毛起球。

②热学性能：黏胶纤维的相对分子质量比棉纤维低得多，其耐热性较差。

③电学性能：黏胶纤维不易起静电。

④耐化学品性：黏胶纤维耐碱不耐酸，普通黏胶纤维的染色性能良好，染色色谱全，色泽鲜艳，染色牢度较好。

⑤吸湿性：黏胶纤维的回潮率为12%~15%，一般的黏胶纤维织物遇水后会发硬。

2. 铜氨纤维

铜氨纤维是将纤维素浆粕溶解在铜氨溶液中制成纺丝液，再经过湿法纺丝而制成的一种再生纤维素纤维。

（1）铜氨纤维的结构与形态：铜氨纤维横截面是结构均匀的圆形无皮芯结构，纵向表面光滑。单纤维线密度为0.44~1.44dtex。在铜氨纤维的制造过程中，纤维素的破坏程度比较小，平均聚合度比黏胶纤维高，可达450~550，密度为1.52g/cm^3。

（2）铜氨纤维的主要性能：

①力学性能：铜氨纤维断裂比强度较黏胶纤维稍高，湿干强度比为65%~70%。铜氨纤维的耐磨性和耐疲劳性也比黏胶纤维好。

②光学性能：铜氨纤维的单纤维线密度小，在同样线密度的长丝纱中，可能有更多

根单纤维，散射反射增加，光泽柔和，具有蚕丝织物的风格。

③耐化学品性：铜氨纤维的耐酸性与黏胶纤维相似，能被热稀酸和冷浓酸溶解，遇强碱会发生膨化并使纤维的强度降低，直至溶解。一般不溶于有机溶剂，但溶于铜氨溶液。铜氨纤维的无皮层结构使其对染料的亲和力较大，上色较快，上染率较高。

④吸湿性：在标准状态下，铜氨纤维的回潮率为12%~13.5%，吸湿性比棉纤维好，与黏胶纤维相近，但吸水量比黏胶纤维高20%左右，吸水膨胀率也较高。

3. 大豆纤维

大豆纤维是由大豆中提取的蛋白质混合并接枝一定的高聚物（如聚乙烯醇）配成纺丝液，用湿法纺制而成。

（1）大豆纤维的形态与结构：大豆纤维横截面呈扁平状哑铃形、腰圆形或不规则三角形，纵向表面有不明显的凹凸沟槽，纤维具有一定的卷曲，如图1-24所示。大豆纤维的短纤维线密度为1.67~2.78dtex，切断长度为38~41mm。

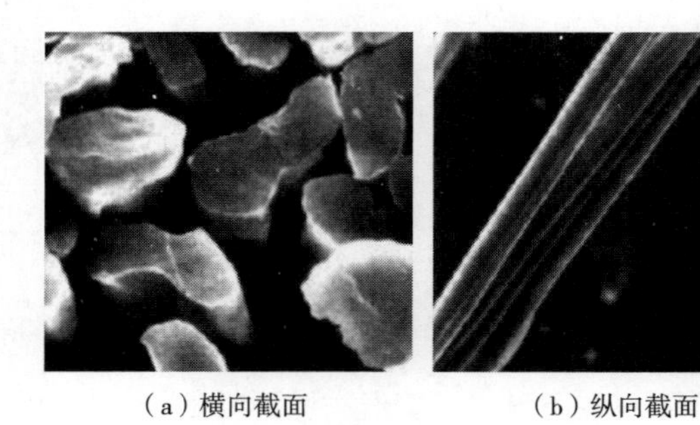

（a）横向截面　　（b）纵向截面

图1-24　大豆纤维的截面形态

（2）大豆纤维的主要性能：

①力学性能：大豆纤维干态断裂比强度接近涤纶，断裂伸长与蚕丝、黏胶纤维接近。吸湿之后强力下降明显，与黏胶纤维类似。初始模量较小，弹性回复率较低，卷曲弹性回复率亦低。由于其摩擦因数小，皮肤接触滑爽、柔韧，亲肤性良好，但易起球。

②电学性能：大豆纤维电阻率接近蚕丝，小于合成纤维，在抗静电剂适当时，静电效果不显著。

③光学性能：大豆纤维耐日晒、汗渍色牢度较好。

④耐化学品性：大豆纤维可用酸性染料、活性染料染色。

⑤吸湿性：大豆纤维标准回潮率在4%左右，放湿速率较棉和羊毛快，热阻较大，保暖性能优于棉和黏胶纤维，具备良好的热湿舒适性。

4. 牛奶纤维

牛奶纤维是利用接枝共聚技术将蛋白质分子与高聚物分子制成含牛奶蛋白的浆液，再经湿纺工艺制成复合纤维。

（1）牛奶纤维的结构特征：牛奶纤维横截面呈腰圆形或近似哑铃形，纵向有沟槽，如图1-25所示。

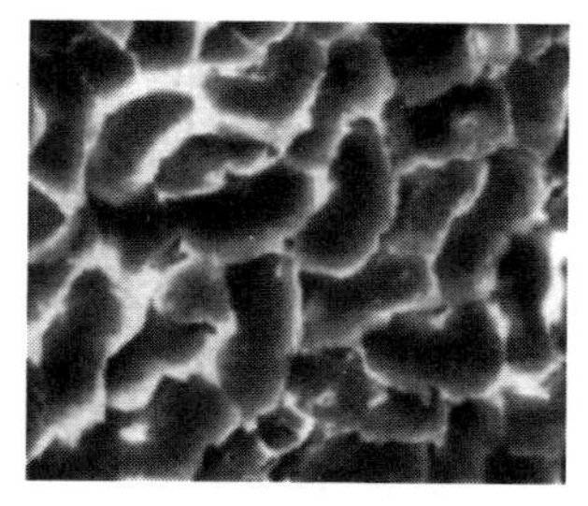

（a）横向截面

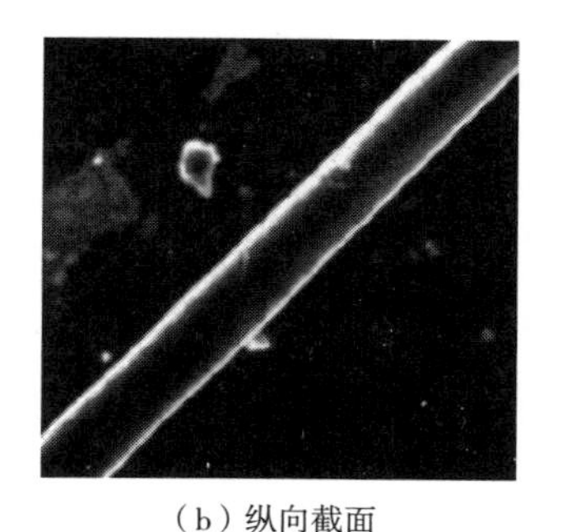

（b）纵向截面

图1-25 牛奶纤维的截面形态

（2）牛奶纤维的主要性能：牛奶纤维初始模量较高，断裂比强度较高，钩接和打结强度较高，抵抗形变能力较强；质量比电阻高于羊毛，低于蚕丝；具有一定的卷曲、摩擦力和抱合力。牛奶纤维中有多种人体所需的氨基酸，其氨基酸系列与人体相似，对人体皮肤有一定的相容性和保护作用。吸湿透气性好，穿着舒适，具有良好的悬垂性和蚕丝般的光泽及作为新型面料而具有的独特风格，是高档时装、内衣的时尚面料，具有良好的应用前景。

5. 醋酯纤维

醋酯纤维俗称醋酸纤维，即纤维素醋酸酯纤维，是纤维素和醋酸酐作用，纤维素环上的羟基被乙酰基置换，生成纤维素醋酸酯，溶解在溶剂中制成纺丝液，经干法纺丝制成，有二醋酯纤维和三醋酯纤维之分。

（1）醋酯纤维的结构特征：无皮芯结构，横截面形状为多瓣形叶状或耳状，纵向表面平滑，有1~2个沟槽，如图1-26所示。二醋酯纤维素大分子的对称性和规整性差，结晶度很低。三醋酯纤维的分子结构对称性和规整性比二醋酯纤维好，结晶度较高。二醋酯纤维的聚合度为180~200，三醋酯纤维的聚合度为280~300。醋酯纤维密度小于黏胶纤维，二醋酯纤维密度为1.32g/cm^3，三醋酯纤维密度为1.3g/cm^3。

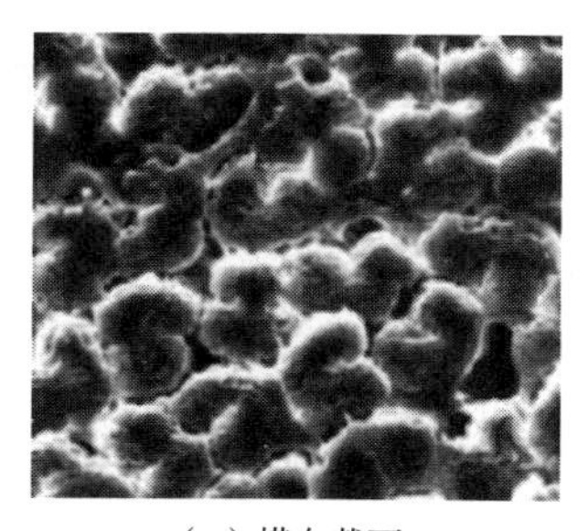

（a）横向截面

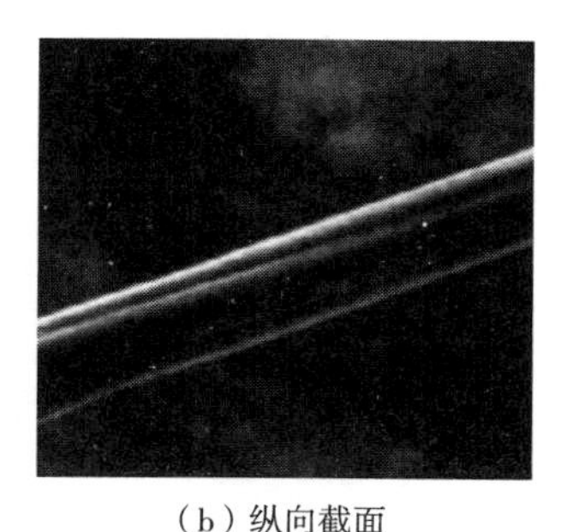

（b）纵向截面

图1-26 醋酯纤维的截面形态

（2）醋酯纤维的性能：

①力学性能：醋酯纤维断裂比强度较低，湿干强度比为67%~77%。醋酯纤维容易变形，也易恢复，不易起皱，柔软，具有蚕丝的风格。

②热学性能：醋酯纤维耐热性较差。

③电学性能：醋酯纤维的电阻率较小，抗静电性能较好。

④光学性能：醋酯纤维表面平滑，有丝一般的光泽。

⑤耐化学品性：醋酯纤维耐酸碱性比较差，在碱的作用下，会逐渐皂化而成为再生纤维素；在稀酸溶液中比较稳定，在浓酸溶液中会因皂化和水解而溶解。

⑥吸湿性：醋酯纤维吸湿性比黏胶纤维低得多。在标准大气条件下，二醋酯纤维的回潮率为6%~7%，三醋酯纤维的回潮率为3%~3.5%。醋酯纤维的染色性较差，通常采用分散性染料和特种染料染色。

6. 甲壳素纤维

甲壳素纤维是由虾、蟹、昆虫的外壳及从菌类、藻类细胞壁中提炼出来的天然高聚物，再生改制形成的纤维，主要采用湿法纺丝制得。甲壳素纤维具有较好的可纺性，但与棉相比，其线密度偏大，强度偏低，通常采用其与棉纤维或其他纤维混纺的方式来改善其可纺性，目前可纺成长丝或短纤维。

甲壳素纤维具有良好的吸湿性，染色性能优良，色泽鲜艳。其具有手感柔软亲和、无刺激、高保湿、保温、抑菌除臭功能，对皮肤有很好的养护作用，还有对过敏性皮炎的辅助医疗功能，并符合绿色纺织品标准等优点。甲壳素纤维是21世纪新一代的良好材料，被广泛用来制作医用材料，如创可贴及手术缝线等。将由甲壳素纤维制成的手术缝线缝在人体内，10天左右即可被降解并从人体内排出。除此之外，还可用其制成各种抑菌防臭纺织品，具有一定的保健作用。用甲壳素纤维与超级淀粉吸水剂结合制成的妇女卫生巾、婴儿尿不湿等，具有卫生和舒适的特点。甲壳素纤维还可为功能性保健内衣、裤袜、服装及床上用品、医用非织造物提供新型材料。

（三）普通合成纤维

1. 聚酯纤维（涤纶）

聚酯纤维的品种很多，我国将聚对苯二甲酸乙二酯含量大于85%的纤维简称为涤纶，也简称聚酯纤维。

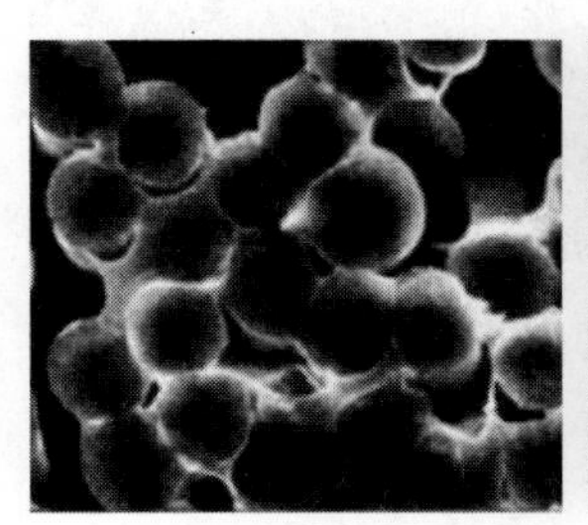

（a）横向截面

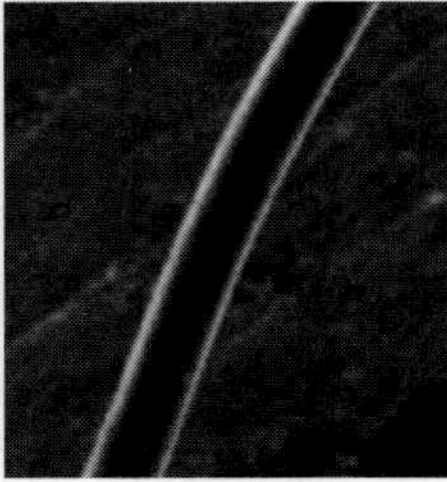

（b）纵向截面

图1-27 涤纶的结构形态

（1）涤纶的形态与结构：涤纶具有圆形实心的横截面，纵向均匀而无条痕，如图1-27所示。涤纶密度为1.33~1.34g/cm^3，结晶度和取向度与生产条件及测试方法有关，结晶度可达40%~60%。

（2）涤纶的主要性能：

①力学性能：涤纶具有较高的强度和

伸长率，弹性比其他合成纤维都高，与羊毛接近，涤纶的耐磨性仅次于锦纶，比其他合成纤维高出几倍，而且干态和湿态下的耐磨性大致相同。涤纶具有优异的抗皱性和保形性，制成的衣服挺括不皱，外形美观，经久耐用，穿着挺括、平整、形状稳定性好，能达到易洗、快干、免烫的效果。

②热学性能：涤纶具有良好的热塑性能，在不同的温度下产生不同的形变，涤纶的热稳定性在常用的合成纤维中最好。

③电学性能：涤纶表面具有较高的电阻率，易产生静电，容易起毛起球。

④光学性能：涤纶耐光性好，仅次于腈纶和醋酯纤维，优于其他纤维。

⑤耐化学品性：涤纶的耐酸性较好，无论是对无机酸或是有机酸都有良好的稳定性，对碱的稳定性比对酸的差。因为涤纶对氧化剂和还原剂的稳定性很高，所以涤纶染色比较困难。

⑥吸湿性：涤纶在标准状态下回潮率只有0.4%，即使在相对湿度为100%的条件下吸湿率也仅为0.6%~0.9%。

2. 聚酰胺纤维（锦纶）

聚酰胺纤维是指其分子主链由酰胺键连接的一类合成纤维，我国商品名为锦纶。聚酰胺纤维是世界上最早实现工业化生产的合成纤维，也是化学纤维的主要品种之一。

（1）锦纶的结构特征：锦纶是由熔体纺丝制成的，在显微镜下观察其截面近似圆形，纵向呈光滑圆柱体，如图1-28所示。锦纶的结晶度为50%~60%，甚至高达70%。锦纶的密度随着内部结构和制造条件的不同而有差异，通常的密度为1.12~1.14g/cm^3。

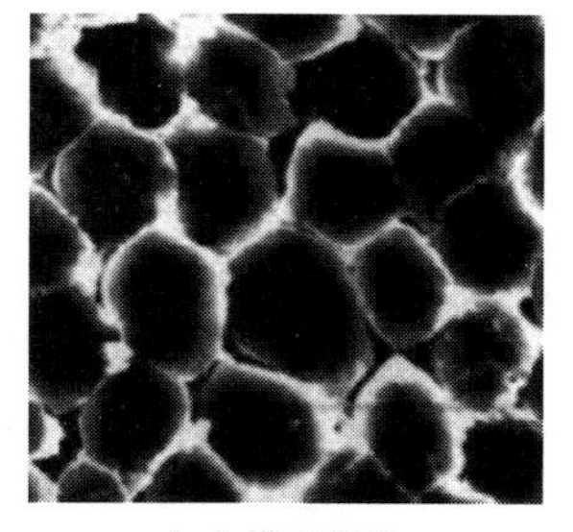

（a）横向截面

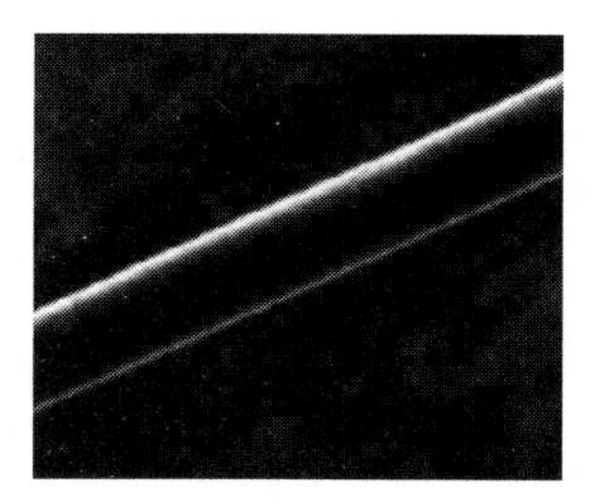

（b）纵向截面

图1-28 锦纶的结构形态

（2）锦纶的主要性能：

①力学性能：锦纶断裂伸长率比较高，初始模量接近羊毛，比涤纶低得多，在所有普通纤维中，锦纶的回弹性、耐磨性最好。它的耐磨性比蚕丝和棉纤维高10倍，比羊毛高20倍，因此最适合做袜子，与其他纤维混纺，可提高织物的耐磨性。

②热学性能：锦纶耐热性较差，在高温条件下，锦纶会发生各种氧化和裂解反应。

③光学性能：锦纶耐光性较差，但优于蚕丝，在长时间日光或紫外光照射下，强度下降，颜色发黄。

④耐化学品性：锦纶对酸不稳定，对浓的强无机酸特别敏感。锦纶对碱的稳定性较

高，对氧化剂的稳定性较差。

⑤吸湿性：在标准大气条件下，锦纶的回潮率为4.5%左右。

3. 聚丙烯腈纤维（腈纶）

聚丙烯腈纤维是指含丙烯腈85%以上的丙烯腈共聚物或均聚物纤维，其在我国的商品名为腈纶。腈纶纤维柔软，保暖性好，密度比羊毛小，常被用来代替羊毛制成膨体绒线、腈纶毛毯、腈纶地毯，故有“合成羊毛”之称。

（1）腈纶的结构特征：腈纶的截面随溶剂及纺丝方法的不同而不同，其截面有圆形、花生果形。腈纶的纵向一般都较粗糙，似树皮状，如图1-29所示。

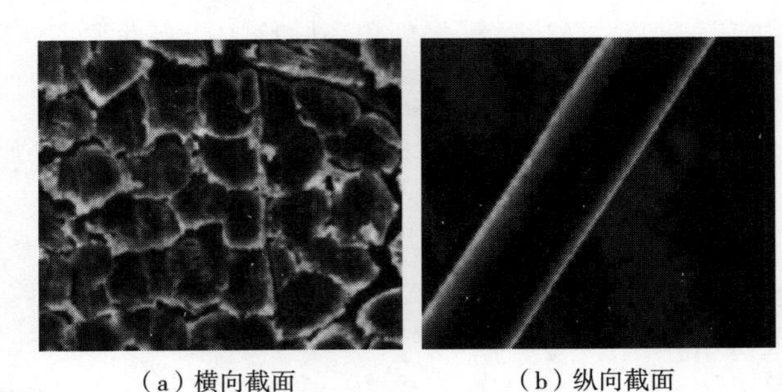

（a）横向截面　（b）纵向截面

图1-29 腈纶的结构形态

（2）腈纶的主要性能：

①力学性能：腈纶的断裂比强度低于涤纶与锦纶，初始比模量比涤纶小，比锦纶大，因此它的硬挺性介于这两种纤维之间。腈纶的弹性回复率在伸长较小时，与羊毛相差不大，但在穿着过程中，羊毛的弹性回复率优于腈纶。

②热学性能：腈纶具有较好的热稳定性。

③光学性能：腈纶具有优异的耐日晒及耐气候性能，在常用的天然纤维和化学纤维中居首位。

④耐化学品性：腈纶对酸、碱比较稳定，对常用的氧化性漂白剂稳定性良好，在适当的条件下，可使用亚氯酸钠、过氧化氢进行漂白。

⑤吸湿性：腈纶的吸湿性比较差，在标准状态下其回潮率为1.2%~2%。

4. 聚乙烯醇缩甲醛纤维（维纶）

聚乙烯醇缩甲醛纤维采用湿法纺丝而成，我国的商品名为维纶。形状接近棉纤维，俗称合成棉花。

（1）维纶的形态结构：维纶截面是腰子形，有明显的皮芯结构，皮层结构紧密，芯层有很多空隙，如图1-30所示。纤维的结晶度为60%~70%，密度为1.26~1.3g/cm^3。

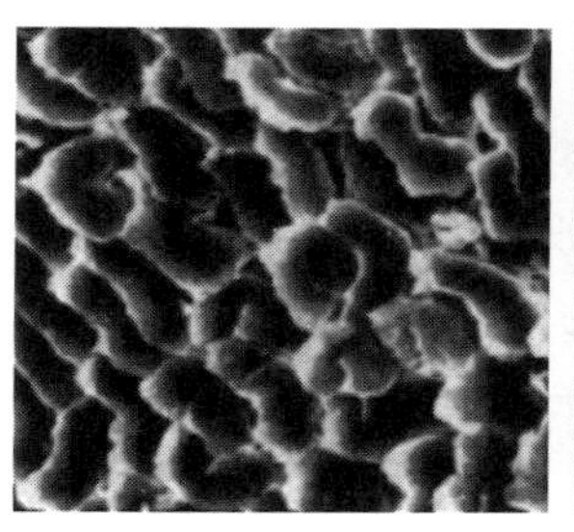
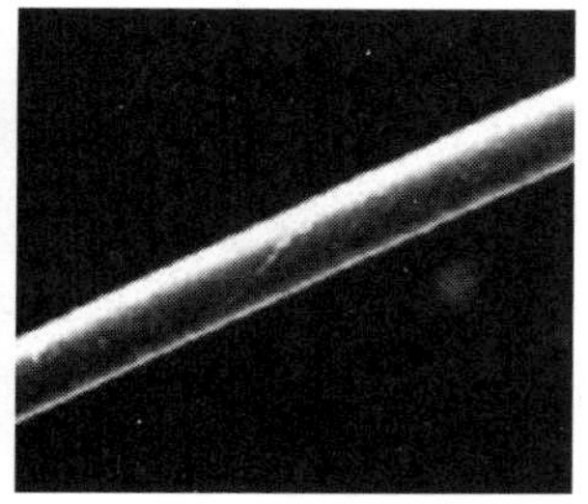

（a）横向截面 （b）纵向截面

图1-30 维纶的结构形态

（2）维纶的主要性能：

①力学性能：维纶的断裂比强度高于棉纤维，耐磨性也优于棉纤维。棉/维（50/50）混纺织物的强度比纯棉织物高60%，耐磨性可以提高50%~100%，在服用过程中易产生折皱。

②热学性能：维纶具有良好的保暖性。

③光学性能：维纶耐光性较好，适合制作帐篷或运输用帆布。

④耐化学品性：维纶耐酸性能良好，染色性能较差，存在着上染速度慢、染料吸收量低和色泽不鲜艳等问题。

⑤吸湿性：维纶在标准状态下的回潮率为4.5%~5%。

5. 聚氯乙烯纤维（氯纶）

聚氯乙烯纤维由聚氯乙烯或含聚氯乙烯50%以上的共聚物经湿法纺丝或干法纺丝而制得，其在我国的商品名为氯纶。

（1）氯纶的结构形态：横向截面接近圆形，纵向平滑或有1~2个沟槽，如图1-31所示。氯纶的密度为1.39~1.41g/cm^3。

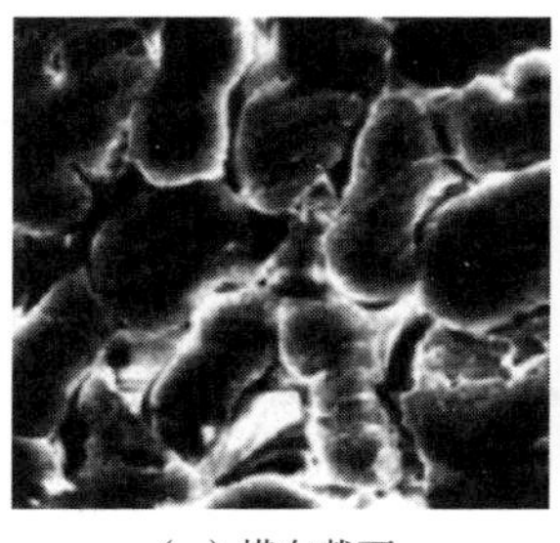
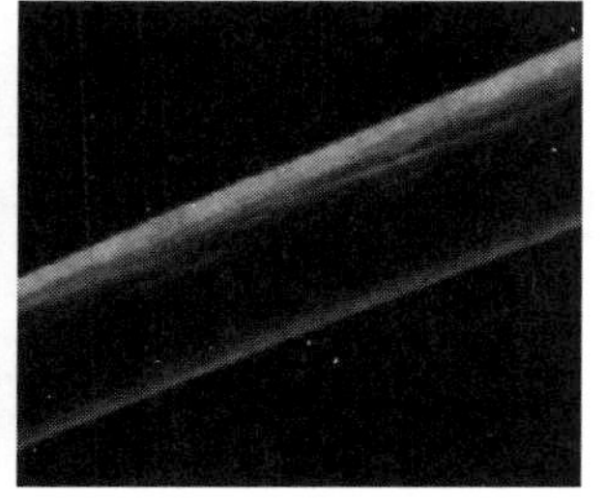
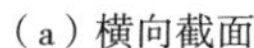

（a）横向截面 （b）纵向截面

图1-31 氯纶的结构形态

（2）氯纶的主要性能：

①力学性能：氯纶断裂比强度高，断裂伸长率和弹性回复率较高。

②热学性能：氯纶耐热性极低，只适宜在50℃以下的环境中使用，当环境温度为65~70℃时即软化，并产生明显的收缩。氯纶具有阻燃性，保暖性比棉、羊毛纤维好。

③耐化学品性能：氯纶对各种无机试剂稳定性很好，对酸、碱、还原剂或氧化剂，都有相当好的稳定性。

④光学性能：氯纶易发生光老化，在某些情况下会释放氯离子或含氯的分子，对人体有害，使用时宜采取有效措施。

⑤电学性能：氯纶易积聚电荷，电绝缘性强，当积聚电荷时，产生的阴离子有助于防治关节炎。

⑥吸湿性：氯纶的吸湿能力极差，几乎不吸湿。

6. 聚丙烯纤维（丙纶）

聚丙烯纤维，是以由丙烯聚合而成的聚丙烯为原料经熔体纺丝制成的合成纤维，其在我国的商品名为丙纶。

（1）丙纶的形态结构：丙纶截面呈圆形，纵向光滑无条纹。密度为0.9~0.92g/cm^3，因此丙纶质轻、覆盖性好。

（2）丙纶的主要性能：

①力学性能：丙纶断裂比强度高，断裂伸长率和弹性回复率较高，耐磨性也较高。

②热学性能：丙纶是一种热塑性纤维，熔点较低。其导热系数很小，保暖性好。

③光学性能：丙纶耐光性较差，经日光暴晒后易发生强度损失。

④电学性能：丙纶电阻率很高，电绝缘性好。

⑤化学稳定性：丙纶耐化学性能优于一般化学纤维，难以染色，采用分散染料只能得到很浅的颜色，且色牢度很差。

⑥吸湿性：丙纶吸湿率低于0.03%，因此用于衣着时多与吸湿性高的纤维混纺。

7. 聚氨酯纤维（氨纶）

聚氨酯纤维是一种以聚氨基甲酸酯为主要成分的嵌段共聚物制成的纤维，其在我国的商品名为氨纶。

（1）氨纶的形态结构：氨纶截面呈圆形、蚕豆形，纵向暗深，呈不清晰骨形条纹。其密度为1.2~1.21g/cm^3。

（2）氨纶的主要性能：

①力学性能：氨纶强度较低，弹性在普通纤维中最好，断裂伸长率可达500%~800%，

瞬时弹性回复率为90%以上，具有良好的耐挠曲、耐磨性能等。

②耐热性：氨纶耐热性差，熨烫时一般采用低温快速熨烫的方式。

③化学稳定性：氨纶对次氯酸钠型漂白剂的稳定性较差，耐碱、耐水解性稍差，染色性能尚可。

④吸湿性：在温度为20℃、相对湿度65%的条件下，氨纶的回潮率为1.1%。

（四）改性合成纤维

1. 变形丝

变形丝是指通过机械作用给予纤维二度或三度空间的卷曲变形，并用适当的方法（如热定形）加以固定，使原有的纤维获得永久、牢固的卷曲形态。这种卷曲变形大大改善了纤维制品的服用性能，并扩大了它们的应用范围。

2. 异形纤维

异形纤维是指经一定几何形状（非圆形）喷丝孔喷出的具有特殊截面形状的化学纤维。根据所使用的喷丝孔的不同，可得到三角形、多角形、三叶形、多叶形、十字形、扁平形、Y形、H形、哑铃形等形状的纤维截面，如表1-11所示。

表1-11　异形纤维的截面

喷丝孔形状						
异形纤维截面						

异形纤维具有特殊的光泽、蓬松性、抗起球性、回弹性、吸湿性等。例如，三角形截面的纤维有闪光效应，十字形截面的纤维弹性好，扁平截面的纤维能明显改善抗起球性。异形纤维具有良好的蓬松性，因此织物手感厚实，有温暖感。异形纤维大量应用于各种仿丝、仿毛、仿麻类服装材料。

3. 复合纤维

复合纤维是由两种或两种以上聚合物，或具有不同性质的同一聚合物，经复合纺丝法纺制而成的。如由两种聚合物制成，则为双组分纤维。根据不同组分在纤维截面上的分配位置，可分为并列型、皮芯型和海岛型等，其截面如图1-32所示。

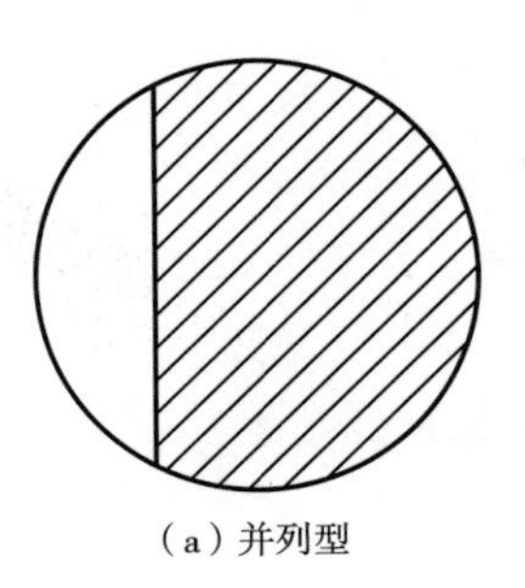
（a）并列型

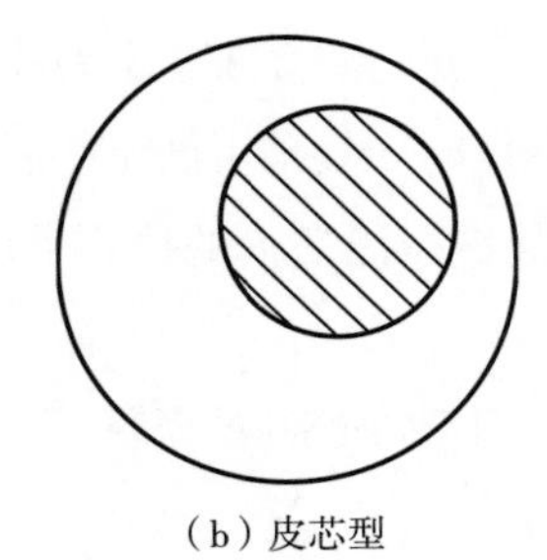
（b）皮芯型

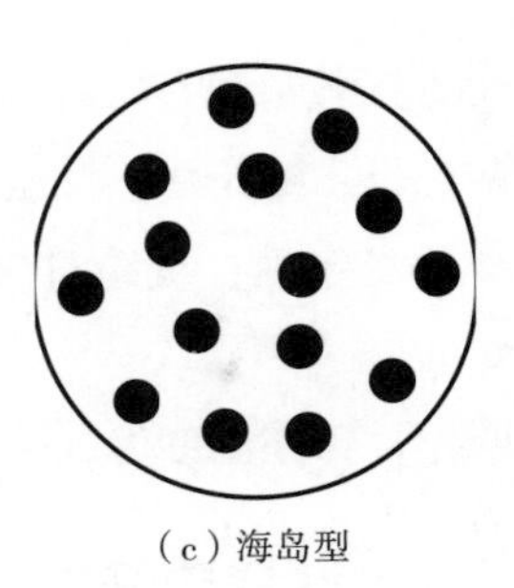
（c）海岛型

图1-32 复合纤维截面形状

4. 超细纤维

超细纤维是指单丝线密度较小的纤维，又称微细纤维。根据线密度范围可划分为细纤维（线密度为0.44~1.11dtex）和超细纤维（线密度为0.011~0.44dtex）。超细纤维可通过直接纺丝法（如熔喷纺丝、静电纺丝等）、分裂剥离法和溶解去除法等方法加工而得。超细纤维抗弯刚度小，制得的织物细腻、柔软、悬垂性好，光泽柔和。纤维比表面积大，吸附性和除污能力强，可用来制作高级清洁布。但超细纤维在染色时需要消耗较多的染料，且染色不易均匀。其常应用于仿麂皮、仿真丝服装材料，以及过滤材料及羽绒制品。

5. 高收缩纤维

高收缩纤维是指沸水收缩率高于15%的化学纤维。根据其热收缩程度的不同，可以得到不同风格及性能的最终产品。例如，热收缩率为15%~25%的高收缩涤纶，可用来织制各种绉类、凹凸和提花织物；收缩率为15%~35%的高收缩腈纶、涤纶，可用来加工成膨体毛线、毛毯、人造毛皮等；收缩率为35%~50%的高收缩涤纶，可用来制作合成革、人造麂皮等。

6. 易染色纤维

易染色纤维是指可用不同染料或无须高温染色且色泽鲜艳、色谱齐全、色调均匀、色牢度好、染色条件温和的纤维。涤纶是常用合成纤维中染色最困难的纤维，易染色合成纤维主要指涤纶的染色改性纤维。

7. 吸水吸湿纤维

吸水吸湿纤维是指具有吸收水分并将水分向邻近纤维输送能力的纤维。同天然纤维相比，多数合成纤维的吸湿性较差，尤其是涤纶与丙纶，这严重地影响了这些纤维制成的服装的穿着舒适性和卫生性，同时带来了静电、易脏等服用及服装洗涤问题。改善合成纤维的吸湿性，可以采用前面三种改性方法，即纤维混合或复合引入高吸湿性高聚物，或表面改性，或形成多微孔，增加纤维的吸水、吸湿能力。吸水吸湿纤维主要用于功能性内衣、运动服、训练服、运动袜和卫生用品等。

（五）高性能合成纤维

1. 对位芳纶（芳纶1414）

对位芳纶是指其对位取代了芳香族聚酰胺（聚对苯二甲酰对苯二胺，PPTA）的纤维，它具有超刚硬分子链、超高相对分子质量，是问世最早的高性能纤维。随后，美国杜邦公司不断根据性能要求特点，又开发生产了Kevlar29、Kevlar49、Kevlar119等产品。

对位芳纶是有光泽的、黄色的纤维，大部分纤维的截面为圆形，直径为121μm，密度为1.43~1.44g/cm^3，比锦纶、聚酯纤维的密度大，比碳纤维、玻璃纤维和钢丝的密度小，质量较轻。它的标准回潮率为3.9%~4.5%。对位芳纶具有较高的断裂比强度和比模量，由于它的高结晶和高取向，在轴向和径向具有较低的压缩性能。对位芳纶具有较低的耐磨性能，当纤维之间摩擦或与金属表面摩擦时易原纤化，以致形成断裂。对位芳纶比一般纤维具有良好的散热和绝热性能，但在相同质量下，对位芳纶比玻璃纤维和石棉纤维具有更好的热绝缘性能。当加热到450℃以上时，对位芳纶逐渐变焦、变脆。对位芳纶的用途极为广泛，其防弹性能优良，常用于防弹头盔、防弹背心等。另外，在绳索、防割手套和体育用品方面也起着重要的作用。

2. 间位芳纶（芳纶1313）

间位芳纶亦称芳纶1313，是聚间苯二甲酰间苯二胺纤维（PMIA），美国杜邦公司生产的商品名为诺梅克斯（Nomex）的间位芳纶，是一种耐高温纤维，而且是目前所有耐高温纤维中产量最大、应用最广的一个品种。

间位芳纶密度为1.46g/cm^3，标准回潮率为4.5%，断裂比强度为4.85cN/dtex，断裂伸长率为35%，比模量[1]为75cN/dtex。间位芳纶具有优异的耐热性、阻燃性和高温下的尺寸稳定性、电绝缘性、耐老化性和耐辐射性。其在260℃下连续使用1000h，强度仅损失25%~5%；在高温下不熔融，在温度达到400℃才开始炭化，且具有自熄性。对位芳纶耐酸、耐碱性好，但长期置于强酸和强碱中，强度有所下降，但其耐光性较差。间位芳纶用途广泛，可以制作各种军事和消防用防火帘、隔热服、消防服、作战服、地毯、耐热降落伞等，而且在工业制品中发挥着重要作用。

---

[1] 由于纺织材料纤维的特性，文中的纤维比强度和比模量是指纤维的相对强度和相对模量，是指单位线密度的强度和模量。

3. 芳砜纶

芳砜纶简称PSA纤维，是聚苯砜对苯二甲酰胺纤维。其主要特点是具有优良的绝缘性和耐热性，此外其阻燃性高，耐化学稳定性好，除几种极性很强的溶剂和浓硫酸外，在常温下其对化学品均具有良好的稳定性。

芳砜纶属于对位芳纶系列，纤维断裂比强度为3.3~4.9cN/dtex，断裂伸长率为20%~25%，初始比模量为98cN/dtex，密度为1.416g/cm^3。与间位芳纶相比，芳砜纶表现出更优异的耐热性和热稳定性，芳砜纶在250℃和300℃时的强度保持率分别为70%和50%。芳砜纶可在200℃的温度下长期使用。芳砜纶具有高温尺寸稳定性。芳砜纶的极限氧指数LOI高达33%，水洗100次或干洗25次对100%芳砜纶织物的阻燃性没有影响。当易燃纤维与芳砜纶纤维混纺时，即使有很小比例的芳砜纶存在，也能限制熔融混合物的熔滴。这些性能使芳砜纶适合制作炉前工作服、电焊工作服、均压服、防辐射工作服、化学防护服、高压屏蔽服、宾馆用纺织品及救生通道等。

4. PBO纤维

PBO纤维又称聚对亚苯基苯并二噁唑纤维，简称聚苯并噁唑纤维。PBO纤维是目前所发现的有机纤维中性能很好的一种，PBO纤维的特点是高断裂比强度、高比模量及优良的耐热性和阻燃性。PBO纤维的断裂比强度为37cN/dtex，比模量为1150~1760cN/dtex，断裂伸长率为1.2%~3.5%，密度为1.54~1.56g/cm^3。极限氧指数值为68，表明它只有在高浓度的氧气中才会燃烧，这在现有的有机纤维中是较高的，其阻燃性是较好的，点火时不燃，纤维也不收缩。在400℃的温度下，PBO纤维的模量和性能基本没有变化，因此它可在350℃以下长期使用。

PBO纤维具有柔韧性，手感近似于涤纶。吸湿性比对位芳纶差，标准回潮率为0.6%，吸湿除湿后，纤维不变形。具有很好的尺寸稳定性，这是由于它耐热性好，吸湿性小，热和水分对其尺寸稳定性的影响极小，因此它适合在有张力的条件下使用。PBO纤维几乎对所有的有机溶剂和碱都具有很好的稳定性，对强氧化剂的耐受性也很好，但耐酸性较差，在与酸性物质接触时，其强度随着时间的延长而下降。另外，PBO纤维的耐光性也较差，经光线照射后将引起强度的下降，因此在室外使用时，应采取遮光措施。同时其耐气候老化性也较差。

5. PBI纤维

PBI纤维又称聚亚苯基苯并二咪唑纤维，比芳纶1313具有更优良的耐热性、阻燃性、耐光性和服用性能。PBI纤维的密度为1.43g/cm^3，断裂比强度为2.4cN/dtex（最高可达6.6cN/dtex），断裂伸长率为20%~25%，拉伸比模量为28~32cN/dtex（最高可达147cN/dtex）。其吸湿性好，且标准回潮率达5%，因而加工时不会产生静电。其制品的穿着舒适性与天然纤维的相似，远远优于其他合成纤维制品。

PBI纤维具有优良的耐热性，在空气中不会燃烧，其极限氧指数为38%~43%，可在300℃以下的温度中长期使用。其对化学药品的稳定性良好，对强碱和强酸都有很好的耐受性；对有机溶剂也很稳定，在30℃的有机溶剂中浸泡168h，其强度不变。

6. 超高分子量聚乙烯纤维

超高分子量聚乙烯（UHMWPE）纤维，我国称为乙纶，它是目前世界上强度最高的纤维之一。这种纤维的密度低，只有0.96g/cm^3，用它加工的产品可以漂在水面上。其能量吸收性强，可制作防弹、防切割和耐冲击的服装材料。

超高分子量聚乙烯纤维具有良好的疏水性、耐化学品性、抗老化性、耐磨性、耐疲劳性和柔软弯曲性，同时又耐水、耐湿、耐海水、抗震。超高分子量聚乙烯纤维在极低温度下，电绝缘性和耐磨性均优良，是一种理想的低温材料。但这种纤维耐热性差，使用温度为100~110℃，在125℃左右时即可熔化，其断裂比强度和比模量随温度的升高而降低，因此这种材料要避免在高温下使用。

7. 聚四氟乙烯纤维

聚四氟乙烯纤维在我国被称为氟纶。它是迄今为止最耐腐蚀的纤维，它的摩擦系数低，并具有不黏性、不吸水性。氟纶的密度为2.2g/cm^3，标准回潮率只有0.01%，其拉伸断裂比强度不高，比模量为14.5~18.2cN/dtex，伸长率为15%。

氟纶具有非常优越的化学稳定性，其稳定性超过其他天然纤维和化学纤维，如将这种纤维置于290℃的浓硫酸中处理1日，然后在100℃的浓硝酸中处理1日，再在100℃、50%烧碱中处理1日，其强度未见变化。对所有的强氧化剂也非常稳定。其具有良好的耐气候性，是现有各种化学纤维中耐气候性最好的一种，在室外暴露15年，其力学性能不会发生明显的变化。其适用的温度范围是160~260℃。它属于化学纤维中难燃的纤维。氟纶还具有良好的电绝缘性能和抗辐射性能，本身没有任何毒性，但是当温度达到200℃以上时，会有少量有毒气体氟化氢释出，因此在高温下使用时应注意采取相应保护措施。

第二章

服装用纱线

课题名称：服装用纱线　　课题时间：4学时

课题内容：

1. 服装用纱线概述
2. 服装用纱线结构
3. 服装用纱线工艺
4. 服装用纱线的原料标志及种类

教学目的：

1. 使学生能系统地掌握服装用纱线的概念、类别、结构及工艺，了解服装用纱线的主要品种及应用，培养学生及时更新服装材料知识及独立分析和解决与服装用纱线相关复杂问题的能力。
2. 通过教学内容和教学模式设计，培养学生科学探索和科技创新精神，将可持续发展的内涵贯穿到服装用纱线的选择与实际应用实施中。

教学方式：理论授课、案例分析、多媒体演示

教学要求：

1. 了解服装用纱线的概念及分类
2. 掌握服装用纱线的结构与参数
3. 了解服装用纱线的工艺与品种

课前（后）准备：

1. 服装用纱线的基本结构有哪些要求？
2. 服装用纱线的加捻在纺纱工艺中起什么作用？用什么指标来表示？
3. 服装用纱线的股线细度表征指标有哪些？它们有什么区别？
4. 服装用纱线加工工艺的基本原理是什么？在实际应用中是如何实现的？

第一节

服装用纱线概述

一、服装用纱线的概念

纱线是由纤维沿长度方向聚集而成的柔软、细长并具有一定力学性质的纤维集合体。

纱线是“纱”和“线”的统称。纱是由短纤维沿轴向排列并经加捻，或由长丝（加捻或不加捻）组成的，又称为“单纱”。线是由两根或两根以上的单纱合并加捻而成的，也称股线。由多根线组合而成的，就称为绳。多数纱线是作为中间产品，最终用作织物、绳、带等。少数纱线如缝纫线、绣花线、装饰用纱线等就作为最终产品应用到服装中。

二、服装用纱线的分类

（一）按结构和外形分类

1. 长丝纱

（1）单丝纱：单丝纱即单根长丝，用来制作轻薄透明的织物，常用于丝袜、头巾等。

（2）复丝纱：复丝纱是由多根长丝组成的丝束，又分为无捻复丝纱和有捻复丝纱。无捻复丝纱的各根单丝之间彼此独立没有约束；有捻复丝纱因加捻而增加了各根单丝之间的抱合力。复丝纱广泛用于机织物和针织物。

（3）复合捻丝：复合捻丝是由有捻复丝纱经过一次或多次合并、加捻而制成的纱线。

2. 短纤纱

（1）单纱：单纱是由短纤维集束成条并加捻而成，如图2-1所示。

（2）股线：股线是由两根或两根以上的单纱合并加捻而成，如图2-2所示。

图2-1　单纱

双股线

多股线

图2-2　股线

（3）复捻股线：复捻股线是由两根或两根以上股线合并加捻而成，如图2-3所示。

图2-3　复捻股线

3. 长丝/短纤组合或复合纱

（1）包缠纱：包缠纱是将长丝纤维包覆在短纤维纱芯上，从而制成的纱线，如图2-4所示。例如，以棉纤维为纱芯，外包真丝的包缠纱，外观平滑、蓬松，用其做成的织物吸湿性好，有真丝的外观。

（2）包芯纱：包芯纱是将短纤维包覆在长丝纱芯上，从而制成的纱线，如图2-5所示。例如，涤棉包芯纱即以涤纶长丝为纱芯，外包棉纤维。涤棉包芯纱可用来织制烂花织物，当织物中（花纹部分）包覆在涤纶长丝纱芯外面的棉纤维被酸解后，由于只剩下了涤纶长丝的纱芯骨架（涤纶纤维在酸液中性能稳定），因此就能在织物表面形成立体感很强的花纹。以氨纶为纱芯，外包棉纤维可得到棉氨弹力包芯纱，用其做成的织物既有一定的弹性又有棉织物的特点。

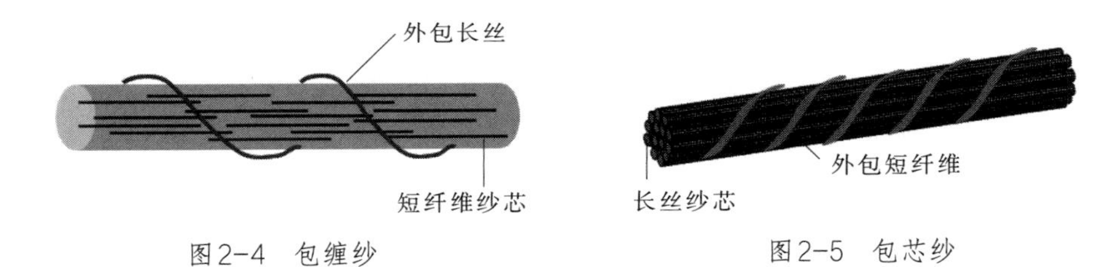

图2-4　包缠纱　　　　图2-5　包芯纱

（3）长丝/短纤合股纱：由长丝纱和短纤纱平行捻合而成，这样可兼顾长丝纱和短纤纱的风格特征和各自的优势。

4. 特殊结构纱

（1）变形纱：变形纱是利用合成纤维受热时可塑化变形的特性制成的一种具有弹性或高度蓬松性的纱线。

①膨体纱：将高收缩纤维和低收缩纤维混纺，再进行热松弛处理，高收缩纤维因收缩长度变短成为纱芯，低收缩纤维则被挤到表面形成圈环，从而使纱条蓬松柔软，故称为膨体纱，如图2-6所示。膨体纱以腈纶为主，常用作绒线，或制成内衣或外衣等。

②网络丝：利用压缩空气喷吹丝束，使之每隔数厘米就互相纠缠形成网络点，从而形成网络丝，如图2-7所示。网络丝因有网络结点，织成的织物厚实，有毛织物的风格。

③弹力丝：通过假捻法、刀口变形法等加工处理，使伸直状态的长丝变为具有卷曲、螺旋等外观特性，即变得手感蓬松柔软、有弹性，这种长丝称为弹力丝，如图2-8所示。弹力丝依据弹力大小分为高弹丝和低弹丝。高弹丝具有优良的弹性和蓬松性，以锦纶变形

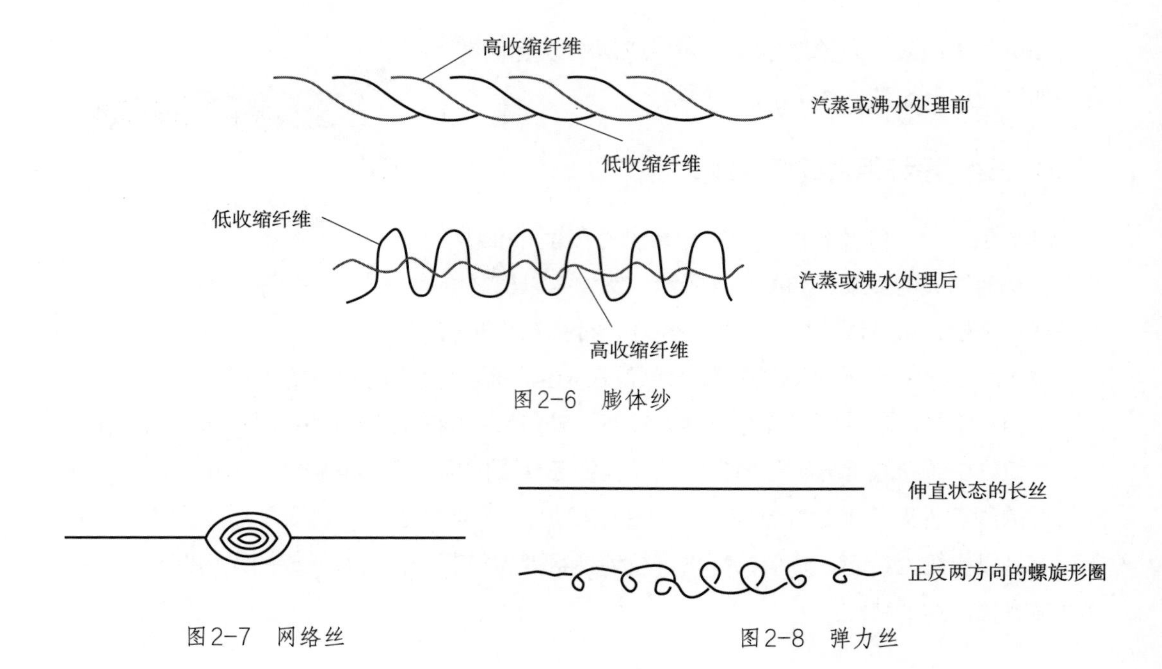

图2-6　膨体纱

图2-7　网络丝

图2-8　弹力丝

纱为主，主要用于弹力针织物，如运动衣、泳衣、弹力袜等。低弹丝具有适度的弹性和蓬松性，但远低于高弹丝。低弹丝主要以涤纶长丝为原料，少数用丙纶、锦纶等纤维制造，它基本上还是普通长丝纱的外观效果，但触感松软，可用作普通衣料。

（2）花式纱线：花式纱线是指采用不同的加工方法制成的具有各种不同特殊结构、外观、手感和质地的纱线，主要是由芯纱、饰纱、固纱加捻而成，其结构如图2-9所示。各类花式纱线根据其原料组成、外观、手感及纱支粗细等不同的特点，可以形成多种风格的产品，被广泛应用于服装、装饰织物和手工编结线等领域。

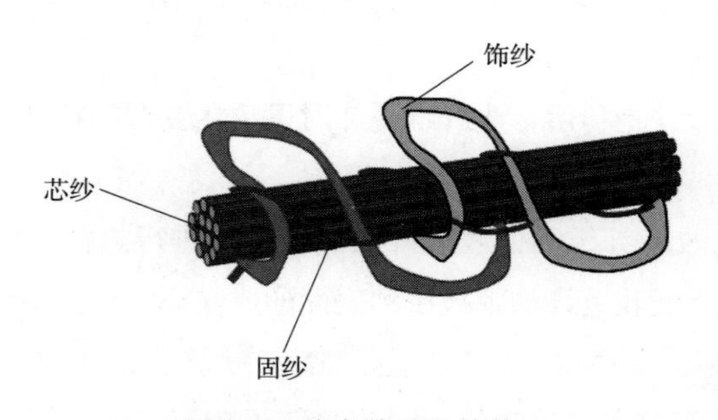

图2-9　花式纱线的结构

①大肚纱：大肚纱也称断丝纱，其主要特征是两根交捻的纱线中夹入一小段断续的纱线或粗纱，该粗节段呈毛绒状，易磨损，如图2-10所示。由它织成的织物花型突出，立体感强。

②竹节纱：竹节纱具有粗细分布不匀的外观，按其外观可分为粗细节状竹节纱、疙瘩状竹节纱、蕾状竹节纱和热收缩竹节纱等，如图2–11所示。

③结子线：结子线也称疙瘩线，其特征是饰纱围绕芯纱，在短距离上形成一个结子，结子可有不同长度、色泽和间距，如图2–12所示。长结子也称为毛毛虫，短结子可单色或多色。

④圈圈纱：圈圈纱是由饰纱围绕在芯纱上形成纱圈的花式线，如图2–13所示。

⑤雪尼尔线：纤维被握持在合股的芯纱上，经切割后，纤维外展，状如瓶刷，便得到雪尼尔线，如图2–14所示。

（3）花色纱线：花色纱线是由不同颜色的纤维交错搭配或分段搭配形成的纱线，主要有彩虹线、印花线、混点线、彩点线等。由于花色纱线形成的独特外观，其被广泛应用于服装和各类装饰产品中。

①彩虹线：彩虹线是指分段印染多种颜色的纱线，如图2–15所示。

②彩点纱：在纱的表面附着各色彩点的纱称为彩点纱，如图2–16所示。这种彩点一般先用各种短纤维制成粒子，再染色，最后在纺纱时加入这些粒子。

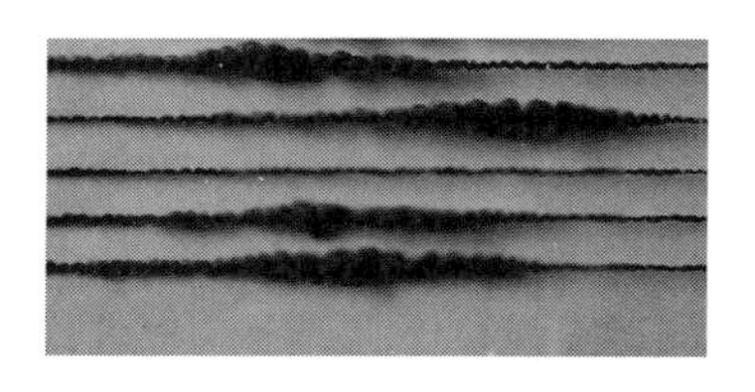

图2–10　大肚纱

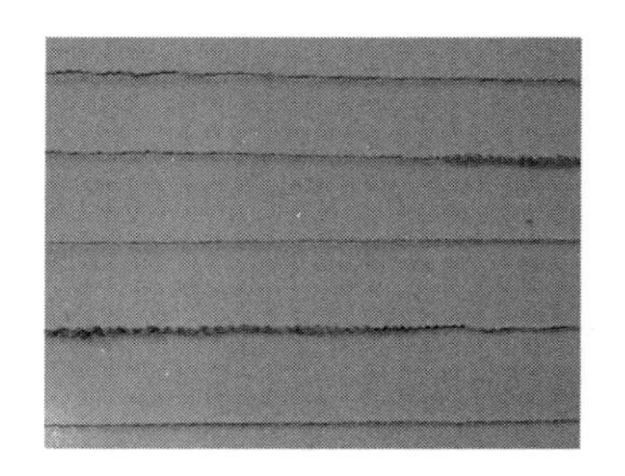

图2–11　竹节纱

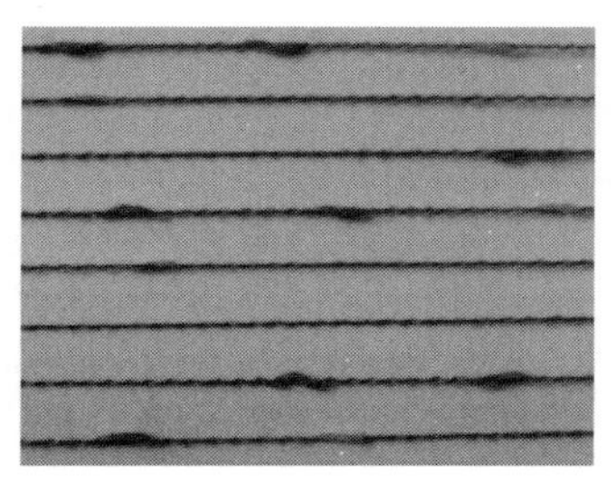

图2–12　结子线

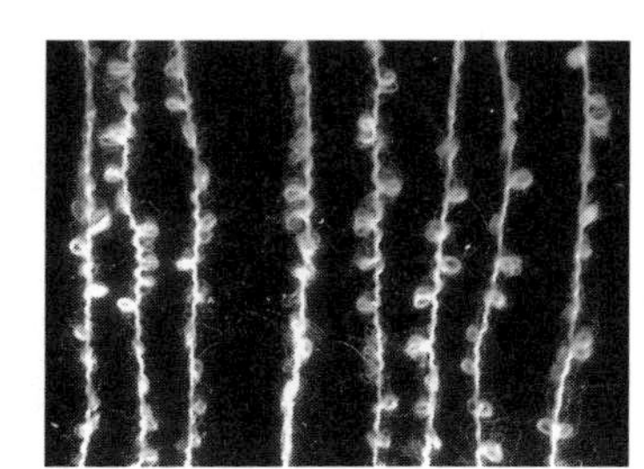

图2–13　圈圈纱

图2–14　雪尼尔线

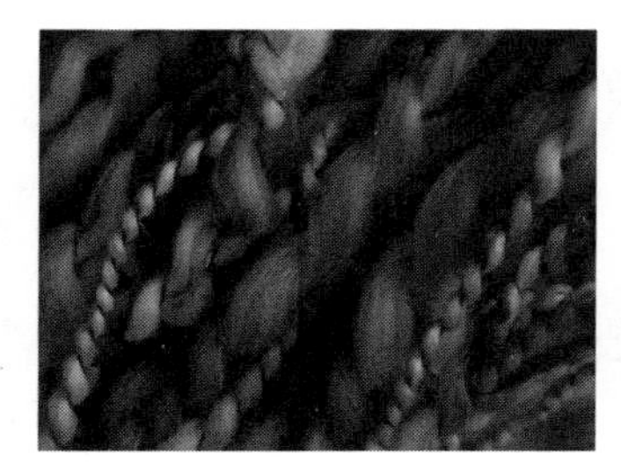

图2–15　彩虹线

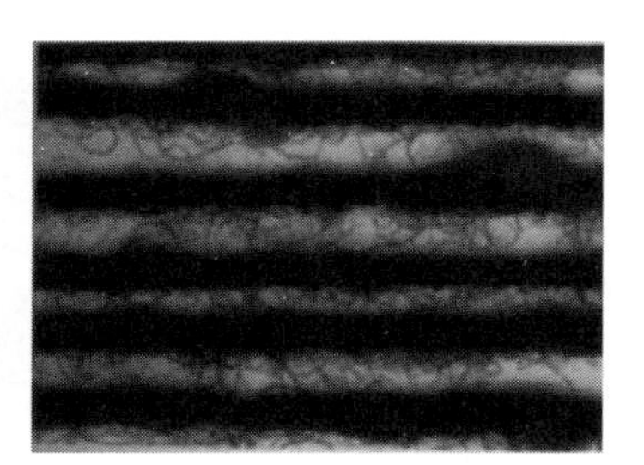

图2–16　彩点纱

（二）按组成纱线原料分类

1. 纯纺纱

由同一种纤维原料纺成的纱线称为纯纺纱，常用前面冠以纤维名称的方式来命名，如纯棉纱、纯毛纱、纯黏胶纱等。

2. 混纺纱

由两种或两种以上的纤维混合纺成的纱线，称为混纺纱。混纺纱的命名，按原料混纺比的多少排列，含量多的在前，当含量相同时，则按天然纤维、合成纤维、再生纤维顺序排列，原料之间以“/”分隔。如65%涤纶与35%棉的混纺纱称为“涤/棉纱”，50%涤纶、15%锦纶和35%棉的混纺纱称为“涤/棉/锦纱”。

（三）按纺纱工艺分类

1. 普梳棉纱和精梳棉纱

普梳棉纱是按一般的棉纺工艺纺成的纱。精梳棉纱是在普梳棉纱纺纱工艺的基础上经过精梳工序纺成的纱。精梳棉纱比普梳棉纱短绒杂质少，纤维平行伸直度好，纱条条干均匀、光洁，多用于织制高档服装产品。

2. 粗梳毛纱和精梳毛纱

粗梳毛纱是采用精纺落毛和较粗短的毛纤维按粗梳毛纱纺纱工艺加工而成的纱，其纱条条干较粗，结构疏松，表面毛绒多，用于织制粗纺毛织物。精梳毛纱是采用长度长、细度细的优质毛纤维按精梳毛纱纺纱工艺加工而成的纱，其纱条光洁、条干细而均匀，常用来织制轻薄高档的精纺毛织物。

（四）按纺纱方式分类

1. 环锭纱

环锭纱是用环锭细纱机纺制的纱线，包括传统环锭纱和在环锭细纱机上加装特殊装置纺制而成的纱。后者种类较多，如集聚纺、赛络纺纱等。

2. 非环锭纺纱

非环锭纺纱是用非环锭纺纱机纺制而成的纱。非环锭纺纱根据对纤维的握持作用不同分为自由端纺纱（如气流纺纱、摩擦纺纱等）和非自由端纺纱（如喷气纺纱、自捻纺纱等）。

（五）按用途分类

1. 织造用纱

织造用纱有机织用纱和针织用纱两种。机织用纱又分为经纱和纬纱，经纱强力高、捻度大；纬纱强力稍低。针织用纱一般要求条干均匀、接头和粗细节少。

2. 其他用纱

其他用纱包括缝纫线、绣花线、轮胎帘子线等。

（六）按纱线粗细分类

根据纺制的纱线的粗细不同，可以分为粗特纱、中特纱、细特纱和特细特纱。

1. 粗特纱

粗特纱是指线密度在32tex以上的较粗的纱。

2. 中特纱

中特纱是指线密度为21~31tex，介于细特和粗特之间的纱。

3. 细特纱

细特纱是指线密度为11~20tex的较细的纱。

4. 特细特纱

特细特纱是指线密度为10tex及以下的很细的纱。

第二节 服装用纱线结构

服装用纱线的结构是决定纱线内在性质和外观特征的主要因素。纱线的结构不仅受到构成纱线的纤维性状的影响，而且与纱线成形加工的方式有关。纤维及其成纱方式的不同，使纱线在结构上存在很大的差异。

一、纱线的基本结构

纱线的基本结构决定了纱线的特征和性能，其基本要求是纱线外观形态的均匀性、内在组成质量和分布的连续性及纤维间相互作用的稳定性。尽管有些纱线，如花式纱线、变形纱等在局部段落上不满足此“三性”的要求，但宏观整体特征仍必须满足此三性。而决定纱线结构“三性”的根本是纤维的排列状态、堆砌密度及纤维间的相互作用，前两者即为纱线的基本结构；后者是纱线结构单元间的联系，其取决于纤维表面的性状。

纤维种类的多样性及成纱方式的多样性，使纱线结构具有复杂性。纱线的基本结构参数主要包括纱线的捻度、细度、纤维在纱中的排列形态、毛羽等。

二、纱线的结构参数

（一）纱线加捻

纱线的加捻对纱线的结构及成形是非常重要的，加捻是使纱条绕其自身的轴线回转，从而使纱条的各截面间产生了角错位，如图2-17所示。

对短纤维纱来说，加捻是成纱的必要手段。纱线加捻后，纤维对纱轴产生向心压力，从而使纤维间获得了一定的摩擦力，当纱条受到拉伸外力时，纤维不易滑脱松散，使纱线具有一定的强力。对于长丝纱和股线来说，加捻可以形成一个不易被横向外力所破坏的紧密结构。

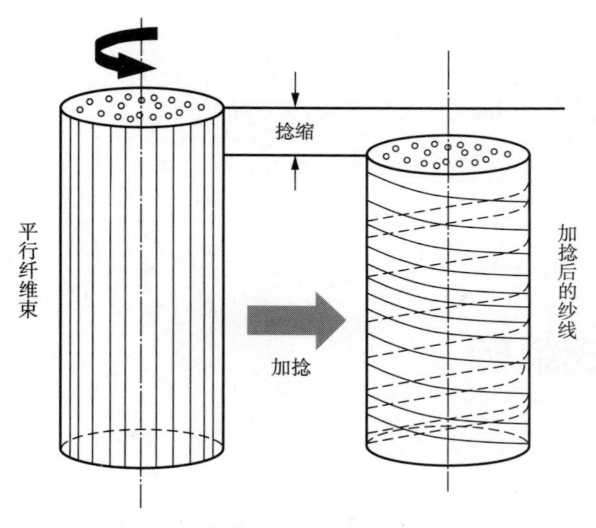

图2-17　纱线加捻

1. 加捻的参数指标

加捻的参数指标直接影响着纱线和织物的外观及物理机械性能。

（1）捻向：捻向即纱线加捻的方向，是根据加捻后纤维在单纱中或单纱在股线中的倾斜方向而定的，分为Z捻和S捻。捻向纤维（单纱）倾斜方向由上而下自左向右的为S捻，即与英文大写字母“S”中间部分的倾斜方向一致。纤维（单纱）倾斜方向由上而下自右向左的为Z捻，即与英文大写字母“Z”中间部分的倾斜方向一致，如图2-18所示。

一般情况下，单纱多采用Z捻。Z捻单纱合成股线时多采用S捻，以使股线柔软、结构稳定。股线捻向的表示方法是，第一个字母表示单纱的捻向，第二个字母表示股线的捻向；对于复捻股线，第三个字母表示复捻捻向。例如，ZSZ表示单纱为Z捻，初捻为S捻，复捻为Z捻。

Z捻有时候又称反手捻或左手捻，在纺该捻向纱时，细纱挡车工是左手拔、插纱管，右手接头，故通常称反手纱。S捻也称顺手捻或右手捻，在纺该捻向纱时，细纱挡车工是右手拔、插纱管，左手接头，故通常称正手纱。对于纱线的捻向，为避免混淆，以Z捻和S捻为准。

（2）捻度：纱条绕自身轴线回转一周，就获得了一个捻回，称为一个捻回数。纱线单位长度内的捻回数称为捻度，如图2-19所示。

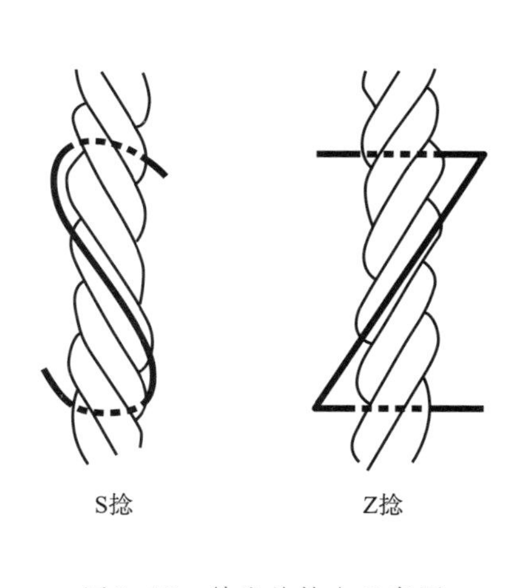

图2-18　纱线的捻向示意图

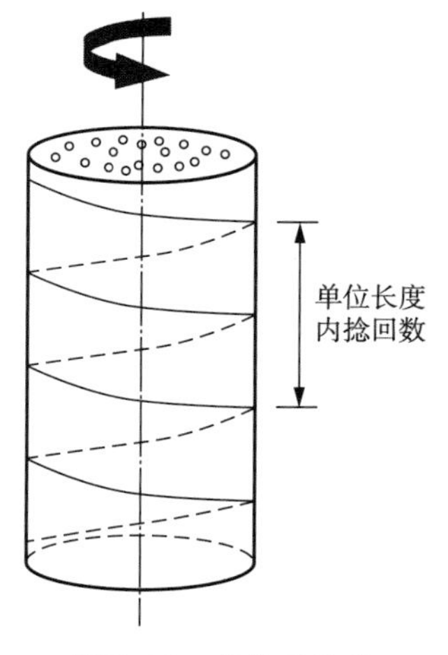

图2-19　纱线的捻度

当纱线细度采用线密度表示时，捻度（T_t）用“捻回数/10cm”表示；当纱线细度采用公制支数表示时，捻度（T_m）用“捻回数/m”来表示；当纱线细度采用英制支数来表示时，捻度（T_e）用“捻回数/英寸”表示。

（3）捻回角和捻系数：粗细不同的纱线，在单位长度上施加一个捻回所需的扭矩是不同的，纱线的表层纤维对于纱轴线的倾斜角也不相同。对于不同线密度的纱线，即便具有相同的捻度，其加捻程度并不相同，这时需要采用捻回角或捻系数来表征。

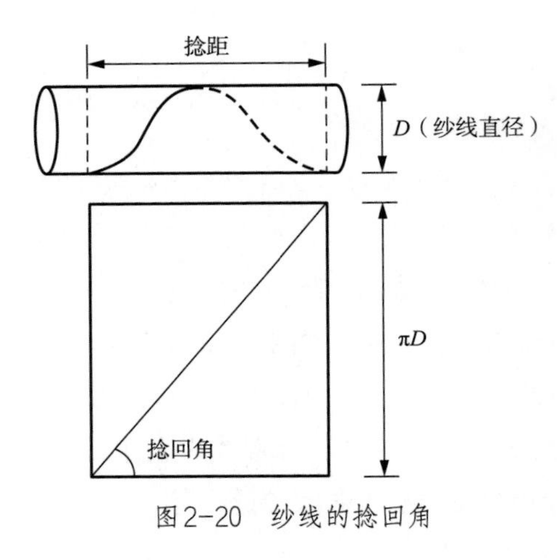

图2-20 纱线的捻回角

加捻后纱线表层纤维与纱线轴向所构成的倾斜角，称为捻回角，有时又称捻角，如图2-20所示。捻回角虽能表征纱线的捻紧程度，可用于比较不同粗细纱线的捻紧程度，但由于其测量、计算等都很不方便，实际中应用较少。所以，定义线密度制捻系数α_t与捻回角的正切成正比，即与捻回角成单调增函数关系，用于表征不同线密度纱线的捻紧程度，并能够由纱线捻度T_t与线密度Tt简单地推算，避开了捻回角的复杂测量。其计算公式如式（2-1）、式（2-2）所示。

$$\alpha_t = T_t\sqrt{\mathrm{Tt}} \tag{2-1}$$

式中，α_t为线密度制捻系数；T_t为纱线捻度（捻回数/10cm）；Tt为纱线线密度（tex）。

同理，公制支数捻系数α_m的计算公式如下：

$$\alpha_m = \frac{T_m}{\sqrt{N_m}} \tag{2-2}$$

式中，α_m为公制支数捻系数；T_m为纱线捻度（捻回数/m）；N_m为纱线公制支数（公支）。

（4）纱线的捻缩：纱线加捻后，纤维发生倾斜，使纤维沿纱轴向的有效长度变短，引起纱线的长度缩短，这种因纱线加捻而引起的长度缩短称为捻缩。捻缩直接影响成纱的实际线密度和实际捻度，在纺纱和捻线工艺设计中，必须加以考虑。捻缩的大小通常用捻缩率来表示，即加捻前后纱条的长度之差与加捻前原长的比值，用百分数表示。计算公式如式（2-3）所示。

$$\mu = \frac{L_0 - L_1}{L_0} \times 100\% \tag{2-3}$$

式中，μ为捻缩率（%）；L_0为纱条的原长（m）；L_1加捻后纱条的长度（m）。

2. 加捻对纱线性能的影响

（1）对纱线强度的影响：对于短纤维纱来说，在外力的拉伸作用下，发生断裂有两种情况，一种是由于纤维本身断裂而导致纱线断裂，另一种是由于纤维的滑脱导致纱线断裂。这两者都与纱线的加捻程度有关。

当捻系数增加时，有些因素有利于纱线强度的增加，而另一些因素反而使纱线强度降低。一方面随捻系数增加，纤维对纱轴的向心压力增大，纤维间的摩擦力也增大，纱线受拉伸时纤维不容易滑脱；同时，由于纱线上细段的抗扭刚度小，捻度在细段分布得较多，增加了该处纤维的抱合性，使细段的强度得到一定的改善，从而使纱线的弱环得以改善。另一方面随着捻系数的增加，因纱线中纤维的伸长和张力增加，纤维的预应力增加，削弱了以后承受拉伸的能力；同时，使纱线中纤维的捻回角增加，使纤维强度在纱轴向的分力降低。为此，捻系数的增加对纱线强度的影响是上述两方面综合作用的结果。

一般来说，在捻系数较小的条件下，两方面的综合作用结果表现为纱线的强度随着捻系数的增加而增加，但当捻系数达到某一数值后，捻系数的增加使纱线的强度降低。使纱线的强度达到最大值时的捻系数叫临界捻系数，相应的捻度叫临界捻度。生产中采用的细纱的捻系数一般小于临界捻系数，以在保证强度的前提下提高细纱的产量。化学纤维长丝加捻是为了使各单丝抱合紧密，使长丝结构的整体性得到加强，即断裂的同时性得到改善。当捻系数较小时，长丝的强度随捻系数的增加而增加，但很快长丝的强度随捻系数的增加而下降，这是因为捻系数增大到一定值后，预应力显著增加，同时断裂同时性降低。故长丝纱的临界捻系数远小于短纤纱的临界捻系数。

（2）加捻对纱线断裂伸长的影响：捻系数的增加对纱线断裂伸长的影响也有相反的两个方面。一方面，断裂伸长随捻系数的增加而降低，其原因是纱中纤维的伸长变形增加，削弱了以后拉伸时变形的能力；同时捻系数的增加使纤维在纱中不易移动，即减少了拉伸过程中的滑移量。另一方面，断裂伸长随捻系数的增加而增加，其原因是纤维倾斜角随着捻系数的增加而增加，拉伸时纤维倾斜角减小，有利于纱线伸长。总的来说，在常用的捻度范围内，随着捻系数的增加，纱线的断裂伸长有所增加。

（3）加捻对纱线密度和直径的影响：在一定范围内，随着捻系数的增加，纱线内纤维密集，纤维间空隙减小，纱线的密度增加、直径减小。而当捻系数增加到一定程度后，尽管因纱线的可压缩性减小，从而使纱线的密度和直径的变化很小，但因纤维过于倾斜，纱线的直径可能会有所增加。

股线的密度和直径与捻向的配合有关。当股线与单纱捻向相同时，股线捻系数对密度和直径的影响与单纱相似。当股线、单纱捻向相反时，在股线加捻的初始阶段，由于单纱的解捻作用，使股线的密度减小、直径增大，但很快随着捻度的加大，股线的密度又逐渐增加、直径减小。

（4）捻向的影响：利用经、纬纱的捻向和织物组织相配合，可织成不同外观、风格和手感的织物。斜纹组织织物如华达呢，若经纱采用S捻，纬纱采用Z捻，则经纬纱的捻向与斜纹方向垂直，因此纹路清晰；如果若干根S捻、Z捻纱线相间排列时，织物表面可产生隐条、隐格效果。当S捻和Z捻纱线捻合在一起，或捻度大小不等的纱线捻合在一起织成织物时，表面会呈现波纹效果。

（5）捻度的影响：捻度大的纱线，织成的织物手感较捻度小的纱线织成的织物硬挺，同时因捻度大的纱线结构紧密，纤维之间不能保持较多的静止空气，而不利于增加织物的保暖性。捻度大的纱线织成的织物的防污性能比捻度小的好；捻度大的纱线织制的织物在洗涤过程中不容易受机械的作用而产生较大的收缩。但当纱线的捻度太大时，纤维的内应力较大，使纱线的强力减弱而影响织物的强力；当纱线的捻度太低时，纤维容易从纱线中抽出，使织物易起毛起球，从而影响织物的耐用性。

（二）纱线的细度

1. 纱线细度的参数

表征纱线细度的参数有线密度Tt、公制支数N_m、纤度N_d、英制支数N_e。线密度，曾被称为“号数”，其在棉型纱线上的应用非常普遍。公制支数是过去毛型和麻型纱线的习惯用指标，纤度是过去化学纤维长丝纱的习惯用指标，英制支数是过去棉型纱线的习惯用指标。目前纱线细度的法定计量单位为特克斯（tex），它们的具体定义和换算关系见第一章第二节中纤维的细度指标。

2. 股线的细度

股线是由两根及以上的单纱合并加捻而成的，在定长制细度指标下，股线的线密度数值大于组成股线的单纱线密度。在定重制细度指标下，股线的支数小于组成股线的单纱支数。股线的不同细度指标表示方法不相同，如表2-1所示。

表2-1 股线细度的表示方法

<table>
<tr><th colspan="2">线密度表示</th><th>单纱情况</th><th>表示方法</th><th>示例</th></tr>
<tr><td rowspan="4">定长制</td><td rowspan="2">线密度</td><td>线密度相同</td><td>股线公称线密度 = 单纱公称线密度 × 股数</td><td>16tex × 2</td></tr>
<tr><td>线密度不同</td><td>股线公称线密度 = 各单纱公称线密度相加</td><td>（18 + 20）tex</td></tr>
<tr><td rowspan="2">纤度</td><td>纤度相同</td><td>股线公称纤度 = 股数 / 单丝公称纤度</td><td>2/28 旦长丝</td></tr>
<tr><td>纤度不同</td><td>股线公称纤度 = 各单丝公称纤度相加</td><td>80 旦 × 1 涤纶 + 60 旦 × 1 锦纶</td></tr>
<tr><td rowspan="2">定重制</td><td rowspan="2">公制支数或英制支数</td><td>公（英）制支数相同</td><td>股线公称支数 = 单纱公称支数 / 股数</td><td>48/2 公支，64/2 英支</td></tr>
<tr><td>公（英）制支数不同</td><td>股线公称支数 = $\frac{1}{\frac{1}{N_1}+\frac{1}{N_2}+\dots+\frac{1}{N_n}}$</td><td>$\left(\frac{1}{60}+\frac{1}{40}\right)$公支</td></tr>
</table>

股线细度的具体计算方法如下：

（1）股线的线密度：

①单纱的线密度相同时，股线的线密度如式（2-4）所示。

$$Tt=单纱公称线密度\times 股数 \tag{2-4}$$

②单纱的线密度不相同时，股线的线密度如式（2-5）所示。

$$Tt=各单纱公称线密度相加 \tag{2-5}$$

例1：由两根16tex单纱组成的股线的线密度为：

Tt=单纱公称线密度 × 股数=16tex × 2=32tex

表示方法：规定记作“16tex × 2”，这种表示方法可同时标识股线的结构和线密度。

例2：由一根18tex单纱和一根20tex单纱组成的股线的线密度为：

Tt=各单纱公称线密度相加=18tex+20tex=38tex

表示方法：记作“（18+20）tex”，这种表示方法也标识了股线的结构和线密度。

（2）股线的纤度：

①当单纱的纤度相同时，股线的纤度如式（2-6）所示。

$$N_d=单丝公称纤度\times 股数 \tag{2-6}$$

②当单纱的纤度不相同时，股线的纤度如式（2-7）所示。

$$N_d=各单丝公称纤度相加 \tag{2-7}$$

例3：由两根28旦的单纱组成的股线纤度应为：

N_d=单丝公称纤度 × 股数=28旦 × 2=56（旦）

表示方法：规定记作“2/28旦”，这种表示方法可同时标识股线的结构和纤度。

例4：由一根80旦的涤纶长丝与一根60旦的锦纶长丝组成的股线纤度应为：

N_d=各单丝公称纤度相加=80旦+60旦=140（旦）

表示方法：规定记作“80旦 × 1涤纶 + 60旦 × 1锦纶”，这种表示方法可同时标识股线的结构和纤度。

（3）股线的公制支数：

①单纱的公（英）制支数相同时，股线的细度如式（2-8）所示。

$$N_m=\frac{单纱公称支数}{股数} \tag{2-8}$$

②单纱的公（英）制支数不相同时，股线的细度如式（2-9）所示。

$$N_m=\frac{1}{\frac{1}{N_1}+\frac{1}{N_2}+\dots+\frac{1}{N_n}} \tag{2-9}$$

例5：由两根公制支数为60的单纱组成的股线的公制支数应为：

N_m=单纱公称支数/股数=60公支/2=30（公支）

表示方法：规定记作“60/2公支”。

例6：由公制支数为60和40的两根单纱组成的股线的公制支数为：

$$N_m = \frac{1}{\frac{1}{60}+\frac{1}{40}} = 24(\text{公支})$$

表示方法：规定记作$\left(\frac{1}{60}+\frac{1}{40}\right)$。

3. 纱线的细度不匀

纱线的细度不匀，是指纱线沿长度方向上的粗细不匀，常用纱线细度不匀率来表征。纱线的粗细不匀不仅会影响织物的外观质量，如出现条花状疵点，影响最终产品的应用；而且会降低纱线的强度，使织造过程中断头和停机的概率增加。因此，纱线的细度不匀是评定纱线质量的重要指标之一。

4. 纱线的线密度偏差

纱线的线密度偏差是指纱线的实际线密度与所要求的线密度或设计线密度之间的偏离程度。纱线的线密度偏差是评定纱线质量的重要指标之一，它不仅影响纱线的原料消耗，而且影响最终织物产品的产量、厚度及坚牢度等。若实际纱线比设计的纱线细，所织成的织物势必偏薄、偏轻，坚牢度变差，当然也并不是超过设计线密度就好，还应视具体的产品要求等情况而定。通常各种纱线的质量标准中都明确规定了其线密度偏差的允许范围。

用线密度表示纱线的粗细时，线密度偏差的数学含义是实际线密度与设计线密度的差值与设计线密度之比，可以证明此时的线密度偏差等于纱线的重量偏差率（%），所以，线密度偏差也被称为重量偏差，若重量偏差为正值，说明实际纺出的纱线比设计要求的纱线粗；反之，重量偏差为负时，纺出的纱线比设计要求的纱线细。

（三）纱线的密度与直径

不同种类的纱线，不能直接用公制支数、英制支数、线密度、纤度来比较其表现直径的粗细，因为纱线的密度不同。对于相同线密度的纱线，密度越小，纱线的实际直径越大。纱线直径是进行织物设计、制定织造工艺参数的重要依据，可以利用显微镜进行测量，在实际生产中纱线直径通常是由其线密度或公（英）制支数等指标换算而得到的，由线密度推出纱线直径要比直接测量更简便。换算时要使用纱线的密度。纱线捻度越大，其密度越大。纱线中纤维卷曲越大，或中空越大，其密度越小。

（四）纱线的毛羽

纱线的毛羽是指伸出纱线主体表面的纤维端或圈。纱线毛羽的伸出长度是指纤维端或圈凸出纱线基本表面的长度。毛羽的性状是纱线的基本结构特征之一，纱线毛羽的长短、数量及其分布对织物的内在质量、外观质量、手感和应用有密切关系，也是织物生产中影响质量和生产率的主要因素。所以纱线毛羽指标是评定纱线质量的一个重要指标，也是反映纺织工艺、纱线加工部件好坏的重要依据。

毛羽的产生在纺纱过程中是不可避免的，与使用的原料有关，也与纺织机械的状况和部件有关。另外，飞花落到条子上及纱与机械的摩擦也能形成毛羽。由毛羽多的纱织成的织物织纹不清，手感黏涩，不爽滑；毛羽的存在还会影响织物的印花效果。纱线毛羽既影响织物特性，如透气性、起球倾向、吸水性等，又影响织物的一些主要性能，如表面光滑度、手感和摩擦性能等。但纱线的毛羽对织物也有积极的一面，如由毛羽多的纱线织成的织物柔软、保暖，从而增加织物的手感及服用性能。

第三节 服装用纱线工艺

一、纺纱的基本原理

纤维经过一系列纺纱的工艺，形成连续的细长物体。虽然不同纤维的纺纱系统各有特点，不同纺纱工艺各有特色，但纤维纺成纱线的基本原理是相同的，一般都需经过平行、牵伸、加捻和卷绕四个基本工序。

1. 平行工序

平行工序是指在经过整理、梳松、混合、清除杂质后，原料内部纤维平行顺直，从而制成一定规格的纤维条。

2. 牵伸工序

牵伸工序是指将制成的纤维条经过并合和牵伸，进一步充分混合，使纤维条达到所需的细度。

3. 加捻工序

加捻工序是在纤维牵伸的同时进行加捻，使纤维之间相互抱合，成为具有一定强力的纱线。

4. 卷绕工序

卷绕工序是将纺成的纱线绕成绞状或缠绕于筒管之上，便于工序间的储运及后期织造使用。

二、纺纱的基本工艺

（一）环锭纺纱

传统的纺纱方法为环锭纺纱工艺，其纺纱过程如图2-21所示。

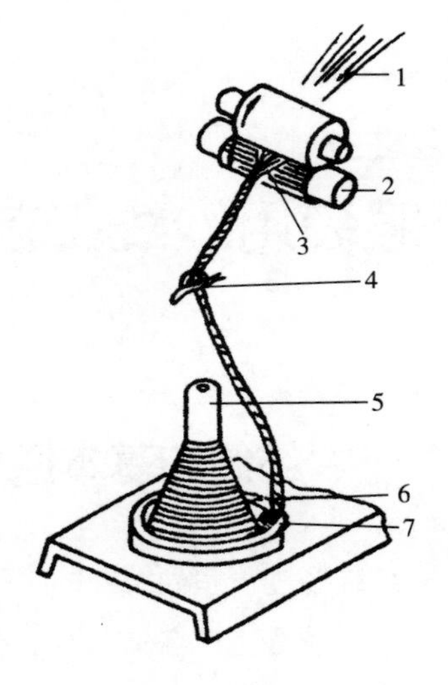

图2-21　环锭纺纱示意图

1—粗纱　2—前罗拉　3—须条
4—导纱钩　5—纱管（套在锭子上）
6—钢领　7—钢丝圈

1. 普梳系统工序流程

普梳系统在棉纺中应用最为广泛，可加工棉纤维及长度为40~50mm的化学短纤维，纱线质量一般，可供织制普通棉及棉型织物，其流程如图2-22所示。

2. 普梳工序的任务

（1）开清棉工序：开清棉是棉纺工程的第一道工序。未经开清棉工序处理加工的原棉或化学纤维，不但结构紧密压实，而且含有各种尘杂和疵点。

开清棉工序的主要任务是：

①开棉：清除原棉或化学纤维中的大部分尘杂。

②混棉：使不同原料充分混合。

③成卷：制成一定重量和长度的棉卷或化学纤维卷，以满足下道工序（梳棉）加工的需要。

（2）梳棉工序的任务：经开清棉后制成的棉卷，纤维多成束状，但仍含有一定的杂质，需要进行进一步的分离及除杂。

梳棉工序的主要任务是：

①梳理：对棉束进行细致的梳理，使其分离成单纤维状态。

②除杂：继续清除棉卷中残留的杂质。

③混合与均匀：使单纤维之间充分混合，同时梳棉机还具有一定的自调匀整功能，从而使输出的棉条条干比较均匀。

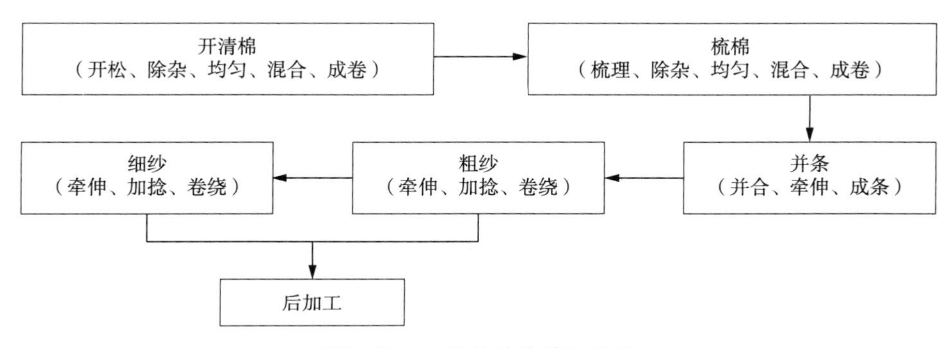

图2-22 环锭纺普梳棉流程图

④成条：制成符合一定规格和质量要求的棉条（通称生条），并有规律地圈放在棉条筒里。

（3）并条工序的任务：梳棉工序制成的生条已初步具有纱的几何形态，但还不能直接称为纱，因为生条粗细不匀率较高，其中纤维排列也很紊乱，伸直度较差，甚至还存留一些细小棉束，需要继续加以分离。

并条工序的主要任务是：

①并合：将4~8根生条并合喂入并条机，制成熟条，利用并合时粗细生条的随机叠合，改善棉条的粗细均匀程度。

②牵伸：在并合的同时，对生条施加与并合数相当的牵伸力，以制成和生条重量相近的熟条，并改善棉条中纤维的平行伸直度和分离程度。

③混合：在反复并合和牵伸的过程中，可实现单纤维间的充分混合。

④成条：经过并合、牵伸、混合后的棉层，再经集束、压缩制成熟条，然后有规律地圈放在棉条筒里。

（4）粗纱工序的任务：粗纱工序是纺制细纱前的准备工作。

粗纱工序的主要任务是：

①牵伸：将熟条抽长拉细5~10倍，以适应细纱机的需要。

②加捻：将牵伸后的须条加上适当的捻度，使粗纱具有一定的强力，以满足下道工

序纱线强力的要求。

③卷绕：将粗纱以一定形状卷绕在筒管上，便于搬运、贮存及下道工序使用。

（5）细纱工序的任务：细纱工序是生产棉纺纱的最后一道工序。它将粗纱纺成一定线密度（粗细）、一定质量要求的细纱，供制线、机织、针织用。

细纱工序的主要任务是：

①牵伸：给喂入的粗纱施加20倍以上的牵伸，使纺制成的棉纱达到所要求的线密度。

②加捻：将牵伸后的须条加上适当的捻度，使纱线具有一定的强力、较好的手感，以满足织造及使用的需要。

③卷绕成型：将纺成的细纱卷绕成一定形状，以便贮存、搬运和加工织物时使用。

（二）新型纺纱

由于环锭纺纱方法存在着一些难以克服的缺点，限制了纱线产量的大幅度提高，为了达到高效高产的目的，采用了一些新型纺纱方法。

1. 自由端纺纱

自由端纺纱就是在加捻时，纱条一端被握持施以捻度，另一端被不断地喂入相互不连接的纤维束或纤维流，当其与有捻的纱段接触时，在气流或旋转力的作用下被捻合成纱，这个喂入端即形成自由端。自由端纺纱依形成自由端的方法来分，有气流纺纱、静电纺纱、涡流纺纱、尘笼纱等。

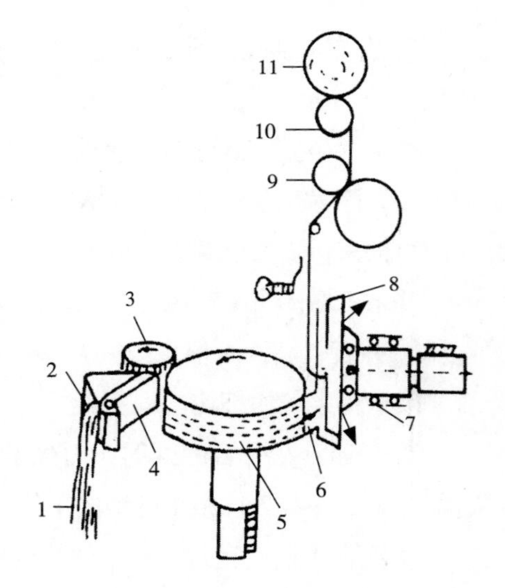

图2-23 气流纺纱工艺示意图
1—条子 2—喇叭 3—给棉罗拉 4—给棉板 5—分梳辊 6—输棉通道 7—纺纱杯 8—凝棉槽 9—引出罗拉 10—卷绕罗拉 11—筒子纱

气流纺纱工艺过程：纺纱前，先将棉、羊毛或化学纤维进行梳理，制成条子，再喂入气流纺纱机，其示意图如图2-23所示。喇叭口是给条子纤维以约束，防止纤维扩散。给棉罗拉和给棉板是将纤维条缓慢地送到分梳辊前，连续喂入条子，控制喂条的速度。分梳辊主要是对喂入的纤维进行梳理，将纤维条开松、分梳成单纤维，同时将条子牵伸拉细。纺纱杯是通过连续高速转动凝聚纤维，并给纤维加捻，使其成为具有一定强力的纱。引出罗拉是将纺纱杯纺成的具有一定规格的纱以一定的速度引出，从而控制纱线的细度和捻度。卷绕罗拉主要是将已经加捻的纱线连续不断地卷绕到筒管上去，制成一定规格的筒子纱。

2. 非自由端纺纱

它与自由端纺纱的主要区别在于纱条在加捻时，纤维条连续喂入，纱条两端均被握持，用加捻或黏合的方法，增加纱线的强力。纤维条在牵伸、加捻过程中得到适当的控制，不需要经过分离成单纤维和重新凝聚的过程。这种新型纺纱方法包括自捻纺纱、喷气纺纱等。

（1）自捻纺纱：自捻纺纱是在两根单纱条上，加上具有正、反捻向相间的假捻，依靠两根纱条的抗扭力矩，自行捻合成具有自捻捻度的双股自捻线的纺纱方法。其主要适用于对65mm以上的化学纤维、毛、麻、绢等原料进行纯纺或混纺。

自捻纱的结构与一般的纱线不同，所用的纺纱设备也不一样。其纺纱过程包括喂入、牵伸、加捻、卷绕四个部分。自捻纺纱机纺纱示意图如图2-24所示。

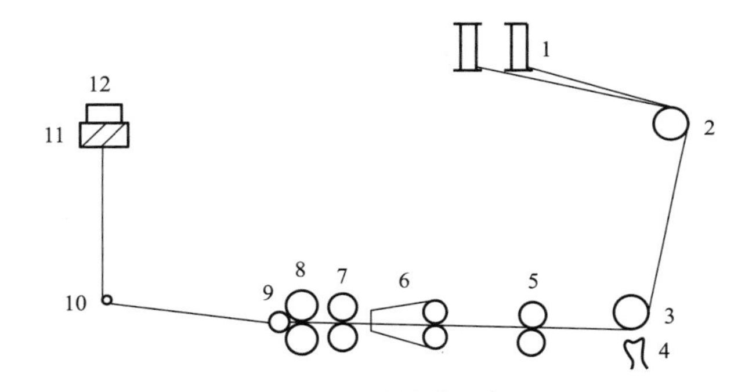

图2-24　自捻纺纱示意图

1—粗纱　2—导纱辊1　3—导纱辊2　4—光电自停装置
5—后牵伸罗拉　6—牵伸皮圈　7—前牵伸罗拉　8—加捻罗拉
9—汇合导纱钩　10—机械自停装置　11—槽筒　12—筒子纱

粗纱由导纱辊引入牵伸装置（后牵伸罗拉、牵伸皮圈、前牵伸罗拉），经过牵伸，纱条由粗变细。从前牵伸罗拉输出的纱条，由加捻罗拉将其加上正、反两个方向的捻度。在通过汇合导纱钩时，彼此相邻的两根单纱并合，同时产生自捻而形成自捻纱。再经过机械自停装置，借助槽筒的摩擦作用，将自捻纱卷绕成筒子纱。

（2）喷气纺纱：喷气纺纱是利用高速旋转气流使纱条加捻成纱的一种新型纺纱方法。采用棉条喂入，四罗拉双短胶圈超大牵伸，经固定喷嘴加捻成纱。纱条引出后，通过清纱器绕到纱筒上，形成筒子纱，如图2-25所示。

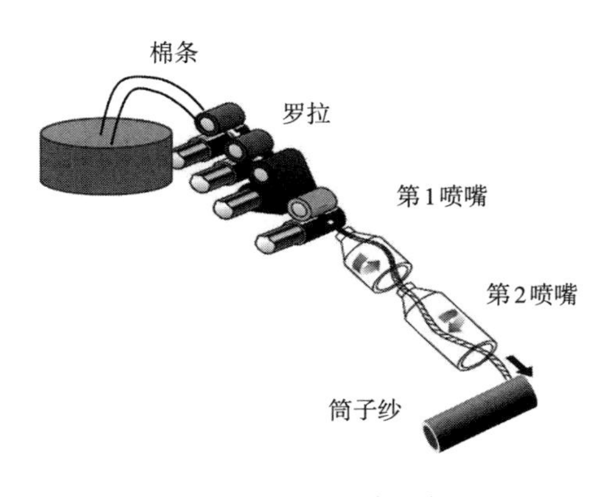

图2-25　喷气纺纱示意图

第四节

服装用纱线的原料标志及种类

一、服装用纱线的原料标志

纱线标志一般由纤维种类和线密度为主要标志。纤维种类用汉字缩写或字母代号表示，纤维种类标志代号如表2-2所示。如果纱线是混纺纱线，纱线中纤维原料混纺比用“/”来分开，含量高者在前，含量低者在后。例如，涤纶65%、棉35%混纺纱表示为：涤/棉（65/35）或T/C（65/35）；涤纶50%、棉35%、黏胶纤维15%表示为：涤/棉/黏（50/35/15）或T/C/R（50/35/15）。

表2-2 纱线常用纤维原料的标志代号

纤维原料种类	汉字符号	字母符号	纤维原料种类	汉字符号	字母符号
棉纤维	棉	C	涤纶纤维	涤（terylene）	T
毛纤维	毛	W	锦纶纤维	锦（polyamide）	P
山羊绒纤维	绒（cashmere）	Ca	腈纶纤维	腈（polyacrylonitrile）	PAN
苎麻纤维	苎（ramie）	Ra	维纶纤维	维（vinylon）	V
亚麻纤维	亚（linum）	L	丙纶纤维	丙（polypropylene）	PP
黏胶纤维	黏（rayon）	R			

二、服装用纱线的种类

（一）棉型纱线

棉型纱线按照粗细或线密度可分为粗特纱、中特纱、细特纱、特细特纱、超细特纱五类。

1. 粗特纱

粗特纱又称粗支纱，是指32tex及以上的（18英支及以下）棉型纱，适合用来制织粗厚织物或起绒、起圈的棉型织物，如粗布、绒布、棉毯等。

2. 中特纱

中特纱又称中支纱，是指22~31tex（19~28英支）的棉型纱，适用于中厚织物，如平布、斜纹布、贡缎等织物，应用较广泛。

3. 细特纱

细特纱又称细支纱，是指10~21tex（29~60英支）的棉型纱，适用于细薄织物，如细布、府绸、针织汗布、T恤面料、棉毛布（针织内衣面料）等。

4. 特细特纱

特细特纱又称高支纱，是5~10tex（61~120英支）的纱线，适用于高档精细面料，如高档衬衫用的高支府绸等。

5. 超细特纱

超细特纱又称超高支纱，是5tex以下（120英支及以上）的纱线，用于特精细面料。

普梳棉纱一般可纺纱线密度为14tex以上，更高的细特纱和特细特纱要用精梳工艺纺制。精梳和普梳工艺的选用不仅跟纱支有关，还与具体用途密切相关。普梳棉纱的标志符号用棉的代号C后加细度（线密度或公制支数或英制支数）。精梳棉纱的标志符号用棉的代号C后加精梳代号J再续线密度数值，如精梳棉纱14tex记为CJ14。中特棉纱多数是普梳棉纱。

（二）毛型纱线

按照纺纱加工系统，毛型纱线分为精梳毛纱、粗梳毛纱、半精梳毛纱三种。精梳毛纱是采用精梳毛纺生产工艺制成毛条再纺成纱线，常使用细绵羊毛或超细绵羊毛及相应化学纤维生产细密高档毛织物。在纱线中纤维排列较为平直，抱合紧密，条干均匀度和纱线强度较高，产品外观较为光洁，线密度较小，弹性好，其织物称为精纺毛织品。

粗梳毛纱采用粗梳毛纺生产工艺纺成，其中短纤维多、纤维排列不太整齐、绒毛较多、线密度大而不太光滑，条干均匀度和强度不及精梳毛纱。粗梳毛纱的织物一般较厚重，称为粗纺毛织物。半精梳毛纱的加工工艺比精梳毛纱简单，比粗梳毛纱精细，常以细绵羊毛及相应化学纤维生产线密度较小的毛纱，工艺流程缩短、成本降低，其产品性状介于精梳和粗梳之间。

精梳毛纱的细度规格一般为5.5~28tex（36~180公支），并以股线居多。粗梳毛纱的细度规格一般为50~250tex（4~20公支）。半精梳毛纱主要用于机织和针织，其线密度一般为10~33tex（30~100公支）。

编织用的毛型纱线叫绒线。绒线又称毛线、编织线，主要是指采用绵羊毛及腈纶等毛型化学纤维纺制而成的股线。其捻度较低，结构蓬松、手感柔软而有弹性，并具有较好的保暖性和舒适贴身性等，一般用于织制绒线衫、羊毛衫及围巾、手套等，适宜做春、秋、冬三季的服装用品。

按照生产工艺流程，绒线可分为精梳绒线、粗梳绒线和半精梳绒线。绒线按用途不同可分为供手工编织的手编绒线和供针织机编结的针织绒线两大类，具体类别和结构特征如表2-3所示。

表2-3 绒线的主要类别与结构特征

<table>
<tr><th>类别</th><th colspan="2">结构特征</th><th>线密度（tex）</th></tr>
<tr><td rowspan="2">手编绒线</td><td rowspan="2">三股或多股合捻而成的绞绒和团绒</td><td>粗</td><td>400 以上（2.5 公支以下）</td></tr>
<tr><td>细</td><td>142.9~333.3 （63~7 公支）</td></tr>
<tr><td>针织绒线</td><td colspan="2">单股、两股、多股</td><td>33.3~125(8~30 公支), 多为 50~100 (10~20 公支)</td></tr>
</table>

（三）化学纤维长丝

化学纤维长丝主要包括涤纶、锦纶、氨纶、黏胶纤维丝、PTT长丝等。氨纶长丝、涤纶和锦纶绞边丝及锦纶钓鱼线一般是单丝，其他长丝都是复丝。

化学纤维长丝的规格用总线密度（tex或dtex）和组成复丝的单丝根数组合表征，如165dtex/30f，表示复丝总线密度为165dtex，单丝根数为30。但产业用化学纤维却有许多其他规格，如复丝根数有1000、3000、6000、12000、24000等。机织、针织面料用的大多数合成纤维、再生纤维长丝都按一定规格生产，如锦纶高弹丝有复丝根数为3的高档品种，主要用于透明女袜。

第三章

服装用织物

课题名称：服装用织物　　课题时间：8学时

课题内容：

1. 服装用织物概述
2. 服装用织物结构
3. 服装用织物性能
4. 服装用织物种类

教学目的：

1. 使学生能系统地掌握服装用织物的概念、类别、结构及主要性能，了解服装用织物的主要种类及应用，培养学生自主更新服装材料知识及独立分析和解决与服装用织物相关复杂问题的能力。
2. 通过教学内容和教学模式设计，培养学生科技创新精神和家国情怀，领略服装材料的传统文化传承，将环境保护意识和可持续发展的内涵贯穿到服装用织物实际应用中。

教学方式：理论授课、案例分析、多媒体演示。

教学要求：

1. 了解服用织物的概念及分类
2. 掌握服用织物的结构
3. 掌握服用织物的性能
4. 了解服用织物的种类

课前（后）准备：

1. 什么是机织物的原组织？三原组织各有什么特点？
2. 针织物与机织物织造形成有什么区别？
3. 服装用织物的起毛起球现象是什么原因引起的？如何解决它？
4. 服装用织物在服装加工中常见的工艺问题有哪些？如何解决？
5. 从服饰文化传承角度，阐述丝织物在服装中的应用如何才能做到文化传承？
6. 从服装科技创新和可持续性发展角度，阐述服装用织物的发展趋势主要体现在哪些方面？

第一节

服装用织物概述

一、服装用织物的概念

服装用织物是由服装用纤维和纱线按照一定方法制成的具有一定力学性能的且有一定尺寸规格的平板状物体，简称为布。

织物的形成方式、结构、性能等对服装材料的质地、服用性能、加工性能及应用都有一定的影响。

二、服装用织物的分类

（一）按纤维原料分类

（1）纯纺织物：纯纺织物是指由单一纤维原料纯纺纱线所构成的织物，如纯棉织物、纯毛织物、纯桑蚕丝织物、纯亚麻织物及各种纯化纤织物等。

（2）混纺织物：混纺织物是指以单一混纺纱线形成的织物，如经、纬纱均用涤/棉（65/35）纱织成的涤棉混纺织物等。

（3）交织物：交织物是指经纱与纬纱使用不同纤维原料的纱线织成的机织物，或是以两种或两种以上不同原料的纱线并合（或间隔）针织而成的针织物，或是以两种或两种以上不同原料的纱线并合（或间隔）而成的编结织物等。

（二）按纱线的类别分类

（1）纱织物：纱织物是指完全采用单纱织成的机织物或针织物。

（2）线织物：线织物是指完全采用股线织成的机织物、针织物或编结织物。

（3）半线织物：半线织物是指经纬向分别采用股线和单纱织成的机织物及单纱和股线并合或间隔针织而成的针织物。

（4）花式线织物：花式线织物是指采用各种花式线织成的机织物或针织物。

（5）长丝织物：长丝织物是指采用天然丝或化学纤维长丝织成的机织物或针织物。

（三）按形成方法分类

织物按形成方法不同可分为机织物、针织物、非织造织物和编织物，如图3-1所示。

（a）机织物

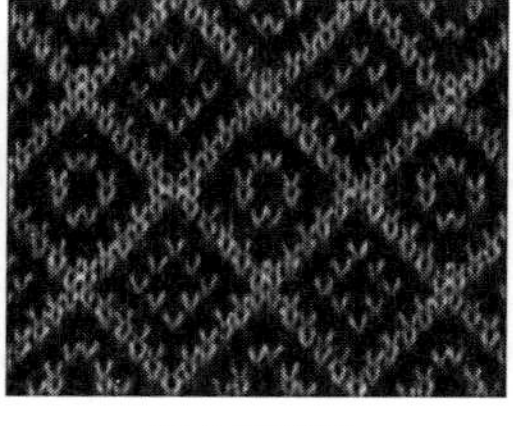
（b）针织物

（c）非织造织物

（d）编织物

图3-1　按形成方式分类的织物

（1）机织物：机织物也称梭织物，是由互相垂直的一组（或多组）经纱和一组（或多组）纬纱在织机上按一定规律纵横交错编织成的制品。

（2）针织物：针织物是由一组或多组纱线在针织机上按一定规律彼此相互串套成圈连接而成的织物。常见的针织物有纬编针织物和经编针织物。

（3）非织造织物：非织造织物亦称非织造布，是指用机械、化学或物理的方法，由纤维、纱线或长丝粘结、套结、绞结而成的薄片状、毡状或絮状结构物。

（4）编织物：又称为编结物，一般是由两组或两组以上的线状物，相互错位、卡位或交编形成的产品，或是由一根或多根纱线相互串套、扭、辫、打结而成的编结产品，或是由专用设备、多路进纱按一定交编串套规律编结而成的具有三维结构的复杂产品。

（四）按织物的风格分类

（1）棉型织物：全棉织物、棉型化学纤维纯纺织物和棉与棉型化学纤维的混纺织物统称为棉型织物。棉型化学纤维的长度、细度均与棉纤维接近，织物具有棉型感。

（2）毛型织物：全毛织物、毛型化学纤维纯纺织物和毛与毛型化学纤维的混纺织物统称为毛型织物。毛型化学纤维在长度、细度、卷曲度等方面均与毛纤维接近，织物具有毛型感。

（3）丝型织物：蚕丝织物、化学纤维仿丝绸织物和蚕丝与化学纤维丝的交织物统称为丝型织物。织物具有丝绸感。

（4）麻型织物：纯麻织物、化学纤维与麻的混纺织物和化学纤维丝仿麻织物统称为麻型织物。织物具有粗犷、透爽的麻型感。麻型化学纤维在细度、细度不匀、截面形状等方面与天然麻相似。

（5）中长纤维织物：指长度和细度介于棉型与毛型之间的中长化学纤维的混纺织物。

（五）按后加工方法分类

织物按后加工方法分为原色织物、漂白织物、染色织物、印花织物、色织物等，如图3-2所示。

（1）原色织物：原色织物是指未经印染加工的本色布。

（2）漂白织物：漂白织物是指本色坯布经煮炼、漂白加工后的织物。

（3）染色织物：染色织物是指经染色加工后的有色织物。

（4）印花织物：印花织物是指经印花加工后表面有花纹图案的织物。

（5）色织物：色织物是指将纱线全部或部分染色，再织成各种不同色的条、格及小提花的织物。

（6）色纺织物：色纺织物是指先将部分纤维染色，再将其与原色（或浅色）纤维按一定比例混纺，或两种不同色的纱混并，再织成织物。

（7）其他后整理织物：印染等后整理是织物获得特殊外观和手感风格的重要手段。传统的后整理方法很多，如起绒、割绒、起绉、起泡、烂花等。随着科学技术的进步，新型的后整理技术不断推出，如压花、烫花、发泡、涂层等技术，使织物的品种花式千姿百态，为服装设计提供了丰富的创意空间。

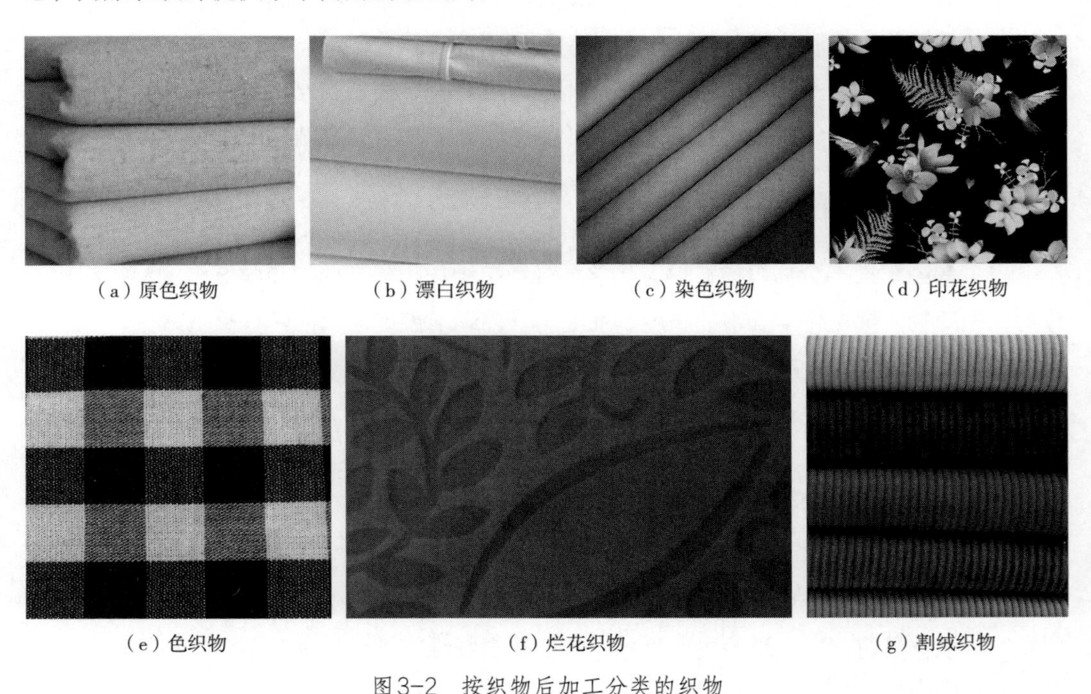

（a）原色织物 （b）漂白织物 （c）染色织物 （d）印花织物

（e）色织物 （f）烂花织物 （g）割绒织物

图3-2 按织物后加工分类的织物

三、服装用织物的参数

（一）织物的密度与紧度

1. 机织物的密度与紧度

织物沿纬向或经向单位长度内纱线排列的根数，称为机织物的经纱密度或纬纱密度。密度的单位为根/10cm，丝织物密度单位可用根/cm来表示。一般以经密 × 纬密表示织物的密度，如236×220，表示织物经密为236根/10cm，纬密为220根/10cm，织物密度大小是由其用途、品种、原料、结构等因素决定的。

对于同样粗细的纱线和相同的组织来说，经、纬密度越大，则织物越紧密。而对比不同粗细纱线的织物紧密程度时，应采用织物的相对密度来表示，即织物紧度。机织物的紧度是指织物中纱线的投影面积与织物的全部面积之比。数值越大表示织物紧密程度越大；织物紧度与织物中纱线细度和经、纬向密度有关。分为经向紧度、纬向紧度和总紧度。

2. 针织物的密度

在原料和纱线细度一定的条件下，针织物的密度可用针织物的纵、横向密度来表示。针织物密度是指在规定长度内的线圈数，纵向密度用5cm内线圈纵行方向的线圈横列数表示；横向密度用5cm内线圈横列方向的线圈纵行数表示。

针织物密度与线圈长度有关，线圈长度越长，则针织物的密度越小，所以线圈的长短是决定针织物密度的重要参数。密度大的针织物相对厚实，尺寸稳定性较好，保暖性也好些，同时，其弹性、强度、耐磨性、抗勾丝性等也较好。

（二）织物的物理量度

1. 长度

（1）机织物长度：一般用匹长（m）来度量，匹长是由该织物的种类、用途、重量、厚度和卷装容量等因素决定的，棉织物匹长一般为30~50m；精纺毛织物匹长一般为60~70m，粗纺毛织物匹长一般为30~40m；丝织物匹长一般为25~50m。

（2）针织物的长度：针织物的匹长由原料、品种和染整加工要素而定。一种是定重方式，即制成每匹重量一定的坯布；另一种是定长方式，即每匹长度一定。经编针织物匹长常以定重为准；纬编针织物匹长多由匹重，再根据幅宽和每米重量而定。例如，汗布的匹重为（12±0.5）kg，绒布的匹重为（13~15±0.5）kg，人造毛皮针织布匹长一般为30~40m。

2. 幅宽

（1）机织物的幅宽：沿织物纬纱方向量取的两侧布边间的距离称为幅宽，单位为厘米（cm）。它是指织物经自然收缩后的实际宽度。棉织物幅宽分中幅和宽幅，中幅为81.5~106.5cm，宽幅为127~167.5cm。精纺毛织物幅宽为144cm或149cm；粗纺毛织物幅宽有143cm、145cm和150cm三种。毛织物均为双幅，长毛绒幅宽为124cm，驼绒幅宽为137cm，丝织物幅宽为73~140cm。化学纤维织物幅宽多为144cm左右。随着服装工业化生产发展的要求，提高织物的利用率，便于服装裁剪，织物的幅宽逐渐增大，而无梭织机的普及，使幅宽达到300cm以上。

（2）针织物的幅宽：经编针织物幅宽由产品种类和组织而定，一般为150~180cm；而纬编针织物幅宽主要与加工用的针织机的筒径规格、纱线细度和织物组织等因素有关，筒径约为40~60cm。

3. 织物的厚度

在一定压力下，织物正反面间的距离称为织物厚度，单位为毫米（mm）。织物厚度与织物的保暖性、通透性、成型性、悬垂性、耐磨性及手感、外观风格有着密切的关系，但一般不作为贸易考核的指标。织物的厚度可分为薄型、中厚型和厚型三类，常用织物的厚度分类如表3-1所示。

表3-1 织物厚度分类

织物类别		薄型（mm）	中厚型（mm）	厚型（mm）
棉织物		< 0.25	0.25~0.40	> 0.40
毛织物	精纺毛织物	< 0.40	0.40~0.60	> 0.60
	粗纺毛织物	< 1.10	1.10~1.60	> 1.60
丝织物		< 0.14	0.14~0.28	> 0.28

4. 织物的重量

织物的重量通常用来描述织物的厚实程度，织物的重量用每平方米重量（g/m^2）或以每米重量（g/m）来计量。织物的种类、用途、性能不同，对其重量的要求也不同，各类织物均可根据自身特点将其分为轻型、中厚型或厚重型。一般轻型织物轻薄光洁、手感柔软滑爽、透气性好，常用来制作夏季服装或内衣。厚重型织物厚实保暖、坚牢、刚性较大，适合应用于秋、冬季服装。

第二节

服装用织物结构

一、服装用机织物结构

机织物是由两组相互垂直的纱线按照一定的规律纵横交错交织而形成的织物。在织物中，这两组相互垂直的纱线分别为经纱和纬纱，织物纵向的边缘为布边，与布边平行的纱线称为经纱，与布边垂直的纱线称为纬纱，如图3-3所示。

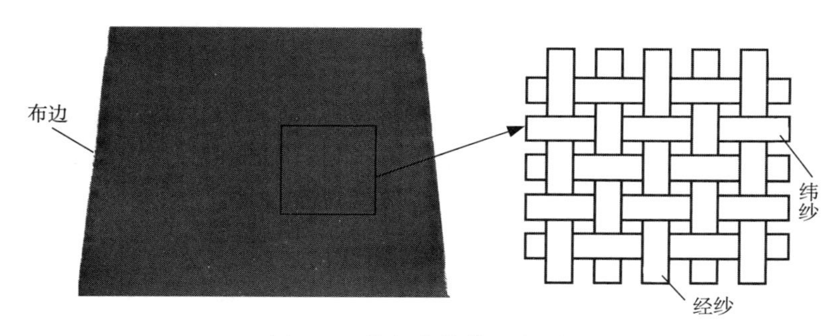

图3-3　机织物结构示意图

（一）机织物的形成

用来生产机织物的机器称为织布机或织机，机织物的形成过程如图3-4所示。

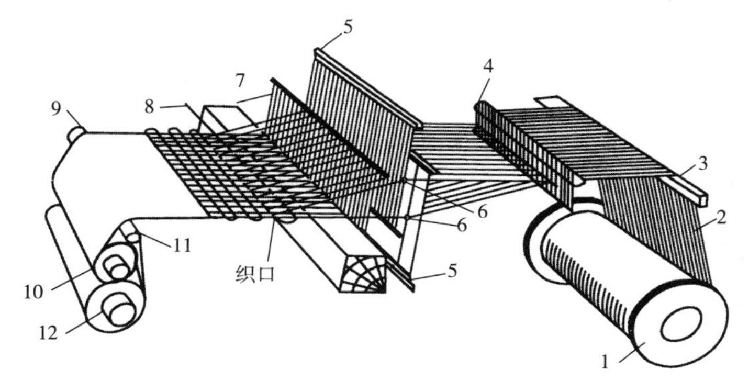

图3-4　机织物形成过程

1—织（经）轴　2—经纱　3—后梁　4—停经片　5—综框　6—综眼
7—钢筘　8—纬纱　9—胸梁　10—卷取辊　11—导布辊　12—卷布辊

在机织物织造过程中，织机要经过开口运动、引纬运动、打纬运动、送经运动和卷取运动五大运动来完成。

1. 开口运动

开口运动的作用有两个：一是控制综框的升降，把经纱分成上下两层，形成菱形梭口；二是管理经纱升降次序，满足织物组织的要求。

2. 引纬运动

引纬运动是采用不同的器件或介质将纬纱引入梭口。

（1）梭子引纬（有纡梭子引纬）：梭子引纬是一种传统的引纬方式，绕满纬纱的纬穗装入梭腔内，由引纬机构的作用使梭子通过梭口而引入纬纱。梭子引纬的特点是机构简单、调节方便，能形成光洁的布边；但动力及物料消耗大、噪声大、故障多、织疵多、车速慢。

（2）片梭引纬（无纡梭子引纬）：片梭引纬是用具有夹持纬纱能力的扁平小梭子将纬纱引入梭口。片梭与梭子显著不同，片梭没有容纳纬穗的梭腔，不携带纬穗，所以其体积和重量远小于梭子。织造时需要多把片梭循环轮流地依次工作。片梭引纬的特点是速度快、织幅宽、产品适应性好。

（3）喷气引纬：喷气引纬是利用高压气泵输出的喷射气流对纬纱产生的摩擦牵引力把纬纱引入梭口。喷气引纬的特点是速度高、噪声低、操作安全。

（4）喷水引纬：喷水引纬是利用高压水泵输出的高压水流对纬纱产生的摩擦牵引力把纬纱引入梭口。水流对纬纱的摩擦牵引力比气流大，所以可以适用于表面光滑的合成纤维、玻璃纤维等的引纬。喷水织机的许多零部件必须用不锈钢或高分子材料制造。喷水引纬的特点是能耗小、速度高、噪声低。

（5）剑杆引纬：剑杆引纬是利用剑杆的往复运动将纬纱引入织口。剑杆引纬机构简单运转平稳、噪声低，适用于阔幅或多色纬纱的织造。

3. 打纬运动

打纬运动是当梭子通过梭口后，钢筘将第一根松弛的纬纱推紧成布的运动。其作用是把引入梭口的纬纱推向织口，形成具有规定纬密的织物。织物的织幅由穿入钢筘的经纱宽度决定，织物的上机经密由钢筘的筘号和每筘齿穿入的经纱数决定。

4. 送经运动

送经运动是在织造时，经轴缓慢退绕，及时准确提供所需经纱的运动。其作用是保证从织轴上均匀地送出经纱，以适应织造的需要，同时给经纱施加符合工艺要求的上机张力，并保证经纱张力的稳定。

5. 卷取运动

卷取运动是在织造时，卷布辊转动，随时卷取已形成织物的运动。其作用是将形成的织物引离织口，经过胸梁卷绕到卷布辊上，同时通过调整织物引离织口速度的快慢来调整织物的纬密。

（二）机织物的组织

机织物中经纬纱交织的规律和形式，称为机织物的组织。

1. 机织物的组织参数

（1）组织点：组织点是指织物中经纬纱线的交织点。当经纱在纬纱之上时为经组织点，在组织结构示意图中，常以在格子中填入符号或涂满颜色来表示；当纬纱在经纱之上时为纬组织点，以空白格子来表示，如图3-5所示，为平纹织物的组织结构。

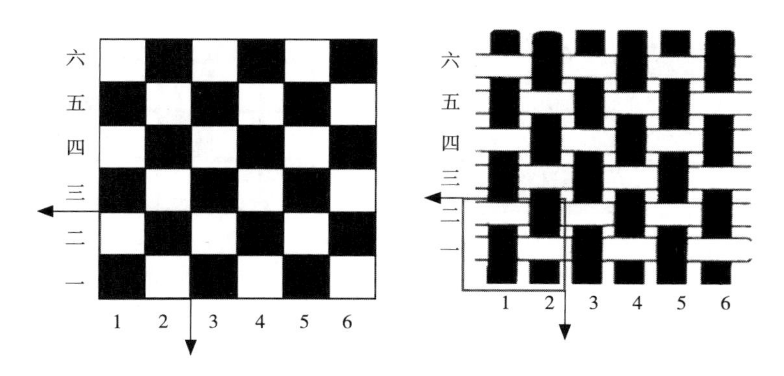

图3-5　平纹织物的组织结构

（2）组织循环：当经组织点和纬组织点的排列规律在织物中重复出现为一个组成单元时，该组成单元称为一个组织循环或一个完全组织。如图3-5所示，箭头所指为一个组织循环。在一个组织循环中，经组织点数多于纬组织点的称为经面组织，纬组织点数多于经组织点的称为纬面组织，若经组织点和纬组织点数目相同，则为同面组织。

（3）纱线循环数：构成一个组织循环的经纱或纬纱根数称为纱线循环数。构成一个组织循环的经纱根数称为经纱循环数，用 R_j 表示；构成一个组织循环的纬纱根数称为纬纱循环数，用 R_w 表示。织物的一个完全组织或一个组织循环的大小由纱线循环数来决定。

（4）纱线浮长：凡一系统纱线连续浮在另一系统纱线上的纱线长度称为纱线浮长，纱线浮长可分为经浮长和纬浮长。经纱连续浮在纬纱上的纱线长度为经浮长，纬纱连续浮在经纱上的纱线长度为纬浮长。

（5）组织点飞数：在研究织物组织的构成和织物组织的特点时，常用飞数来表示织物组织中相应组织点的位置关系，它是织物组织的一个重要参数，以符号S表示。飞数是指同一系统相邻两根纱线上相应经（纬）组织点间相距的纱线根数。沿经纱方向计算相邻两根经纱上相应两个纬（经）组织点间相距的纬纱数是经向飞数，以S_j表示；沿纬纱方向计算相邻两根纬纱上相应经（纬）组织点间相距的经纱数是纬向飞数，以S_w表示。

如图3-6所示，图3-6（a）中在两根相邻经纱方向上，纬组织点B与纬组织点A之间的经向飞数为3，即S_j=3；图3-6（b）中在两根相邻纬纱方向上，经组织点b与经组织点a间的纬向飞数为2，即S_w=2。在经面组织中，用经向飞数表示，在纬面组织中，用纬向飞数表示。在完全组织中，组织点飞数为常数的织物组织称为规则组织，组织点飞数为变数的则称为不规则组织。

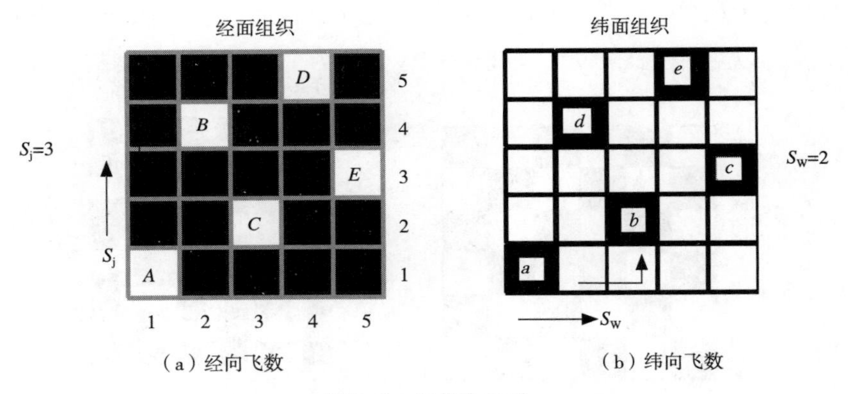

（a）经向飞数　　（b）纬向飞数

图3-6　组织点飞数

飞数除大小不同和其数值是常数或变数之外，还与起数的方向有关。如图3-6所示，可将飞数看作一个向量。对于经纱方向来说，飞数以向上数为正，记符号（$+S_j$）；向下数为负，记符号（$-S_j$）。对于纬纱方向来说，飞数以向右数为正，记符号（$+S_w$）；向左数为负，记符号（$-S_w$）。

2. 机织物组织的表示方法

机织物组织常用的表示方法有织物组织图、织物结构图和织物的经纬纱线剖面图，如图3-7所示，为二上一下斜纹织物的组织结构。

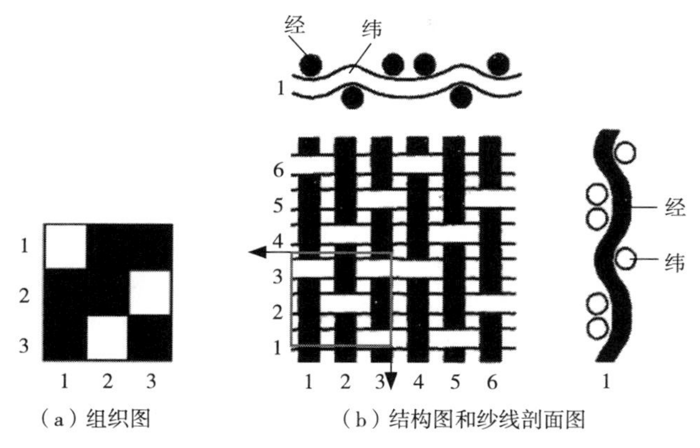

（a）组织图　（b）结构图和纱线剖面图

图3-7　二上一下斜纹织物组织的表示方法

（1）组织图：组织图一般用方格表示法。用来描绘织物组织的带有格子的纸称为意匠纸或方格纸，其纵行表示经纱，次序为从左至右；横行表示纬纱，次序为自下而上；每根经纱与纬纱相交的小方格表示组织点。在方格内绘有符号者表示经组织点，方格内不绘符号者表示纬组织点，如图3-7（a）所示。

（2）结构图：结构图又称织物交织图，表示织物经纬纱线交织的图解，形象地描述出织物中经纱与纬纱的交织情况，垂直方向表示经纱，水平方向表示纬纱，如图3-7（b）所示。

（3）纱线剖面图：经向剖面图是指织物沿经纱剖开向右侧翻转90°得到的剖面，观察方向为从右向左。纬向剖面图是指织物沿纬纱方向剖开并向上翻转90°得到的剖面，观察方向为从上向下，图3-7（b）中的右图、上图为第1根经纱和纬纱的经向剖面图和纬向剖面图。织物组织循环越大，所织成的织物组织也越复杂。

（三）机织物的基本组织

基本组织又称原组织，是机织物各种组织的基础，是指在一个组织循环中，完全经纱数与完全纬纱数相等，组织点飞数为常数，一个系统的每根纱线（经或纬）只与另一系统的纱线交织一次，也就是每一根经纱或纬纱上只具有一个经组织点，而其余的都是纬组织点；或者只具有一个纬组织点，而其余的都是经组织点。它包括平纹、斜纹和缎纹三种组织，这三种组织通常又称为三原组织。

1. 平纹组织

平纹组织是最简单的织物组织，也是使用最为广泛的一种原组织，它由两根经纱和两根纬纱组成一个完全组织循环，经纱和纬纱每隔一根纱线交织一次。

平纹组织的组织参数为：

（1）$R_j=R_w=2$。

（2）$S_j=R_w=1$。

平纹组织属于同面组织。常用分式来表示，其中分子表示经组织点，分母表示纬组织点。表达式为$\frac{1}{1}$，称为一上一下。

图3-8为平纹组织，其中图3-8（a）为平纹织物的组织图，图3-8（b）为平纹织物交织结构示意图，图3-8（c）为第1根纬纱的纬向剖面图，图3-8（d）为第1根经纱的经向剖面图。图中箭头所包括的部分表示一个组织循环，一、二和1、2分别表示经纱、纬纱的排列顺序。

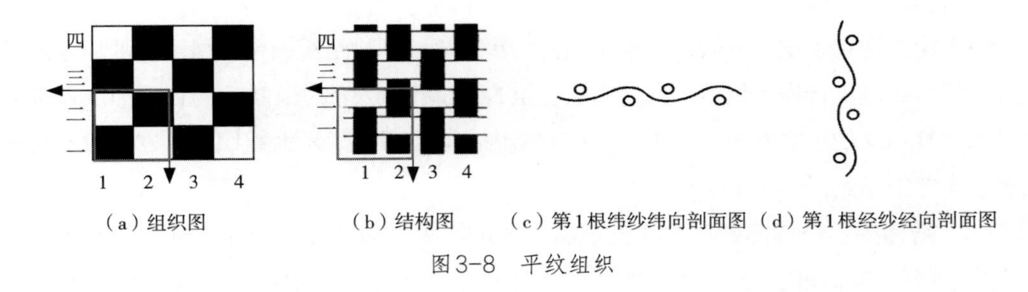

（a）组织图　（b）结构图　（c）第1根纬纱纬向剖面图　（d）第1根经纱经向剖面图

图3-8　平纹组织

平纹组织是所有机织物组织中交织次数最多的组织，因为经纬纱线每隔一根纱线就交织一次，交织点最多，纱线屈曲次数也最多，形成的织物断裂强力相对较大，织物坚牢、耐磨、手感较硬，但弹性较小，光泽较差。但由于经纬纱线交织次数多，纱线间不能相互挤紧，所以织物的透气性好。同时平纹组织是同面组织，织物正反面的外观效果相同，织物表面平坦，但花纹相对单调。

平纹组织纹理虽然很简单，但若改变织物的结构因素，也可以得到风格与特点相差很大的织物。例如，利用配置不同粗细经、纬纱的方法，就可以在平纹织物表面产生横向或纵向的凸条纹；利用织造时经、纬纱张力的变化和色彩搭配，也可使织物得到不同的延伸性和变色效果；利用不同捻向经、纬纱的相间排列，可以在织物表面形成若隐若现的隐条或隐格；利用经、纬纱强捻、弱捻的搭配及捻向的变化，可以在布面产生细小的凹凸皱纹；配置不同的经、纬纱羽排列密度，可以得到稀密相间的平纹布；利用不同颜色的纱线或不同结构的花式纱线进行搭配，则可以形成各种形式的色织物或有特殊装饰效果的平纹花式纱织物。例如，棉织物中的平布、府绸；毛类织物中的凡立丁、派力司、薄花呢；丝类织物中的电力纺、乔其纱、塔夫绸；麻类织物中的夏布、麻布等；化学纤维织物中的人造棉布、涤丝纺等。

2. 斜纹组织

斜纹组织最少要有三根经纱和三根纬纱才能构成一个完全组织。其特征是在织物表面呈现出由经浮长或纬浮长排列而构成的斜向织纹纹线，斜纹线的倾斜方向有左有右，分别称为左斜纹和右斜纹。当斜纹线由经纱浮点组成时，称为经面斜纹；由纬纱浮点组成时，则称为纬面斜纹。

斜纹组织的组织参数为：

（1）$R_j=R_w \geqslant 3$。

（2）$S_j=S_w=\pm 1$。

斜纹中的斜纹线与纬纱的夹角α为斜纹倾斜角，它随经纬纱粗细、密度的变化而变化，α大于45°时为急斜纹，α小于45°时为缓斜纹。斜纹纹理的清晰效果和经纬纱的捻向配置方式密切相关，当斜纹线的方向和纱线中倾斜的纤维轴相垂直时，斜纹线的纹理会更加清晰。

斜纹组织的分式表达与平纹组织相似，通常还会在斜纹分式右边加一个斜向的箭头表示斜纹线的方向。如图3-9所示，图3-9（a）为$\frac{1}{3}$↖，读作一上三下左斜纹；图3-9（b）为$\frac{3}{1}$↗，读作三上一下右斜纹。

（a）一上三下左斜纹

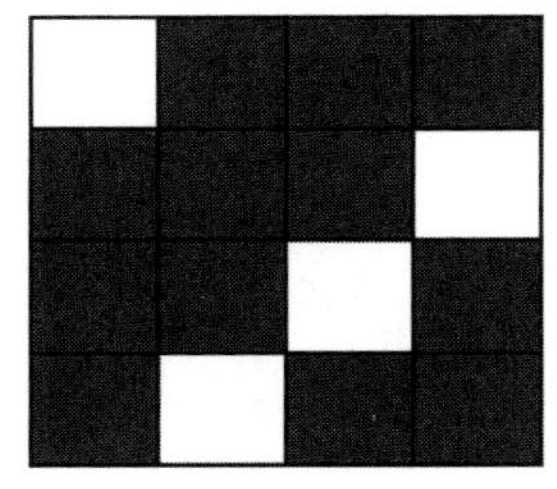

（b）三上一下右斜纹

图3-9 斜纹组织图

在斜纹组织织物中，经纬纱的交织次数比平纹组织少，因而可以增加单位长度织物中可排列的纱线根数，在其他条件相同的情况下，它应比平纹组织的织物更加紧密、厚实，并且有较好的光泽，手感较为松软，弹性较平纹好，但由于纱线浮线较长，因此，在纱线粗细、密度相同的条件下，它的耐磨性、坚牢度不及平纹织物。同理，采用不同的原料、纱线细度、捻度、捻向等均可产生不同风格效果的织物。例如，棉类织物中的斜纹布、卡其、牛仔布等，毛类织物中的哔叽、华达呢、啥味呢、制服呢等，丝类织物中的真丝斜纹绸、美丽绸等。

3. 缎纹组织

在三种原组织中，缎纹组织是最复杂的组织，其特点在于在一个完全组织中，经纱或纬纱在织物中形成一些单独的、互不相连的经组织点或纬组织点。所以在缎纹组织中，每一根经纱或纬纱上相邻两个单独浮点间的距离可以是最长的，因而缎纹组织的织物表面通常被有较长浮长的纱线所覆盖，这时浮长短的另一系统纱线便不容易在织物表面显现，所以缎纹组织的正反面有很明显的区别，一般是正面特别平滑并富有光泽，反面则比较粗糙，光泽也差。在织物单位长度内纱线根数相同的条件下，缎纹组织是原组织中组织点最少的组织，要相距好几根纱线才交织一次，所以手感最柔软，强度也最低。

缎纹组织的结构参数：

（1）$R \geqslant 5$（6除外）。

（2）$1 < S < R-1$，并在整个组织循环中始终保持不变。

（3）R与S必须互为质数，即R与S之间不能有公约数。

缎纹组织也有经面缎纹和纬面缎纹之分。缎纹组织的分式表达方法与平纹和斜纹不同，分子表示缎纹组织一个循环内的经纱数R_j（或纬纱数R_w）即枚数，分母表示组织点的飞数。如$\frac{5}{2}$，称为五枚二飞，表示这个缎纹组织在一个循环中，由5根经纱和5根纬纱组成，其飞数为2。由于缎纹组织有经面缎纹和纬面缎纹之分，一般情况下，经面缎纹组织用经向飞数来表示，纬面缎纹用纬向飞数来表示。如图3-10所示，为两种缎纹织物的组织图，其中图3-10（a）为五枚二飞经面缎纹，图3-10（b）为七枚三飞纬面缎纹。

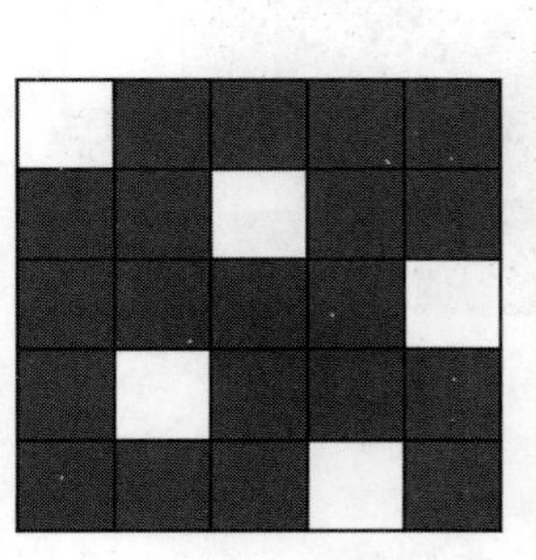

（a）五枚二飞经面缎纹

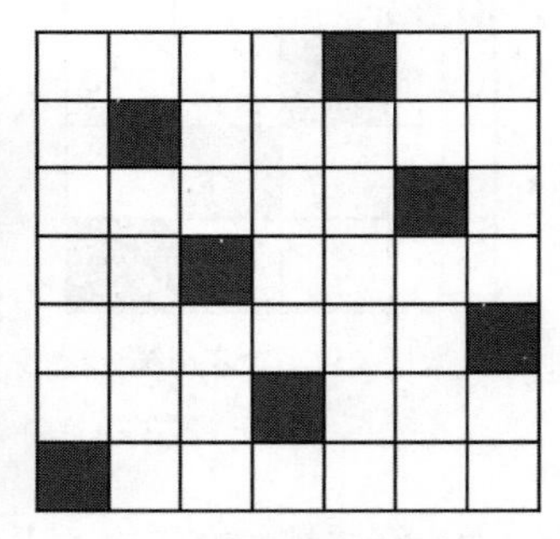

（b）七枚三飞纬面缎纹

图3-10　缎纹组织图

缎纹组织织物由于交织点相距较远，织物表面平滑，富有光泽，质地柔软，悬垂性较好，但耐磨性较差，坚牢度相对较差，易摩擦起毛、勾丝。如在其他条件不变时增大组织循环，织物就会因纱线浮长增加，而更加光滑柔软，但坚牢度降低；如为了突出缎纹的效果，经面缎纹可采取经密大于纬密的方式，纬面缎纹可采取纬密大于经密的方式等。有捻纱线与无捻纱线相比，光泽感比较差，如果把加捻引发的扭矩留存在纱线上，纱线又会变硬，因此若要使缎纹织物手感柔软且光泽明亮，经纬纱最好是采用无捻纱或弱捻纱。

缎纹组织应用也较多，棉、毛织物多用五枚缎纹，丝织物多用八枚缎纹。例如，棉织物中的横贡缎、直贡缎；毛织物中的礼服呢、直贡呢等；丝织物中的素绉缎、织锦缎、软缎等。

（四）机织物的变化组织

变化组织是在原组织的基础上，变更原组织的某个条件（如纱线循环数、浮长、飞数等）而派生的各种组织，主要有平纹变化组织、斜纹变化组织和缎纹变化组织。

1. 平纹变化组织

平纹变化组织是在平纹组织的基础上延长组织点，并扩大组织循环而形成的，主要有重平、方平，以及变化重平和变化方平等组织。

（1）重平组织：重平组织是以平纹为基础，沿着一个方向延长组织点（即连续同一种组织点）形成的。沿经纱方向延长组织点所形成的组织称经重平组织，沿纬纱方向延长组织点所形成的组织称纬重平组织。如图3-11所示，图3-11（a）为二上二下经重平组织，图3-11（b）为三上三下纬重平组织。由于平纹组织经（纬）向延长了组织点，致使织物表面呈现横凸（纵凸）条纹，这种组织常用于布边组织，服装面料中的麻纱就属于这种组织。

（2）变化重平组织：以平纹组织为基础，间隔地沿着经向或纬向延长组织点，并扩大组织循环，即可形成变化重平组织，如图3-12（a）所示为二上一下变化经重平组织，图3-12（b）为三上二下变化纬重平组织，其多为毛巾织物的地组织。

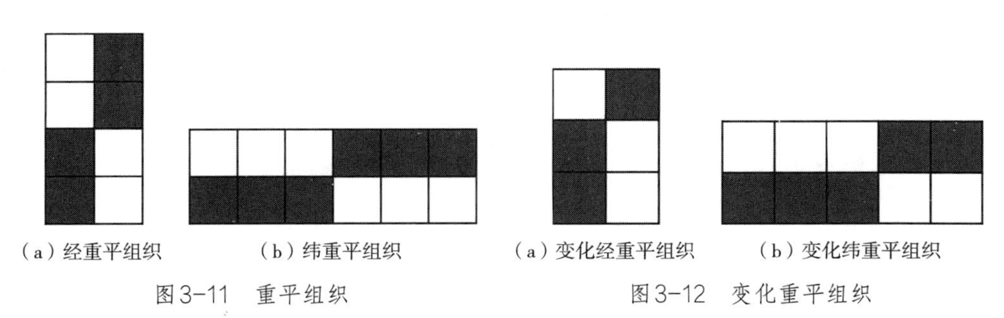

（a）经重平组织　（b）纬重平组织

图3-11　重平组织

（a）变化经重平组织　（b）变化纬重平组织

图3-12　变化重平组织

（3）方平组织：以平纹组织为基础，在平纹组织上沿着经纬方向同时延长其组织点，并把组织点填成小方块，即可形成方平组织，如图3-13（a）所示。也可以稍加变化得到变化方平组织，如图3-13（b）所示。这类组织织物外观平整、质地松软。在色织时，织物表面可呈现出色彩美丽、式样新颖的小方块花纹，

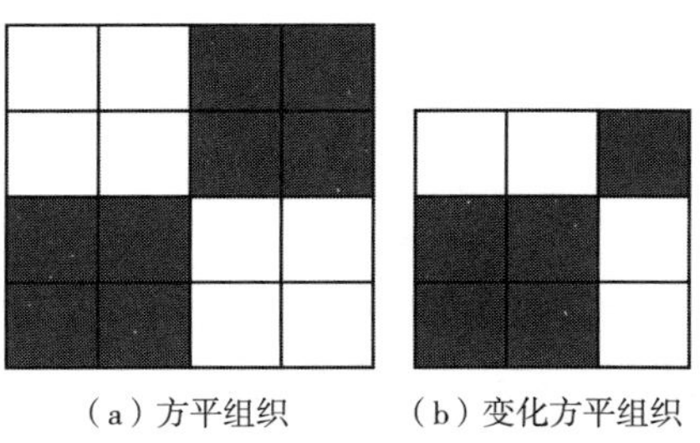

（a）方平组织　（b）变化方平组织

图3-13　方平组织

中厚花呢中的板司呢采用的就是方平组织。方平组织也常用作各种织物的边组织。

2. 斜纹变化组织

斜纹变化组织是在原组织的斜纹组织基础上，采用延长组织点浮长，改变组织点飞数的数值或方向（改变斜纹线的方向），或兼用几种变化方法，形成的多种多样的斜纹变化组织。

（1）加强斜纹组织：加强斜纹组织也叫重斜纹，它是最简单和最普通的斜纹变化组织。加强斜纹是在斜纹组织的组织点旁沿经向或纬向增加其组织点而形成的。其组织参数为：$R_j=R_w \geqslant 4$，飞数$S=\pm 1$。加强斜纹组织分经面、纬面和双面斜纹三种，其表达方式类同于斜纹，也用分式表达，分子表示一个完全组织中的经组织点数量，分母表示一个完全组织中的纬组织点数量，如图3-14所示为$\frac{3}{2}\nearrow$加强斜纹。

（2）复合斜纹组织：复合斜纹组织是由简单斜纹和加强斜纹复合而成的斜纹，在一个完全组织中具有两条或两条以上不同宽度的斜纹线。其参数为：$R_j=R_w \geqslant 5$，$S=\pm 1$。复合斜纹组织分经面、纬面和双面复合斜纹三种，如图3-15所示为$\frac{3\quad 2}{1\quad 1}\nearrow$复合斜纹，是由$\frac{3}{1}\nearrow$和$\frac{2}{1}\nearrow$复合而成的复合斜纹。

此外，还可以通过改变斜纹的斜纹线的角度、斜纹线的方向等形成斜纹变化组织，变化斜纹还有山形斜纹、破斜纹、角度斜纹、曲线斜纹、菱形斜纹、锯齿斜纹、芦席斜纹等斜纹变化组织，如图3-16、图3-17所示，这类组织常用于人字呢、大衣呢、女式呢等。

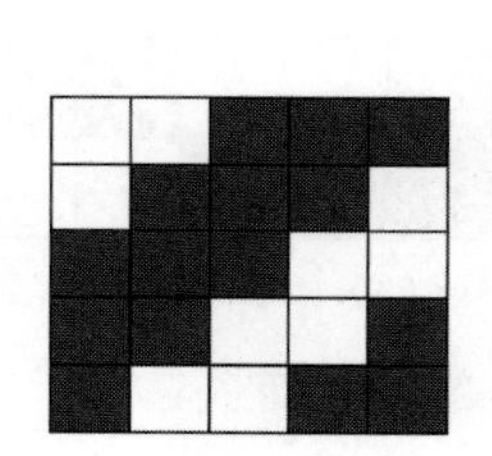

图3-14　加强斜纹组织

图3-15　复合斜纹组织

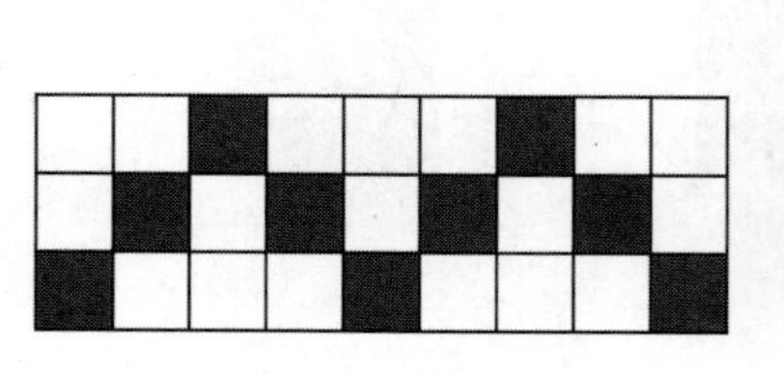

图3-16　山形斜纹组织

图3-17　破斜纹组织

3. 缎纹变化组织

在缎纹原组织的基础上，采用增加经（或纬）组织点，变化组织点飞数或延长组织点浮长的方法，即可得到各种缎纹变化组织。

（1）加强缎纹：以原组织的缎纹组织为基础，在其单个经（或纬）组织点四周添加单个或多个经（或纬）组织点形成加强缎纹，加强缎纹也叫加点缎纹。如图3-18所示，为在八枚三飞纬面缎纹基础上，增加组织点形成的加强缎纹。加强缎纹织物仍是缎纹组织外观，但由于交织点增多，浮长线缩短，从而提高了织物的坚牢度。织物若采用较大的经密，可以得到正面呈斜纹，反面呈缎纹的外观，如缎背华达呢、驼丝锦等。

（2）变则缎纹：原组织中飞数不变的缎纹组织称为正则缎纹；飞数为变数（即有两个以上的飞数），但仍保持缎纹外观的缎纹组织称为变则缎纹。这就可以不受$R \geqslant 5$（6除外）等限制条件，但在配置组织点时要均匀分布，避免出现斜条。如图3-19所示，为六枚变则缎纹，其纬向飞数依次为2、2、3、2、2，得到的外观仍是缎纹的变则缎纹。

图3-18　加强缎纹

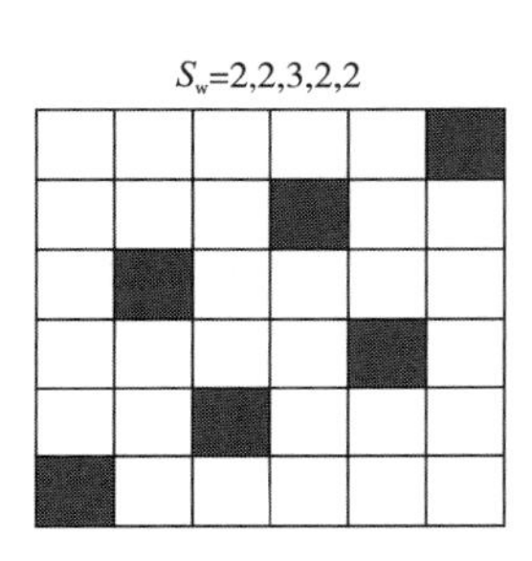

图3-19　变则缎纹

（五）机织物的联合组织

机织物的联合组织是由两种或两种以上的组织（原组织或变化组织）用不同的方法联合而成的一种新组织。其联合方式多种多样，可由两种组织简单联合，也可以在一种组织上按照另一组织的规律增减组织点，或两种组织纱线的交互排列等。不同的联合方式，可获得多种不同的联合组织，其外观效果也各具特色。

1. 条格组织

条格组织是用两种或两种以上的组织沿织物的纵向（构成纵条纹）或横向（构成横条纹）并列配置而成，能使织物表面呈现清晰的条纹或格子外观。纵条纹组织在棉、毛、丝织物中应用较多。把纵条纹和横条纹结合起来就构成了格子组织。如图3-20所示，是将$\frac{1}{\quad 2}$斜纹和$\frac{2}{\quad 1}$斜纹联合构成的纵条纹组织和格组织。

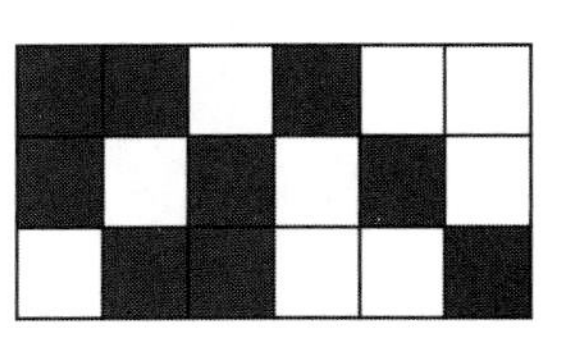

（a）纵条纹组织

（b）格组织

图3-20　条格组织

2. 绉组织

绉组织是使织物表面形成绉效应的织物组织。它是利用织物组织中不同长度的经、纬浮长（一般不超过3），沿纵横方向随机地交错排列，结构较松的长浮点分布在结构较紧的短浮点之间，在织物表面形成分散性的细小颗粒花纹，形成起绉效应。如果采用强捻纱线织制，可加强织物起绉的效果。图3-21是以$\frac{3\ \ 1}{2\ \ 2}\nearrow$复合斜纹为基础组织，采用的经纱排列顺序为1、7、3、5、2、4、8、6绘制而成的绉组织。

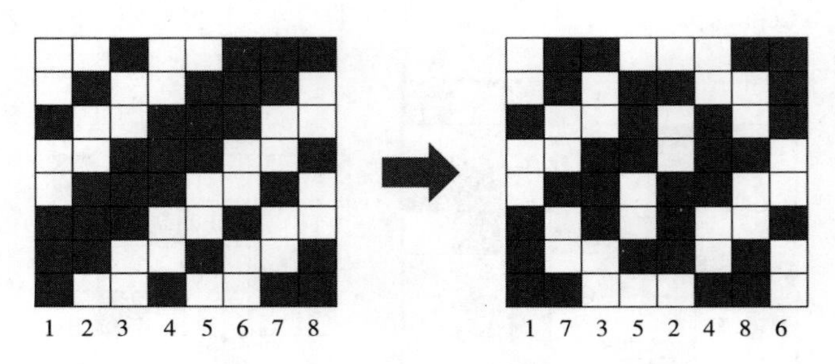

图3-21　绉组织

3. 透孔组织

透孔组织织物表面具有均匀分布的小孔，透孔组织与复杂组织中的纱罗组织类似，又称“假纱罗组织”或“模纱组织”。由于经纬线浮长的不同，在交织作用下，经（纬）线会相互靠拢，集合成束，在束与束之间形成均匀分布的小孔，从而形成透孔组织。因为透孔组织织物表面具有均匀分布的小孔，所以其适用于夏令服装及装饰品。如图3-22所示，第1、3、4、6根经纱和纬纱均为交织点多的平纹组织，夹在中间的第2、5根经纱和纬纱均为浮长较长的$\frac{3}{3}$经重平组织，这样的配置使第3、4两根经（纬）纱及第1、6两根经（或纬）纱之间彼此分开，从而使1、2、3三根纱线和4、5、6三根纱线分别集拢成束，因此在第3、4根纱线和第1、6根纱线之间均形成小孔。

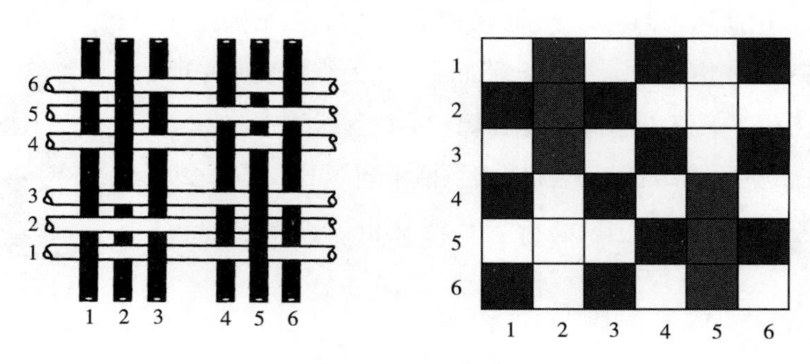

图3-22　透孔组织

4. 凸条组织

凸条组织以一定的方式使织物外观具有经向的、纬向的或倾斜的凸条效应，又称灯芯组织。凸条表面呈现平纹或斜纹组织，凸条之间有细的凹槽。图3-23是以$\frac{4}{4}$纬重平为基础组织，以平纹为固结组织，排列比为1∶1构成的纵凸条组织。

5. 蜂巢组织

蜂巢组织织物表面为边凸中凹的方形格，形似蜂巢。简单的蜂巢组织是以菱形为基础变化而成。蜂巢组织织物质地稀松、手感柔软、美观、保暖，有较强的吸水性。图3-24是以$\frac{1}{5}$斜纹形成的菱形斜纹为基础变化而得到的蜂巢组织。

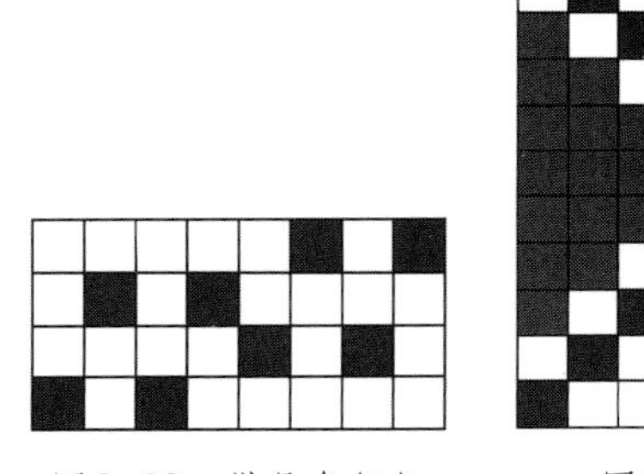

图3-23　纵凸条组织　　图3-24　蜂巢组织

（六）机织物的复杂组织

复杂组织是由一组经纱与两组纬纱或两组经纱和一组纬纱构成，或由两组及两组以上经纱与两组及两组以上纬纱构成。常见的复杂组织有重组织、双层组织、起毛组织、毛巾组织和纱罗组织等。

这类织物结构能增加织物的厚度，提高织物的耐磨性，且使织物表面致密；还能改善织物的透气性而结构稳定，赋予织物一些简单组织织物无法表达的性能和外观。

二、服装用针织物结构

针织是将横向或纵向配置的纱线弯曲成环状（线圈）并使之相互串套，从而形成织物的一种编织方法。根据工艺特点的不同，针织物又可分为纬编针织物和经编针织物。

1. 纬编针织物

纬编针织物是由一根（或几根）纱线在针织物的纬向弯曲成圈，并由线圈依次串套而成的织物，如图3-25所示。

2. 经编针织物

经编针织物是由一组或几组平行排列的纱线同时沿织物经向顺序成圈并相互串套联结而成的织物，如图3-26所示。

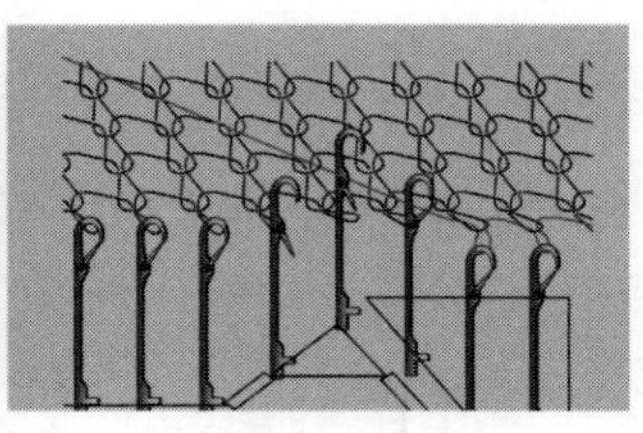

图3-25 纬编针织物

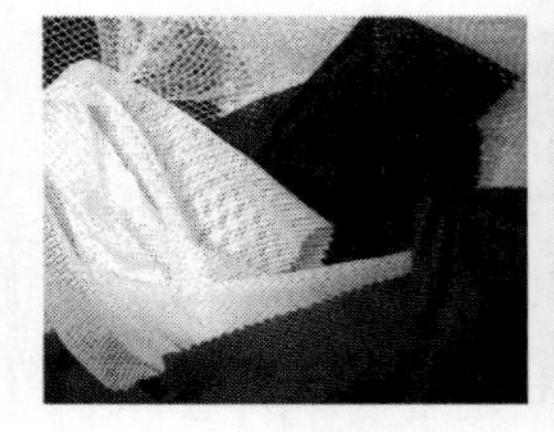
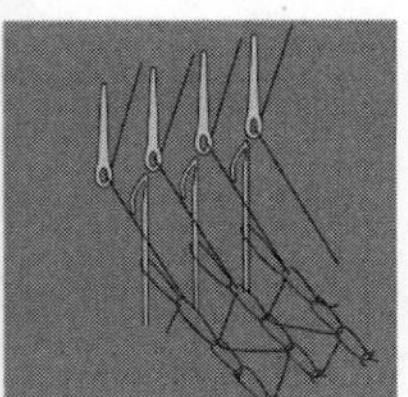

图3-26 经编针织物

（一）针织物的形成

1. 针织物的成形机构

利用织针把纱线编织成针织物的机器称为针织机。针织机可按工艺类别分为纬编机和经编机。针织机主要有给纱（纬编）或送经（经编）机构、编织机构、针床或梳栉横移机构（横机或经编机）、牵拉卷取机构、传动机构和辅助装置等组成。

（1）给纱或送经机构：给纱或送经机构的作用是将纱线从筒子（或经轴）上退绕下来并输送给编织区域。

（2）编织机构：编织机构的作用是通过成圈机件的工作将纱线编织成针织物。

（3）针床横移机构：针床横移机构的作用是将横机的一个针床相对于另一个针床进行一定针距的横移，以进行线圈转移编织等。

（4）梳栉横移机构：梳栉横移机构的作用是控制经编机的导纱针在针前和针后垫纱。

（5）牵拉卷取机构：牵拉卷取机构的作用是把刚形成的织物从成圈区域中引出后，绕成一定形状的卷装。

（6）传动机构：传动机构的作用是将动力传到针织机的主轴，再由主轴传至各部分，使其协调工作。

（7）辅助装置：辅助装置是为了保证编织正常进行而附加的，包括自动加油装置，除尘装置，断纱、破洞、坏针检测自停装置等。

2. 针织物的成圈过程

针织物是通过织针将纱线弯曲成环状（线圈）并使之相互串套而形成的织物，无论是纬编针织物还是经编针织物，其成圈原理是相同的，线圈的成圈过程如图3-27所示。

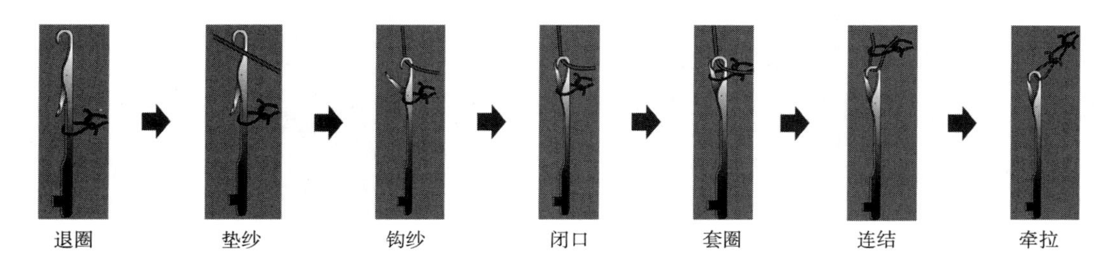

图3-27 针织物线圈的成圈过程

（1）退圈：为了编织新的线圈横行，旧线必须从针钩中移到针杆上，为垫放新的纱线作好准备。当推动机头时，在机头三角的作用下，织针向前移动，旧线圈由于牵拉力的作用，由针钩移向针舌，并启开针舌，使针舌处于后面的针杆上，针舌从低位置上升至最高点，完成退圈。

（2）垫纱：当织针完成退圈后，开始后退，在导纱器的配合下，将新纱线引置于针舌上，这一过程称为垫线。

（3）钩纱：织针继续下降，新的纱线将逐渐移到针钩下，旧线圈也因针杆的移动而向前移动，完成钩纱（或带纱）。

（4）闭口：织针在弯纱三角的作用下继续下降，旧线圈向针钩方向移动，迫使针舌绕轴心回转而关闭针钩，这一过程称为闭口。

（5）套圈：针舌关闭针钩后，由于弯纱三角的作用，织针继续下降，使旧线圈套到关闭的针舌上，并沿着关闭了的针舌移动，这个过程称为套圈。

（6）连结：织针继续下降，旧线圈从关闭的针舌上开始滑下，并与针钩内的新纱线接触，使新纱线与旧线圈相连，这一过程称为连结。

（7）牵拉：为了使成圈后的线圈得以张紧，不致脱出针钩，以便进行下一横列的编织成圈工作，必须将旧线圈拉向针背，以免当织针前进时旧线圈又重新套在针钩上，这一过程称为牵拉。

（二）针织物的组织参数

在针织物中，线圈是组成针织物的基本结构单元，其几何形态呈三维弯曲的空间曲线。在纬编针织物中，线圈由图3-28（a）中的圈干1—2—3—4—5和沉降弧$\overset{\frown}{567}$组成，圈干包括直线部段的圈柱1—2、4—5和针编弧$\overset{\frown}{234}$。在经编针织物中，线圈由图3-28（b）中的圈干1—2—3—4—5和延展线5—6组成。

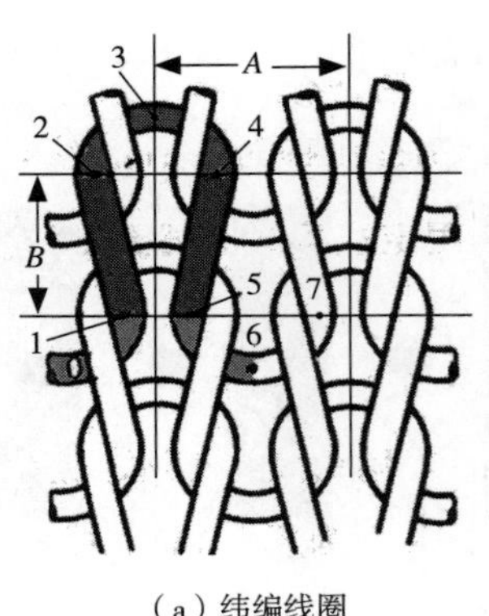

(a)纬编线圈

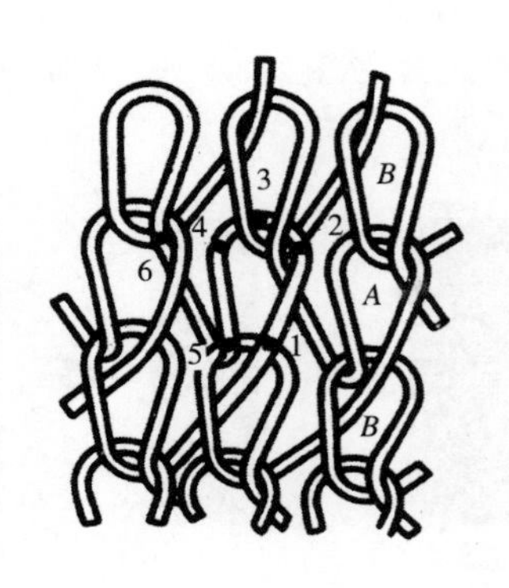

(b)经编线圈

图3-28　线圈结构图

1. 针织物的组织参数

(1)线圈横列和纵行：在针织物中，线圈沿织物横向组成的一行称为线圈横列，沿纵向相互串套而成的一列称为线圈纵行。纬编针织物的一个线圈横列一般由一根或几根纱线构成，而经编针织物的一个线圈横列一般由一组或几组平行排列的经纱构成。每一线圈纵行一般由同一枚织针编织而成。

(2)线圈的圈距和圈高：在线圈横列方向上，两个相邻线圈对应点间的距离称为圈距，一般以A来表示；在线圈纵行方向上两个相邻线圈对应点间的距离称为圈高，一般以B来表示，如图3-28(a)所示。

(3)正面线圈和反面线圈：凡线圈圈柱覆盖在前一线圈圈弧之上的一面，称为正面线圈；而圈弧覆盖在圈柱之上的一面，称为反面线圈。

(4)针织物的开口线圈和闭口线圈：线圈的两根延展线在线圈的基部交叉和重叠的为开口线圈，如图3-28(a)所示；反之为闭口线圈，如图3-28(b)所示。

(5)针织物的正反面：针织物根据编织时针织机采用的针床数量可分为单面针织物和双面针织物。单面针织物采用一个针床编织而成，特点是针织物的一面全部为正面线圈，而另一面全部为反面线圈，织物两面具有显著不同的外观。双面针织物采用两个针床编织而成，其特点是针织物的任何一面都显示有正面线圈。

2. 针织物组织的表示方法

(1)线圈结构图：线圈在织物内的形态用图形来表示，可根据需要表示织物的正面或反面。如图3-29所示，表示某一单面织物的线圈图。从线圈图中，可清晰地看出针织物结构单元在织物内的连结与分布，有利于研究针织物的性质和编织方法。线圈图因绘制比较困难，仅适用于较为简单的织物组织。

（2）意匠图：意匠图是把针织结构单元组合的规律，用规定的符号在小方格纸上表示的一种图形。每一方格行和列分别代表织物的一个横列和一个纵行。根据表示对象的不同，常用的有结构意匠图和花型意匠图。

①结构意匠图：它是将针织物的基本结构单元成圈、集圈、浮线，用规定的符号在小方格纸上表示。一般用符号“×”表示正面线圈，符号“○”表示反面线圈，如图3-30所示为纬平针结构的意匠图。

②花型意匠图：它被用来表示提花织物正面（提花这一面）的花型与图案。每一方格均代表一个线圈，方格内符号的不同仅表示不同颜色的线圈。如图3-31所示为某一三色提花织物的花型意匠图，其中“×”代表红色线圈，“○”代表蓝色线圈，“□”代表白色线圈。

（3）编织图：编织图是将针织物的横断面形态，按编织的顺序和织针的工作情况，用图形表示的一种方法。其中每一根竖线代表一枚织针。如果有高低踵两种织针，可分别用长短线表示。图3-32（a）表示纬平针组织的编织图，图3-22（b）表示1+1罗纹组织的编织图。编织图不仅表示了每一格针的结构单元，而且显示了织针的配置与排列。

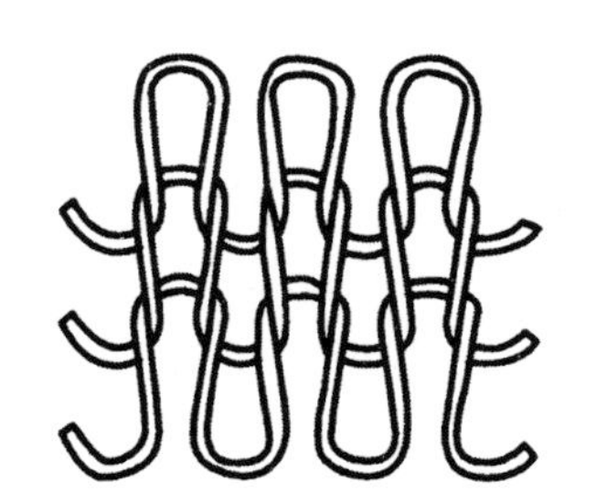

图3-29　纬平针线圈结构图

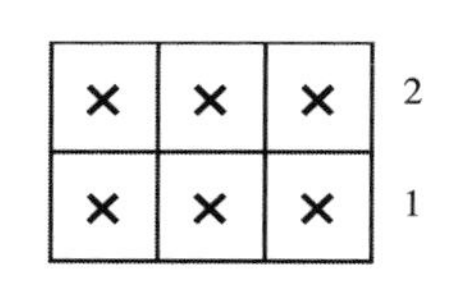

图3-30　纬平针结构意匠图

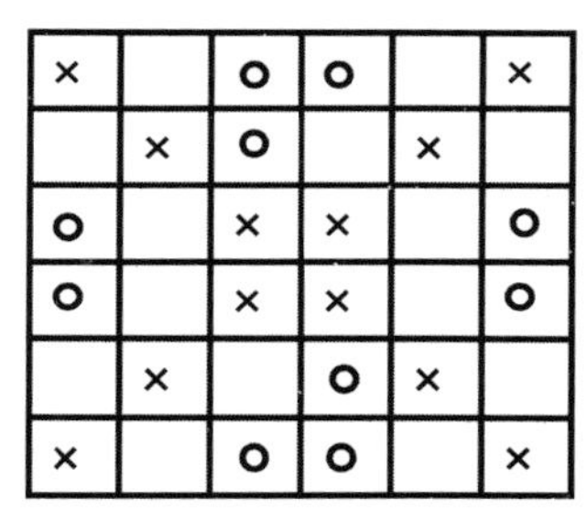

图3-31　花型意匠图

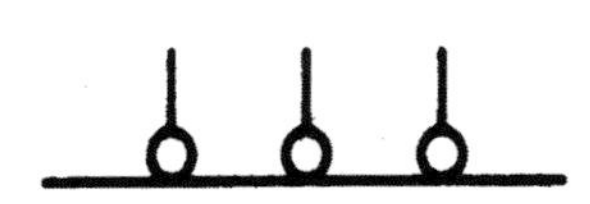

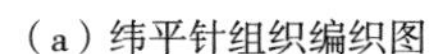

（a）纬平针组织编织图

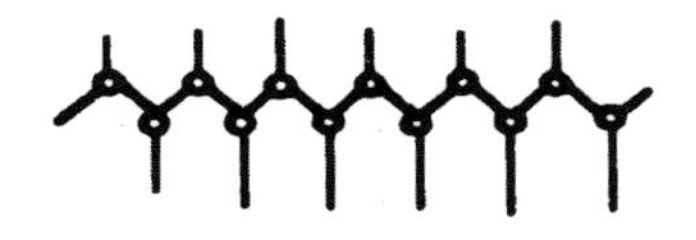

（b）1+1罗纹组织编织图

图3-32　编织图

（4）垫纱运动图：垫纱运动图是表示经编针织物导纱针上的纱线移动的运动图，是在点纹纸上根据导纱针的垫纱运动规律自下而上逐个横列画出其垫纱运动轨迹。如图3-33所示，图3-33（a）是线圈结构图，图3-33（b）是对应的垫纱运动图。图中横向的“点行”表示经编针织物的线圈横列。纵向“点列”表示经编针织物的线圈纵行。每一个点表示编织某一横列时一个针头的投影。点的上方相当于针钩前方，点的下方相当于针背后。

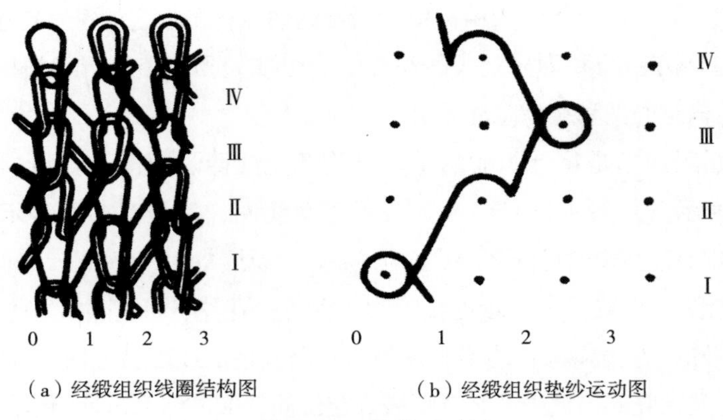

（a）经缎组织线圈结构图　（b）经缎组织垫纱运动图

图3-33　垫纱运动图

（三）针织物的基本组织

针织物按组织一般可分为原组织、变化组织、花色组织三类。原组织又称基本组织，它是所有针织物组织的基础。

1. 纬编针织物的基本组织

（1）纬平针组织：纬平针组织又称平针组织，是纬编针织物中最简单、最常用的单面组织。纬平组织由连续的单元线圈相互串套而成，其织物同一面上每个线圈的大小、形状、结构完全相同。纬平针组织的线圈结构如图3-29所示，纬平针组织的结构意匠图如图3-30所示，纬平针组织的编织图如图3-32（a）所示。

由于线圈在配置上的定向性，纬平针织物的两面具有不同的几何形态，织物正面每一个线圈具有两根与线圈纵行配置成一定角度的圈柱，反面每一个线圈具有与线圈横列同向配置的圈弧。由于圈弧比圈柱对光线有较大的漫反射作用，所以正面均匀平坦，光泽较好，而反面粗糙，光泽较暗。

当纬平针织物纵向或横向受到拉伸时，线圈形态会发生变化，圈弧与圈柱会互相转移，所以织物纵向和横向的伸长能力都很大。在自由状态下，线圈常发生歪斜现象，而且其边缘具有显著的卷边现象，不利于服装的裁剪与加工。纬平针织物还有明显的脱散性，因此在服装加工时需要缝边和拷边。纬平针织物纵向断裂强力比横向大，质地较薄，透气性能好。所以纬平针织物广泛用于毛衫、袜子、手套、内衣、运动服和人造革底布等。

（2）罗纹组织：罗纹组织是双面纬编针织物的基本组织，由正面线圈纵行和反面线圈纵行以一定的组合相间配置而成。根据正反面线圈纵行数的不同配置，罗纹组织可采用“1+1”“2+2”等形式表示，“+”前面的数字表示正面线圈纵行数，“+”后面的数字表示反面线圈纵行数。图3-34为1+1罗纹组织的正面线圈纵行与反面线圈纵行相间排列的线圈结构图和结构意匠图。图3-34（a）是自然状态的线圈结构，图3-34（b）是横向拉伸状态的线圈结构。罗纹组织的一个完全组织（最小循环单元）包含一个正面线圈和一个反面线圈。罗纹组织的种类很多，取决于正反面线圈纵行数不同的配置。

罗纹组织的每一横列由一根纱线编织，既编织正面线圈又编织反面线圈，由于正、反面线圈不在同一平面内，使连接正面线圈和反面线圈的沉降弧有较大的弯曲和扭转，而纱线的弹性又使沉降弧力图伸直，结果同一面的线圈纵行互相靠近，在自由状态下，织物的正、反面都呈现正面线圈的外观。

罗纹组织是弹性组织，在织物横向受拉伸时，有较大的延伸性和弹性，且密度越大弹性越好。另外，由于罗纹组织的反面线圈隐藏在正面线圈的后面，所以罗纹织物较厚，保暖性能较好。罗纹组织常用于服装中需要有一定弹性的部位和紧身服装，比如领口、袖口、底边、裤脚和袜口及弹力衫、紧身衫裤和运动衣等。罗纹组织在反复拉伸力的作用下会产生塑性变形，线圈结构呈现横向拉伸状态而无法回复到自由状态，表现为领口、袖口及底边的松懈变形。

（3）双反面组织：双反面组织也是双面纬编针织物的基本组织，由正面线圈横列与反面线圈横列交替配置而成，图3-35为1＋1双反面组织的线圈结构图和结构意匠图。双反

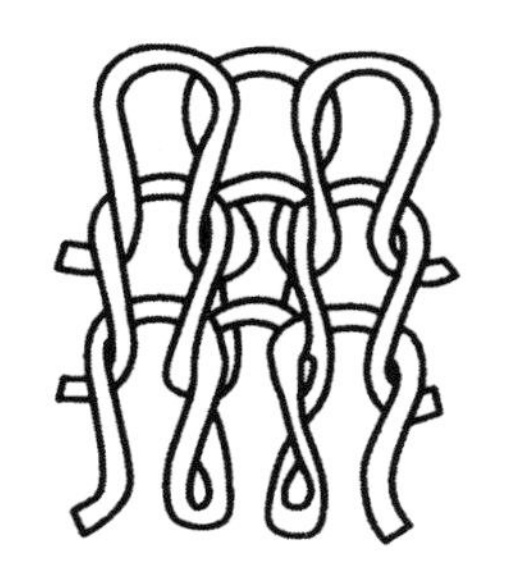

（a）自然状态的线圈结构

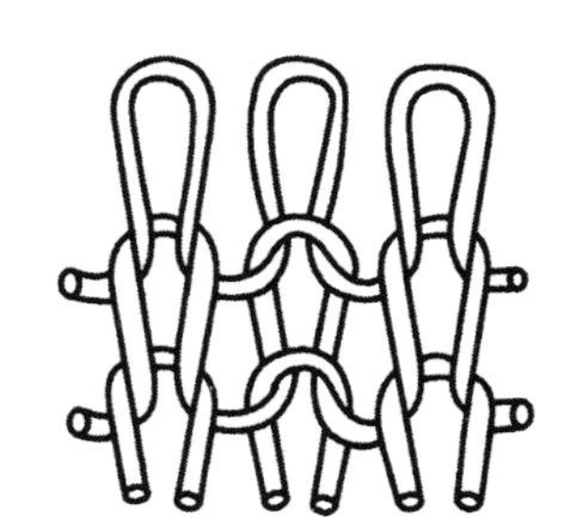

（b）横向拉伸状态的线圈结构

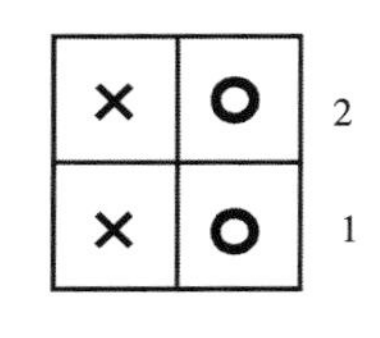

（c）结构意匠图

图3-34 1+1罗纹组织

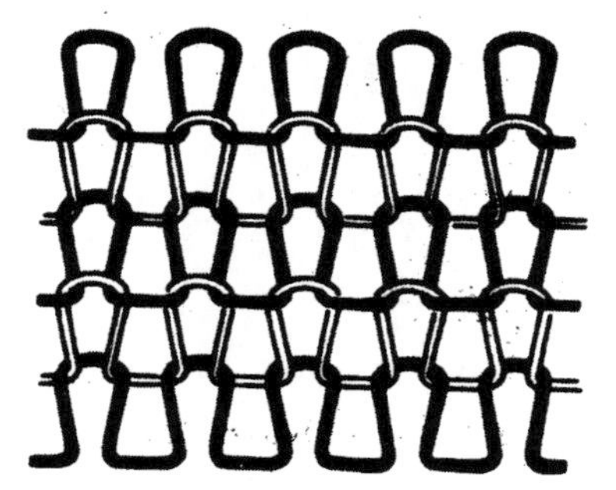

（a）线圈结构图

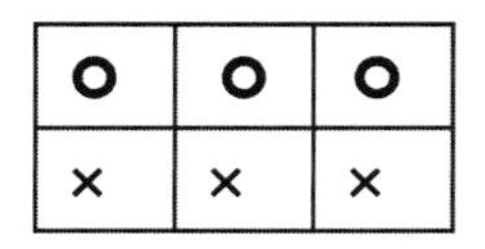

（b）结构意匠图

图3-35 双反面组织

面组织由于弯曲纱线弹性力的关系导致线圈倾斜，使织物的两面都由线圈的圈弧凸出在前，圈柱凹陷在里，因而当织物不受外力作用时，在织物正反两面看上去都像纬平针组织的反面，故称双反面组织。

在1+1双反面组织的基础上，可以产生不同的结构与花色效果。例如，不同正反面线圈横列数的相互交替配置可以形成2 + 2，3 + 3，2 + 3等双反面结构。又如，按照花纹要求，在织物表面混合配置正反面线圈区域，可形成凹凸花纹。

双反面组织由于圈柱面的倾斜，使织物纵向缩短，增加了织物的纵密和厚度，织物纵向有较大的延伸性和弹性。双反面织物手感厚实，保暖性好，若将正反面线圈以不同的组合配置，还可以在表面形成各种凹凸花纹。双反面针织物适宜制作婴儿服装、羊毛衫、手套等。

2. 经编针织物的基本组织

（1）编链组织：每根经纱始终绕同一枚织针垫纱成圈，形成一根连续的线圈链，分开口编链和闭口编链两类。如图3-36（a）所示为闭口编链的线圈结构图和垫纱运动图，图3-36（b）为开口编链的线圈结构图和垫纱运动图。

编链组织的每根经纱单独形成一个线圈纵行，各线圈纵行之间没有联系，若有其他纱线连接时，可作为孔眼织物和衬纬织物的基础。编链组织结构紧密，纵向延伸性小，具有逆编织方向的脱散性，不易卷边。一般将编链组织与其他组织复合织成针织物，可以限制织物的纵向延伸性和提高织物的尺寸稳定性，编链组织织物多用于外衣和衬衫类。

（2）经平组织：经平组织是一种由每根纱线顺序地在相邻二枚织针上形成线圈的经编组织，同一根纱线所形成的线圈交替排列在相邻两个纵行线圈中。如图3-37所示，为经平组织的线圈结构图与垫纱运动图。

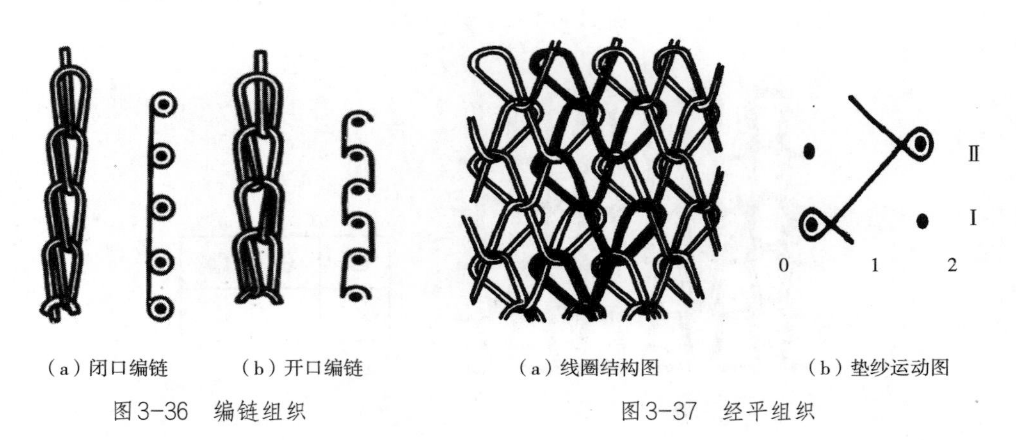

（a）闭口编链　（b）开口编链

图3-36　编链组织

（a）线圈结构图　（b）垫纱运动图

图3-37　经平组织

经平针织物的正、反面都呈现菱形的网眼，由于线圈呈倾斜状态，织物纵、横向都具有一定的延伸性，平衡时线圈垂直位于针织物的平面内，因此织物的正反面外观相似。经平组织当一个线圈断裂时，并受到横向拉伸时，则由断纱处开始，线圈沿纵行在逆编结方向相继脱散，而使坯布沿此纵行分成两片。经平针织物适用于夏季T恤、衬衫和内衣。

（3）经缎组织：经缎组织是一种由每根纱线顺序地在三枚或三枚以上相邻织针上形成线圈的经编组织。编织时，每根经纱先以一个方向有序地移动若干针距，然后顺序地在返回原位过程中移动若干针距，如此循环编织。图3-33为三枚经缎组织的线圈结构图和垫纱运动图。

经缎组织一般在垫纱转向时采用闭口线圈，而在中间的则为开口线圈。转向线圈由于延展线在一侧，所以呈倾斜状态。而中间的线圈在两侧有延展线，线圈倾斜较小，线圈形态接近于纬平组织，因此其卷边性及其他性能类似于纬平组织。经缎组织中，因不同倾斜方向的线圈横列对光线的反射不同，所以织物表面会形成横向条纹。当有个别线圈断裂时，坯布在横向拉伸下，虽会沿纵行在逆编结方向脱散，但不会分成两片。

（四）针织物的变化组织

针织物的变化组织是在一个基本组织的相邻线圈纵行间，配置另一个或另几个基本组织的线圈纵行形成的。

1. 双罗纹组织

双罗纹组织又称棉毛组织，由两个罗纹组织交叉复合而成，在一个罗纹组织的线圈纵行之间配置另一个罗纹组纱线圈纵行，线圈的反面被互相覆盖，如图3-38所示。双罗纹织物的正反面都具有纬平针织物的正面形态，呈现纵向条纹，光洁度好。

图3-38 双罗纹组织

双罗纹组织针织物是由两个受拉伸的罗纹组织组合而成的，因此，在未充满系数和线圈纵行的配合与罗纹组织相同的条件下，延伸性和弹性比罗纹组织小。双罗纹组织、针织物厚实，线圈结构紧密，保暖性好，光洁美观，适用于棉毛衫裤、冬季内衣、紧身健美服和运服装。

2. 变化经平组织

（1）经绒组织：经绒组织是经平组织的变化组织，是由两个经平组织组合而成。一个经平组织的纵行配置在另一个经平组织的纵行之间，一个经平组织的纵行延展线与另一个经平组织的线圈在反面相互交叉，每根经纱轮流地在相隔两枚织针的织针上垫纱成圈。如图3-39所示为三针经绒组织。

（2）经斜组织：经斜组织是由三个经平组织组合而成的，每根经纱轮流地在相隔3枚织针的织针上垫纱成圈。如图3-40所示为四针经斜组织。

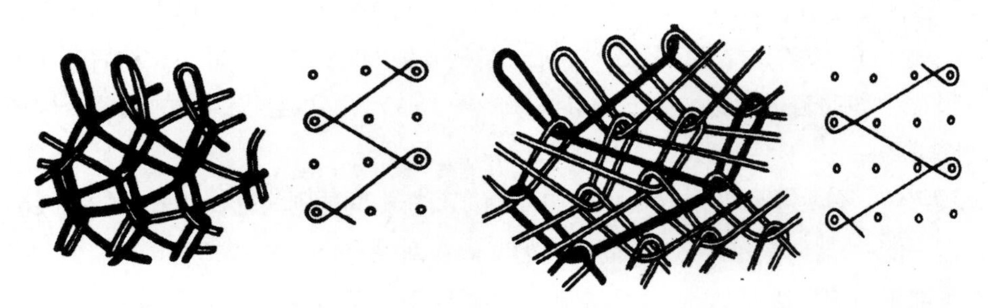

图3-39　三针经绒组织　　　图3-40　四针经斜组织

经绒组织和经斜组织都是变化经平组织，这两种变化组织的特点是延展线较长，所以织物的横向延伸性较小。由于变化经平组织至少由两个经平组织组成，其线圈纵行相互挤住，所以线圈转向与坯布平面垂直的趋势亦较小。其卷边性类似于纬平针组织。另外，在有线圈断裂而发生沿线圈纵行的逆编织方向脱散时，由于此纵行后有另一经平组织的延展线，所以不会分成两片。

3. 变化经缎组织

变化经缎组织由两个或两个以上经缎组织组成，其纵行相间配置的组织称为变化经缎组织。该组织由于针背垫纱针数较多，所以能改变延展线的倾斜角，形成的织物比经缎组织要厚。在双梳栉两隔两空穿形成网眼时，常采用变化经缎组织。

（五）针织物的花色组织

花色组织是以基本组织或变化组织为基础，利用线圈结构的改变，或另外编入一些辅助纱线和其他纺织原料而成。

1. 集圈组织

集圈组织是一种在针织物的某些线圈上，除套有一个封闭的旧线圈外，还有一个或几个悬弧的花色组织，其结构单元由线圈与悬弧组成，如图3-41（a）所示。集圈组织根据集圈针数的多少，可分为单针集圈、双针集圈和三针集圈。根据封闭线圈上悬弧的多少又可分为单列、双列及三列集圈等。集圈次数越多，旧线圈承受的张力越大，因此容易造成断纱和针钩的损坏。集圈组织的花色变化较多，利用集圈的排列和使用不同色彩与性能的纱线，可有图案、闪色、孔眼及凹凸等效果的织物，使织物具有不同的性能与外观。集圈组织的脱散性较平针组织小，但容易抽丝。由于集圈组织的后面有悬弧，故其厚度较平针和罗纹组织大，横向延伸较平针和罗纹小，强力较平针组织和罗纹组织小。集圈组织主要用于羊毛衫、T恤衫及吸湿快干功能性服装。

2. 提花组织

提花组织是将纱线按花纹要求，在某些织针上编织成圈，而在未垫放纱线的织针上不成圈，纱线呈浮线状浮在这些不参加编织的织针后面所形成的一种花色组织，如图3-41（b）所示。其结构单元由线圈和浮线组成。提花组织中存在浮线，延伸性较小，容易抽丝，由于线圈纵行和横列是由几根纱线组成，所以提花组织不易脱散，但织物较厚，每平方米重量较大。提花组织一般需几个编织系统才能编织一个提花线圈横列，生产效率较低。因其花纹图案及多种纱线交织的特点，故可用作T恤衫、羊毛衫等外穿服装材料。

3. 毛圈组织

毛圈组织是由平针线圈和带有拉长沉降弧的毛圈线圈组合而成的花色组织。如图3-41（c）所示，毛圈组织一般由两根纱线编织而成，一根编织地组织线圈，另一根编织带有毛圈的线圈。毛圈组织加入了毛圈纱线，织物较紧密，但毛圈易抽拉，影响织物的外观。毛圈组织具有良好的保暖性与吸湿性，产品柔软、厚实，可用于睡衣、浴衣及休闲服装等。

4. 移圈组织

在编织过程中，通过转移线圈部段形成的织物称为移圈织物，如图3-41（d）所示。在编织过程中转移线圈针编弧部段的组织称为纱罗组织，而在编织过程中转移线圈沉降弧部段的组织称为菠萝组织。利用地组织的种类和移圈方式的不同，可在针织物表面形成各种花纹图案。移圈组织可以形成孔眼、凹凸、纵行扭曲等效果，从而形成所需的花纹图案。移圈组织的透气性较好，主要用于羊毛衫、女装内衣等。

（a）集圈组织

（b）提花组织

（c）毛圈组织

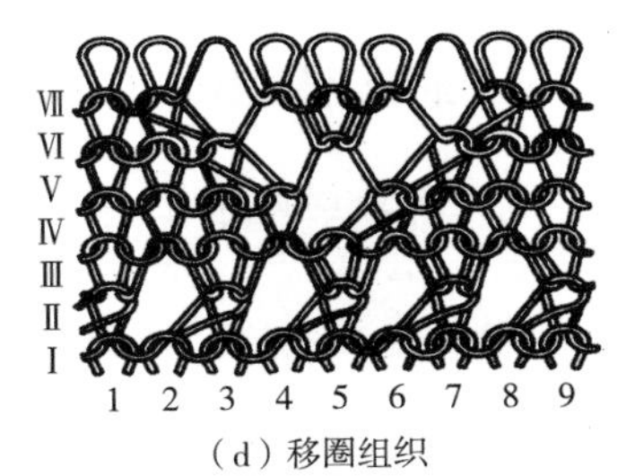

（d）移圈组织

图3-41　花色组织

（六）针织物的复合组织

复合组织是由两种或两种以上纬编组织复合而成的。它可以由不同的基本组织、变化组织和花色组织复合而成，并根据各种组织的特性复合成所需要的组织结构。

1. 双层组织

双层组织是指针织物的正反面两层分别为平针组织，中间采用集圈线圈作连接线。

2. 空气层组织

空气层组织是指在罗纹或双罗纹组织的基础上，每隔一定横列数，织以平针组织的夹层结构。

3. 点纹组织

点纹组织是由不完全罗纹组织与平针组织复合而成的。

三、服装用非织造织物的结构

非织造织物，又称非织造布，过去曾称无纺布、不织布、无纺织物、非织物等，是一种在生产方法、结构上明显有别于传统的机织物、针织物等的纺织制品。它是不经过传统的纺纱、机织或针织的工艺过程，而是由纤维层构成，这些纤维相互呈杂乱状态或定向铺置，再经过机械或化学方法加固，而形成的纺织品。

（一）非织造织物的分类

1. 按纤维原料和类型分类

非织造织物按纤维原料可分为单一纤维品种的纯纺非织造织物和多种纤维混纺的非织造织物。按纤维类型可分为天然纤维非织造织物和化学纤维非织造织物。在非织造织物的生产中，其纤维原料的选择是一个至关重要而又非常复杂的问题，涉及最终产品用途、成本和可加工性等因素。

2. 按产品厚度分类

非织造织物按产品厚度可分为厚型非织造织物和薄型非织造织物（有时也细分为厚型、中型和薄型三种）。非织造织物的厚薄直接影响其产品性能和外观质量，不同品种和用途的非织造织物的厚度差异较大。

3. 按耐久性或使用寿命分类

非织造织物按耐久性或使用寿命可分为耐久型非织造织物和用即弃型非织造织物（使用一次或数次就抛弃的）。耐久型的非织造织物产品要求维持一段相对较长的重复使用时间，如服装衬里、地毯等；用即弃型非织造织物多见于医疗卫生用品。

4. 按用途分类

（1）医用及卫生保健类非织造织物：医用非织造织物包括手术服、手术帽、口罩、包扎材料、医用手帕、绷带、纱布，还包括病员床单、枕套、床垫等。卫生保健类非织造织物包括卫生巾、卫生护垫、婴幼儿尿布、成人失禁用品、湿巾及化妆卸妆用材料等。

（2）服装及鞋用非织造织物：服装用非织造织物主要有衬基布、功能服装及一些垫衬类产品等，如衬里、衬绒、领底衬、胸衬、垫肩、保暖絮片、劳动服、防尘服、内衣裤、童装；鞋用非织造织物主要用于鞋内衬、鞋中底革、鞋面合成革、布鞋底等。

（3）家用及装饰用非织造织物：此类非织造织物主要用于被褥、床垫、台布、沙发布、窗帘、地毯、墙布、家具布及床罩及各类清洁布等。

（二）非织造织物的形成

非织造织物是以纤维为主体，加以纠缠或粘结固着而形成的。不同的非织造织物有不同的加工方法和工艺技术原理。除了根据产品用途、成本、可加工性等要求进行的原料选择外，其生产过程通常可分为纤维成网（简称成网）、纤网加固（有时也称为固结）和后整理三个基本步骤。

1. 纤维成网

纤维成网是指将纤维分梳后形成松散的纤维网结构。成网和加固构成了非织造织物最为重要的加工过程。成网的好坏直接影响非织造织物的外观和内在质量，同时成网工艺也会影响生产速度，从而影响成本和经济效益。

按照纤维成网的方式，非织造织物可分为干法成网非织造织物、湿法成网非织造织物和聚合物直接挤压成网非织造织物。

（1）干法成网：在纤维干燥的状态下，利用机械、气流、静电或者上述方式组合形成纤维网。干法成网一般又可进一步细分为机械成网、气流成网、静电成网和组合成网技术。

（2）湿法成网：湿法成网原理类似造纸的工艺原理，又称水力成网或水流成网，是在以水为介质的条件下，使短纤维均匀悬浮于水中，并借水流作用，使纤维沉积在透水的帘带或多孔滚筒上，形成湿的纤维网。湿法成网又可进一步细分为圆网法和斜网法。

（3）聚合物直接成网：此种成网方法则是利用聚合物挤压纺丝的原理，首先采用高聚物的熔体、浓溶液或溶解液，再通过熔融纺丝、干法纺丝、湿法纺丝或静电纺丝技术使纤维成网。前三种方法是先通过喷丝孔形成长丝或短纤维，然后将这些所形成的纤维在移动的传送带上铺放形成连续的纤维网。静电纺丝技术成网主要是利用静电纺丝的原理，然后收集纤维成网。此外还有一些不是很常用的成网方法，如裂膜法、闪蒸法等。

2. 纤网加固

通过上述方式形成的纤维网，其强度很低，还不具备使用价值。由于非织造织物不像传统的机织物或针织物那样纱线之间依赖交织或相互串套而联系，所以加固也就成为使纤维网具有一定强度的重要工序。加固的方法主要有机械加固、化学黏合和热黏合三种。

（1）机械加固：机械加固指通过机械方法使纤维网中的纤维缠结或用线圈状的纤维束或纱线使纤维网加固，如针刺、水刺和缝编法等。

（2）化学黏合：化学黏合是指首先将黏合剂以乳液或溶液的形式沉积于纤维网内或周围，然后通过热处理，使纤维网内的纤维在黏合剂的作用下相互黏结加固。通常黏合剂可通过喷洒、浸渍或印花、泡沫浸渍等方式施加于纤维网表面或内部。采用不同的加固方法获得的非织造织物的柔软度、蓬松度、通透性等有较大的差别。

（3）热黏合：热黏合是指将纤维网中的热熔纤维或热熔颗粒在交叉点或轧点受热熔融固化后使纤维网加固。热黏合方法又分为热熔法和热轧法。

3. 后整理

非织造织物后整理的目的是改善或提高其最终产品的外观与使用性能，或者与其他类型的织物相似，赋予产品某种独特的功能。但并非所有的非织造织物都必须经过后整理，这取决于产品的最终用途。通常非织造织物的后整理方法可以分为以下三类：

（1）机械后整理：机械后整理主要是指应用机械设备或机械方法，改进非织造织物的外观、手感或悬垂性等方面的性能，如起绒、起皱、压光等。

（2）化学后整理：化学后整理主要是指利用化学试剂对非织造织物进行处理，赋予其产品某些特殊的功能，如阻燃、防水、防臭、抗静电、防辐射等，同时还包括染色及印花等。

（3）高能后整理：高能后整理是指利用一些热能、超声波能或辐射波能等对非织造织物进行处理，主要包括烧毛、热缩、热轧凹凸花纹、热缝合等。

（三）非织造织物的结构

非织造织物与传统的织物有较大的差异。非织造织物的工艺力求避免或减少将纤维形成纱线这样的纤维集合体、再将纱线组合成一定的几何结构，而是让纤维呈单纤维分布状态后形成纤维网这样的集合体。典型的非织造织物都是由纤维组成的网状结构形成的。同时为了进一步增加其强力，达到结构的稳定性，所形成的纤维网还必须通过施加黏合剂、纤维与纤维的缠结、外加纱线缠结等方法予以加固。因此，大多数非织造织物的结构就是纤维网与加固系统所共同组成的基本结构。

1. 纤维网的典型结构

纤维网的结构指的是纤维排列、集合的结构，可称为非织造织物的主结构。通常取决于成网的方式。一般纤维网的结构可分为有序排列结构和无序排列结构。有序排列结构中根据纤维排列的方式和方向可分为纤维沿纵向排列的纤维网、纤维沿横向排列的纤维网及纤维交叉排列的纤维网。无序排列的结构就是纤维杂乱、随机排列形成的纤维网，如图3-42所示。

（a）有序横向排列结构

（b）有序交叉排列结构

（c）无序排列结构

图3-42 纤维网排列结构

但无论是有序还是无序排列，只是说明纤维网中大多数纤维在其结构中的取向趋势，而不是所有纤维都是这样排列的。纤维网结构会影响到非织造织物的一些性能，如各向异性、强度、伸长等。

2. 加固结构

加固结构相对于纤维网的主结构是一种辅助结构，其取决于纤维网固结的方法，典型的非织造织物加固结构可分为以下三类。

（1）部分纤维加固结构：

①缠结加固：缠结加固是利用机械方法，如钩刺、针刺和水刺等，使纤维网依靠自身内部纤维之间的相互缠结而达到固结和稳定的结构，如图3-43所示。

针刺和水刺是在一个小的区域内纤维网中的纤维因产生垂直、水平方向的位移而缠结，从而使纤维网整体得以加固和稳定，如果改变刺针或水刺区数量、刺针排列密度、压力、托网帘输送速度等工艺参数，还可获得不同结构或表面特征、不同密度的非织造织物。

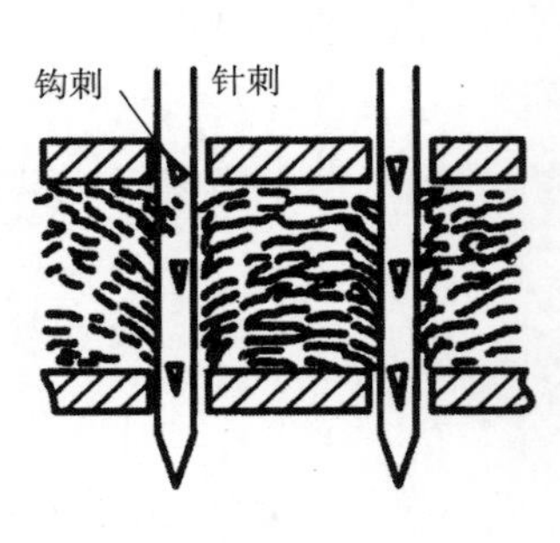

图3-43　针刺固结

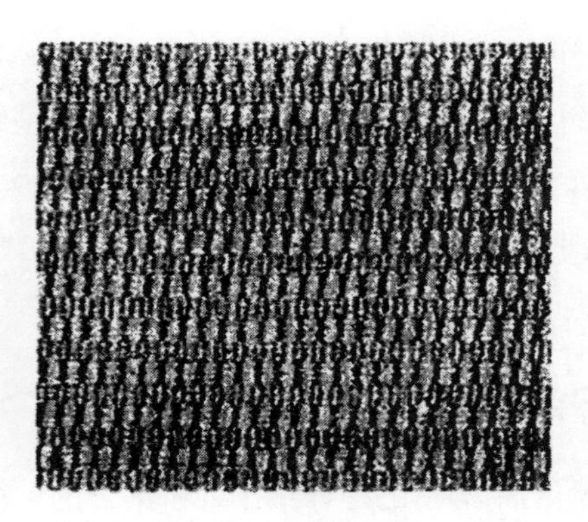
图3-44　缝编加固

②缝编加固：缝编加固是利用槽针在缝编过程中从纤维网中抽取部分纤维束，用这些纤维束编结成规则的线圈状几何结构，使纤维网中未参加编结的那部分纤维被线圈结构所稳定，从而加固纤维网。这种非织造织物正面外观与针织物非常类似，如图3-44所示。

（2）外加纱线加固结构：由外加纱线加固的结构，除了可在缝编机上使喂入的纤维网被另外喂入的纱线形成的经编线圈结构形成加固外，还可在纤维网中引入纱线沿经、纬方向交叉铺放，或经向平行铺放后再通过黏合剂而使整体结构稳定。

（3）黏合作用加固结构：黏合作用加固结构，通常包括两种情况，一种是纤维网由黏合剂加固形成的结构，即黏合剂加固结构；另一种是纤维网中的纤维加热软化、熔融黏合而加固形成的结构，即热黏合作用加固结构。

①黏合剂加固结构：此种加固结构是指以浸渍、喷洒、涂层等作用方式引入黏合剂而使纤维网得以加固形成的结构。这种结构曾在非织造织物中占有相当大的比例。根据黏合剂的类型、施加方式等，这种类型非织造织物的结构可分为点状黏合结构、膜状黏合结构和团块状黏合结构，其结构和模型如图3-45所示。

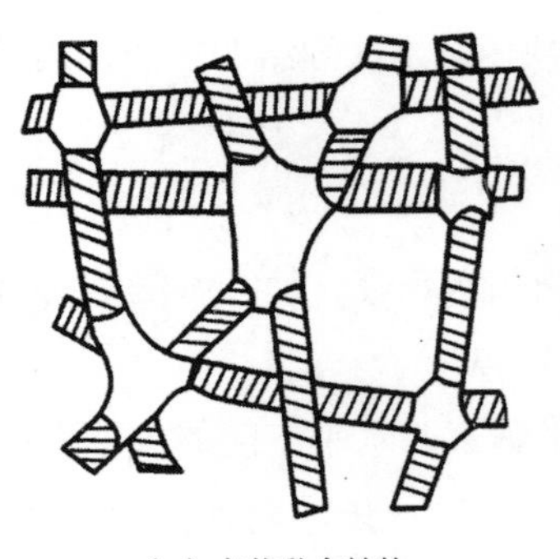
（a）点状黏合结构

（b）膜状黏合结构

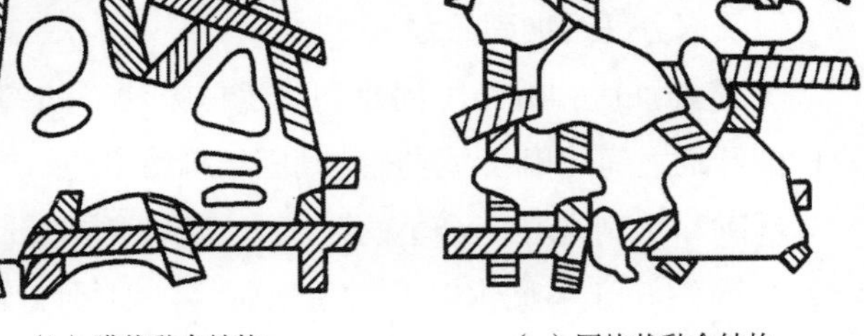
（c）团块状黏合结构

图3-45　黏合剂加固结构

②热黏合作用加固结构：此种结构是指利用热熔纤维或粉末受热熔融而黏结纤维加固成形的结构。其所得结构与前述的黏合剂加固所得结构相似，也可分为点状黏合、团块状黏合结构。

第三节
服装用织物性能

一、服装用织物的服用性能

（一）织物的力学性能

1. 织物的强度

强度是织物的基本属性，也是其力学性能的基础。织物的强度定义为抵抗外力破坏的能力。织物的强度是通过标准化的强力实验进行测定的，主要包括拉伸强度、撕裂强度和顶破强度。

（1）拉伸强度：织物在受到拉伸力的作用时，纱线在受力方向上共同承担外力并随负荷的增加而发生形变，其中纱线先由波状屈曲趋向伸直，继而产生伸长变形直至断裂。织物拉伸强度的大小主要取决于纱线本身的强度和织物的密度。

（2）撕裂强度：撕裂强度是织物受到撕裂力作用时，在受力方向上，相继承受外力而逐根发生断裂的纱线强力的最大值。该强度指标除取决于纱线的强度外，还与受力纱线的伸长能力和织物结构的紧密程度有关。如果纱线有较好的伸长性，它通过变形会将撕裂力部分转移至下一根纱线上，这样依次传递下去，就会有几根纱线同时承担外力，织物强度因此而显著提高。同样，结构松弛的织物会允许纱线沿受力方向移动，向下一根纱线靠拢，造成若干根纱线合并于一处共同受力，因此强度值会有数倍的增长。

（3）顶破强度：当织物受到垂直于其平面的外力作用时，负荷使之局部变形并导致破裂的现象称为织物的顶破。其特点是织物受到由受力中心向四周放射的扩张外力的作用，织物中发生极限变形的纱线首先断裂，进而应力的集中使织物被撕开。通常，除纱线强力的影响外，经、纬纱相同，织物的经、纬向密度接近时顶破强度较好，此时，裂口为“L”形；反之，经、纬纱不能均衡发挥作用，受力较大的一方发生断裂，裂口呈直线形。

2. 织物的拉伸性能

织物的伸长能力一般受到纤维、纱线的性质及织物结构的综合影响。作为一种外在表现，拉伸性能往往成为区分织物种类和用途的直观标志。

机织物由于纱线的屈曲程度很小，而且伸长性一般也不显著，因此，经向和纬向的拉伸变形属于相对微观的范畴。然而当织物于斜向承受拉力或作用力表现为某种形式的力矩（通常称为剪切力）时，织物会产生剪切变形，表现为经、纬纱线相交的角度发生改变，使织物结构模型由矩形变为平行四边形。此种形式的变形是由织物结构的特点所决定的，它并不要求纱线的伸长，只是在一定程度上改变了织物结构原有的平衡状态。变形只需克服经、纬纱相互作用所产生的阻力，所以织物的斜向伸长相对比较显著。经常发生的服装材料的拉伸变形基本属于这种情况。

针织物是通过线圈的相互串套而形成的，线圈在不影响相互间连接关系的前提下具有很大的改变形状的能力。因此，在承受负荷时，针织物（尤其是纬编产品）的线圈会发生明显的变形，反映在织物上就产生了很大的伸长量。此外，双面针织物中的罗纹织物是通过纱线在正反两面交替成圈而形成的，其正反面线圈不在同一平面上，并且由于纱线弯曲后产生的应力而相互重叠。当织物受到拉伸作用时，正反面线圈之间连接过渡的部分会被迫发生扭转，使两面的线圈趋向同一平面。由于增加了这个层次的变化，罗纹织物（特别是1+1罗纹）在横向受力时会产生显著的伸长变形，常被用于紧身服装和领、袖口。

3. 织物的弯曲性能

织物倾向于柔软的趋势称为柔软度或柔性；反之则称为抗弯刚度或刚性。织物的弯曲变形直观反映了织物的刚柔性，抗弯刚度越大，织物越不易弯曲。

织物的弯曲程度和形态因织物结构或受力条件的差别而不同。初始模量较小且较细的纤维有利于提高织物的柔软度，线密度小且捻度小的纱线较为柔软。结构松弛的织物的柔软度高于结构较紧的织物，厚度的增加会使织物的抗弯刚度显著提高。此外，硬挺整理和柔软整理也会有效地改变织物的刚柔性。针织物普遍具有十分突出的柔性特征，随着密度的下降，针织物会呈现更加柔软的趋势。

织物的弯曲性能不仅决定了织物的服用特性和机能，在服装的风格与造型方面，还体现出其独特的生动性，柔性面料可使衣纹细致、流畅，使造型适体、自然、富于动感；而刚性材料则使衣褶挺拔、饱满，在服装形态上突出了体积感和质量感。

4. 织物的压缩性能

织物在受到正压力时，会发生压缩变形。织物的压缩变形是以织物的结构特征为前提的，其中决定性的要素是蓬松度。例如，采用膨体纱或变形丝的织物、粗纺羊毛织物、松结构织物、毛圈和毛绒织物、针织物和非织造织物等的蓬松度较高。织物的压缩性能会明显地反映在手感上，一定程度的压缩性在触感上往往产生良好的印象，并且会引起心理上的轻松和温暖的感受。在熨烫时，高温和压力常常使蓬松的织物产生永久性变形，造成织物外观的破坏。

5. 织物的摩擦性能

织物的摩擦性能属于表面性能，人体与织物接触时，可以感受到从光滑到粗涩之间的许多细微层次。影响织物摩擦性能的主要因素是纤维的种类、纱线的捻度和形态特点及织物的组织结构。此外，后整理工艺是确定某种特征的最终手段。织物一般具有较大的摩擦系数，且在穿用过程中发生摩擦的机会很多，因此织物表面会受到或多或少的破坏，而这种变化是不可逆的。

6. 织物的弹性

织物在受到外力作用时，同样具有回复变形的能力，这称为织物的弹性。在自然状态下，织物形态的稳定是由于在其结构内部形成了力的平衡。当变形产生时，纤维和纱线被迫发生了某种形态和位置的变化，由此产生了与外力相对应的抵抗变形的阻力并形成新的平衡。在结构内部则表现为纤维及纱线之间产生了与原平衡状态不同的相互作用力，这就是织物内部应力形成的机理。当外力一旦消失，新的平衡状态又被打破，应力便促使织物结构恢复原有的平衡，这一过程称为应力的释放。

当应力过分集中或变形程度过大时，内部应力会在受力过程中逐渐下降，出现所谓的“松弛”现象，织物便会产生不可逆的塑性变形，弹性也就不复存在了。因此，在织物变形中，弹性变形所占的比重决定了织物的弹性回复率；从保养的角度讲，浸水或高温处理，可以提供有利于缓弹性变形回复的条件，从而提高弹性回复率并缩短回复所用的时间。由于织物变形的形式各不相同，所以其弹性的具体表现也相应有所区别。对于织物受拉伸、折皱和压缩而发生变形时的回复能力，分别以拉伸弹性、折皱弹性和压缩弹性来进行衡量。在实际应用中，服装面料的拉伸弹性和折皱弹性对服装能否保持外形的美观和稳定具有决定性的作用。

（二）织物的耐久性能

1. 形态稳定性

（1）抗起拱性：起拱是指织物发生局部凸起的现象，多发部位是服装的膝部和肘部。

由于人的肢体运动对织物形成了类似顶破的受力形式，使织物产生拉伸和剪切变形，变形的反复出现使该部位积累了一定的缓弹性甚至塑性伸长，从而造成表面凸起。

织物的抗起拱能力是拉伸弹性的具体表现，主要取决于纤维和织物结构。当纤维初始模量较高时（如涤纶），纤维本身抗变形能力较强，故不易起拱；如果纤维有较大的伸长能力（如羊毛），尽管发生了变形，但属于急弹性范畴，所以会立即回复；伸长性很差的纤维（如棉、麻），虽然有相当的初始模量，但是变形一旦发生就会造成严重的影响，回复很不容易；初始模量较低（如尼龙）和受吸湿影响较大的材料（如黏胶纤维），会快速形成显著的缓弹性变形，起拱现象因此十分明显。织物结构松紧适中时，一般会有良好的弹性表现，因为此时纱线之间的作用相对缓和，使织物比较容易产生剪切变形，从而避免了纤维和纱线本身的过度伸长；另外，织物内部也能够产生必要的应力，提供了有利于变形回复的条件。

（2）抗皱性：织物受到折压、搓揉等作用时，受力弯折处会产生不同形状的折皱，其变形特点是在弯折处织物的外侧被拉伸而内侧被压缩。抗皱性优良的织物，去除外力后，不会留下折痕；相反，明显的起皱就会严重影响织物的外观。织物的抗皱性是折皱弹性的具体反映，它是由多方面因素所决定的。就纤维而言，拉伸弹性好的纤维有利于抗皱；纱线方面的影响主要表现在捻度上，捻度大的纱线有较好的抗皱性；对于织物，则以紧度小、交织点少、厚度大等特征为抗皱性好的标志。此外，树脂整理可以有效地改善织物的抗皱性。

（3）免烫性：免烫性是指织物经过水洗，干燥后不留皱痕，因此无须熨烫整理而保持布面平整的性能。所以，免烫性又称“洗可穿性”。免烫性是抗皱性的又一表现形式。免烫性的外部条件是水的作用，而内因则是纤维因吸湿而发生性能变化的特性。实验证明，免烫性基本与纤维的吸湿性能成反比。吸湿性强的材料对水的作用敏感，表现为湿态弹性回复率下降且纤维遇水膨胀从而造成织物的变形，免烫整理的原理便是阻止水对纤维的影响。

（4）褶裥保持性：为了造型的目的，在服装上常常需要做出各种工艺性和装饰性的褶裥，比如裤线和裙褶。使褶裥的形态能够长时间保持挺括、清晰的性能，即褶裥保持性。影响这个性能的因素主要有织物的可塑性（热塑性）和熨烫加工工艺。纤维的性质决定了织物的可塑性，如棉、麻织物上的褶裥一般会在较短的时间内消失，因此，它们属于不可塑材料，一般不作褶裥处理；羊毛织物的褶裥有良好的表现，但水洗之后会受到影响，可见水的作用是破坏其定形效果的外部因素，羊毛属于相对可塑材料，在实际使用中采用干洗可使其褶裥长久保持原态；对于合成纤维来说，无论长时间穿用还是水洗，都不会使褶裥受到破坏，这是合成纤维热塑性的具体反映，所以可以认为合成纤维是绝对可塑材料。由于褶裥是在烫整条件下形成的，所以，高温、高湿和适当的压力对织物由变形到稳定的变化过程起到了至关重要的作用。厚度大的织物，在熨烫时难以充分弯折；结构过分松弛的织物，则使折压时的作用力不易集中在确定的部位，所以，这类织物的加工效果通常不能令人满意。

（5）洗涤收缩性：水洗后的织物在经、纬向发生一定程度的尺寸收缩，称为织物的洗涤收缩性，简称缩水性。造成这一现象的原因是：一方面，充分浸湿后的纤维会发生膨胀，纱线便因此而变粗，这使相互交织的纱线增加了屈曲程度，反映在整个织物上便产生了长度的缩短；由于经、纬纱的变形是相互挤紧的结果，因此织物还会趋于变硬和增厚。另一方面，织物在加工过程中积累的缓弹性伸长，遇水后就会快速、大量回缩，从而导致织物缩短；通常，织物经向的变形积累远远大于纬向，所以经向收缩较纬向显著。针织物的洗涤收缩性主要是由于在加工时线圈受到了拉伸的缘故。

水是影响织物收缩的决定性因素，因此，收缩现象往往集中于回潮率较高的一类材料；纤维遇水后膨胀越明显，织物收缩越严重。收缩程度还取决于纱线间空隙的大小，当织物的紧度较大时，其收缩变形不如结构松弛的织物明显。羊毛织物的洗涤收缩还有一个特殊的原因，即羊毛的缩绒性。采用预缩或防缩整理可以有效地降低织物的洗涤收缩。目前常常配合抗皱、免烫整理同时进行。

（6）热收缩性：织物因遇热而发生的经、纬向收缩变形称为热收缩性。造成织物热收缩的内在条件是纤维材料特有的热学性质。织物遇到较低的高温（如日常保养时的熨烫温度）时，一般不会产生明显的收缩；这是因为经过热定形处理后，尤其是合成纤维材料的稳定性已经大大提高。而当织物承受较高温度时，变形则较为显著。很显然，织物的热收缩与纤维的耐热性紧密相关。不同的织物随着热处理介质的变化，如蒸汽、沸水、热空气，反应也有所不同。例如，涤纶、锦纶和维纶，分别在空气、饱和蒸汽和沸水中具有较大的收缩率。

2. 外观保持性

织物的外观变化是指由于摩擦、洗涤、日晒等因素的影响，织物表面的质地、色泽等缓慢发生改变。织物能够抵抗或减缓上述变化的能力即为外观保持性。

（1）耐磨性：织物抵抗摩擦破坏的性能称为耐磨性。纤维、纱线和织物结构属于织物耐磨性的内在因素。纤维强度大、伸长率，高耐磨性就较好；纤维强度低，伸长率低，则耐磨性差。由于磨损主要表现为纱线的松解，适当增大纱线捻度有利于提高耐磨性。织物结构以松紧适中为好，结构过松时，纱线相互间的束缚、保护作用就会降低；紧度过大则会造成摩擦外力作用的集中，成为“硬摩擦”。

服装常见的摩擦有平磨、曲磨、折边磨、动态磨、翻动磨等。平磨经常发生在较大面积的织物平面上，由于应力相对分散，故破坏轻微。曲磨经常发生在服装的膝部、肘部等弯曲部位，因织物处于绷紧和拉伸状态且应力相对集中，所以破坏性较大。折边磨常发生在领口、袖口、裤脚等衣料折边处，属于应力最为集中的情况，破坏性也最大。动态磨常出现在由人体运动所造成的衣料的动态变化过程中，多伴随拉伸、弯曲等外力作用。翻动磨常发生在织物的洗涤当中和不同衣料之间，多伴随挤压、弯曲、拉伸、撞击等外力和水、温度及洗涤剂的作用。

（2）起毛、起球性：摩擦使纱线中的纤维一部分脱离纱线体束缚而浮于织物的表面，形成局部毛羽感外观的现象称为“起毛”；随着起毛程度不断加重，毛羽增多、加长，进而在揉搓作用下相互纠缠、集聚而形成微小的毛球，称为“起球”。短纤维原料的织物都存在不同程度的起毛现象，纤维强度低，毛羽会很快断裂、脱落，在外观上并不显著；纤维强度高或伸长性好，毛羽就难以脱落并极易发展为毛球。在实际服用过程中，天然纤维毛织物容易发生起球问题；合成纤维及其混纺织物均有较明显的起球现象，其中锦纶、涤纶和丙纶最为严重。

（3）泛白：在服装磨损严重的部位，由于形成一片细微的短绒，外观表现为光泽减弱、颜色变浅的现象称为泛白。这是由于纤维发生端裂，即纤维前端开裂，形成更加细小的绒毛而造成的一种外观效果。对于紧度较大且纱线捻度较高的织物，染料不易深入纱线内部，当织物表面发生磨损后（染色效果受到破坏），白色纤维就显露出来而产生织物局部发白的现象。这种情况多发生在棉织物上。牛仔布就是利用这一原理，经石磨工艺而达到独特外观效果的。

（4）极光：极光是指磨损部位出现光泽明显增强并且生硬的外观变化。通常极光发生在密度较大、强捻纱线的短纤维织物上。因为纱线不易松解，外力会集中于纱线的固定位置。因此，当织物表面的毛羽在摩擦中脱落而新的毛羽又难以生成，并且纱线受到压缩作用而呈扁平状时，便形成了织物局部发亮的磨损。毛织物产生极光的主要原因是纤维表面的鳞片组织在摩擦过程中受到破坏，并且纤维和纱线由于应力集中而产生变形，从而导致光线反射的增强。毛织物的极光现象可以通过蒸汽处理而减轻或消失，这是湿热作用使羊毛的鳞片张开，纤维变形回复的结果。

（5）色牢度：反映织物褪色容易程度的性能指标称为色牢度。色牢度取决于纤维材料的着色与固色能力、染料的稳定性、染色工艺及各种外部影响作用的强弱。根据外部影响条件的不同，色牢度一般分为：洗涤牢度、日晒牢度、汗渍牢度、摩擦牢度和熨烫牢度等。上述各项指标均有评定的方法和级别标准：日晒牢度分为8级，其他牢度均分为5级，级别越高，表示牢度越好。

（6）防污性：织物抵抗污染物的沾污，在一定时间内保持洁净的性能称为防污性。织物针对固态污染物的防污性主要取决于表面特性和结构的紧密程度。通常，表面光滑结构紧密的织物有利于抵抗污染物的黏附和深入织物内部。此外，织物的静电现象是造成吸附性污染的重要原因，这种情况在合成纤维织物上十分明显。对于液态污染物，防污性主要取决于纤维材料的亲水、亲油性质和织物的浸润能力，合成纤维织物抵抗水溶性污物和洗涤中染料沾污的能力相对较强。

（7）抗勾丝性：织物在服用过程中，如果接触到尖硬的物体，就有可能将织物中的纱线拉出或勾断，被拉出的纱线显露于织物表面，同时纱线的抽动会使布面抽紧、皱缩、脱圈，这一现象称为"勾丝"。织物抵御这种破坏的能力即为织物的抗勾丝性。织物的抗勾丝性主要取决于织物结构和纱线的状态。就织物的抗勾丝性而言，机织物优于针织物；结构紧密的织物优于结构松弛的织物；短纤维织物优于长丝织物；股线织物优于单纱织物；平滑织物优于表面起皱、凹凸的织物。

（三）织物的造型性能

在服装设计中，为了满足服装款式及立体造型等的需求，需要织物具备服装造型的各种要求。由于织物是二维平面的，而服装在人体上要有一定的立体感，所以对织物的可塑性及造型性能有较高要求，这里影响较大的是织物的悬垂性。

织物是各向异性的材料，也就是说，织物由于自身重量及性能，在不同方向下垂时，或衣料沿人体不同的部位下垂时，其结果会有所不同。织物正是由于各向异性，常常会造成一种随机的、自然的、生动的、唯一的外观表现。在立体裁剪或追求某种造型时，这种特性会体现出其独有的价值。其次，服装不同的造型特点对悬垂性的要求也各不相同，有时可能需要表现衣纹的细致、流畅，有时则要求浑圆、饱满。所以，我们应该以织物悬垂性和服装造型风格的适合程度来评判它的优劣。

二、服装用织物的加工性能

（一）织物的裁剪工艺性

1. 方向性

织物的方向性首先是结构方面的，它表现为织物经向、纬向及斜向的力学特性有所不同，即所谓的各向异性。一般情况下，机织物经向密度较大，纱线品质好，并多选用股纱和采用较大的捻度，所以，织物经向的力学性能较为稳定；相对而言，织物纬向的稳定性和强度则稍差；织物斜向由于存在剪切变形的可能，因此具有较大的伸长余地。对于经纬纱不同或经纬密不同的织物，经纬向的性能会根据情况的改变形成具体的特点。针织物以其线圈形态决定了纵向延伸小于横向的特点。

方向性的另一个表现是外观方面的。由于加工（尤其是染整加工）时，织物是按照单一的运行方向经过设备进行加工处理的，其结果使织物在经向产生外观效果的“上下之分”。最为直观的是印花织物，其次表面起毛、起绒的织物也有较为明显的方向特征。如果在同一件服装上用料出现了上下颠倒的情况，就会有明显的色泽差异。针织物由于其编织的方向而形成了线圈形态的方向性，所以，这一特征也会对用料有一定的影响。

此外，在规格方面，织物的经向可视作具有任意长度，而纬向的尺寸则受到幅宽的限定。因此，排料时衣片长度的方向一般选取织物的经向。

2. 纬斜性

纬斜性是指织物的纬纱出现一定程度的倾斜，使经、纬纱不再垂直相交。产生纬斜现象的主要后果是使织物的力学性质发生方向上的改变，从而对服装的加工及成衣外观品质造成影响。纬斜一般形成于染整加工过程中，是由于机械牵拉织物时作用力不均匀而产生力矩的结果，如果在定形时未能及时予以调整、消除，就会在成品织物中保留下来。针织物的纬斜主要源于线圈的歪斜，这是纱线弯曲成圈后产生的变形应力所造成的。针织物的纬斜现象十分普遍，但是纬斜除了对外观有一定的影响外，在性能方面影响不大。

3. 工艺回缩性

工艺回缩性指的是裁开的衣片发生尺寸变短的现象。工艺回缩性产生的机理是由于铺布时的拉力使布料伸长，并且布料在裁床上叠放的层数很多，其相互间的摩擦阻力限制了织物的弹性收缩，而当布料被裁开以后，这一限制不复存在，回缩便随之发生了。工艺回缩性多见于伸长性较大的织物，所以必要时针织物应预留回缩量，使衣片能够保证原定的尺寸。

4. 抗剪性

用电动裁布刀裁剪布料时，高速运转的裁刀因与布料发生剧烈摩擦而产生高温，当温度达到纤维的熔点时，会造成裁口处的织物熔融，从而使各层布片相互粘连。抗剪性是发生于合成纤维及其混纺织物的特有现象，并且与裁剪工艺条件有密切的关系。

（二）织物的缝制工艺性

1. 布边脱散性

布边脱散性是指纱线由剪开的布边脱离织物的现象。布边发生脱散是因为织物在被剪开的部位失去了由于交织而形成的对纱线的束缚作用。纱线光滑而结构又比较松弛的织物，纱线会很快脱落并可能继续向织物内侧发展。起绒、缩绒和定型等加工可以有效地限制布边脱散。纬编针织物的这个性质表现为线圈横列会沿着逆编织方向脱散。布边作包缝处理以将其固定可以解决脱散性，但是脱散性过强的织物，也会发生包缝处甚至缝合处脱裂的现象。

2. 卷边性

织物的卷边性仅发生于单面纬编针织物中。在此类织物内部，存在一种特殊的应力，即纱线弯曲成圈后所产生的变形应力，由于织物结构的限制作用与应力形成了对抗，所以当织物被剪开时，随着束缚的解除，上述应力就开始起作用，造成织物布边的翻卷。针织物的卷边程度随纱线弹性和捻度的提高、织物结构紧度的增大会加强。这种现象会给缝制加工带来诸多不便。

3. 滑移性

车缝时，送布机构的推力作用于下层布料，位于上层的布料靠压脚提供的压力借助摩擦作用与下层布料同步前进。多数情况下，上、下层布料在送布时能够达到相对静止状态以保证正常的加工条件。当布料的表面摩擦系数低于某一限度时，上、下层布料便会产生相对滑移，导致缝合处发生起皱现象，称为缝皱。这种滑移性在薄型面料上十分明显，会影响到服装的外观质量。

4. 工艺拉伸性

工艺拉伸性是织物拉伸变形特性在缝制工艺上的具体反映。由于车缝时织物的受力特点，被拉伸的布料会发生各种形式的变形，如过度伸长，或上、下层布料伸长不一致等，其结果会造成缝口的不良外观，如缝皱、缝口收缩、接缝不齐、线迹歪斜等。

5. 熔孔性

熔孔性一般被用来描述由于火星溅落于织物表面而导致纤维熔融，造成微小孔洞的现象。在车缝时，缝纫机针因为高速运动而与布料及缝纫线形成摩擦，使机针温度不断升高，导致抗熔性较差的合成纤维织物会在针迹上发生熔孔现象，故又称针洞。针洞破坏了缝纫线与织物的正常结合，使缝口的牢度、稳定性和美观性有所下降。

6. 可缝性

可缝性是衡量缝口强度的指标。其测定方法是利用强力机对缝口做拉断实验，从而评定缝口强度的优劣。影响可缝性的因素是多方面的，除织物的有关性能外，还有缝纫线、车缝工艺等因素。

（三）织物的熨烫性能

1. 热加工性

热加工性的基础是服装材料的热塑特性。热加工性与织物的弯曲特性和变形特性有关，厚织物由于难以充分弯曲、压实，所形成的褶裥往往不理想；毛织物因为具有较大的变形能力，所以在合适的工艺条件下，对毛织物进行归、拔处理比对合成纤维织物进行处理的效果更加明显。

2. 工艺热收缩性

织物在熨烫加工时产生收缩是由织物固有的热收缩性所致。但并非具有热收缩性的织物都因此不能进行热加工。在进行热定形处理时，织物一般不会发生收缩，因为特定的加工条件会使之按照所需要的方式变形，并且稳定在新的形态上。但在非定形条件下，如在给织物覆合热熔黏合衬时，由于经过高温压烫的织物在冷却过程中失去了外力的限制，因此会发生收缩变形。在这种情况下，当面料和衬料热缩率不同时，还会发生布面不平甚至起皱、起泡现象；即使在当时不明显，也会在以后的使用过程中逐渐显现，这种现象也可以认为是织物服用耐久性不良的一个特例。

3. 耐熨烫性

当熨烫温度超过了纤维的耐热极限，会导致织物变形甚至破坏，如合成纤维的熔融和天然纤维的炭化；另外，由于纤维在热、湿条件下极易变形，一些质地蓬松的织物（如针织物）和表面有毛绒、毛圈的织物，在高温和压力的作用下很容易产生表面状态的热塑变形，造成外观的破坏。织物对这种破坏的抵抗特性称为耐熨烫性。

4. 熨烫极光

熨烫极光是纤维的热塑性和耐热性在纱线上的微观表现。因为织物受压烫作用时会使应力集中于表面，从而使纱线被压成扁平状；特别是当温度过高时，合成纤维织物的表层纤维还会有微弱的熔融现象。上述原因均会导致熨烫部位光泽明显增强，形成外观上的极光效果。

第四节
服装用织物种类

一、棉织物

1. 平布

平布是棉织物中常见的品种，在服装中应用较广。平布一般用单纱织造，密度为200~380根/10cm，经纬密度彼此差异小，布面组织结构清晰、均匀丰满、平整光洁。根据构成织物的纱线粗细不同，又可分为细平布、中平布和粗平布，如图3-46所示。

细平布的经纬纱线密度在20tex以下，布身轻薄、柔软、光洁，漂白或印花的细平布可应用于衬衫或裙装；中平布的经纬纱线密度在21~32tex，布面平整，结构较密实，手感柔韧，原色中平布适合做扎染、蜡染工艺，也常用作衬布或立体裁剪的样布，染色中平布则多应用于休闲衫裤或罩衫；粗平布的经纬纱线密度在32tex以上，布身厚实、坚牢耐用，外观质地较粗糙，漂染后可应用于春秋外衣或机绣装饰等。

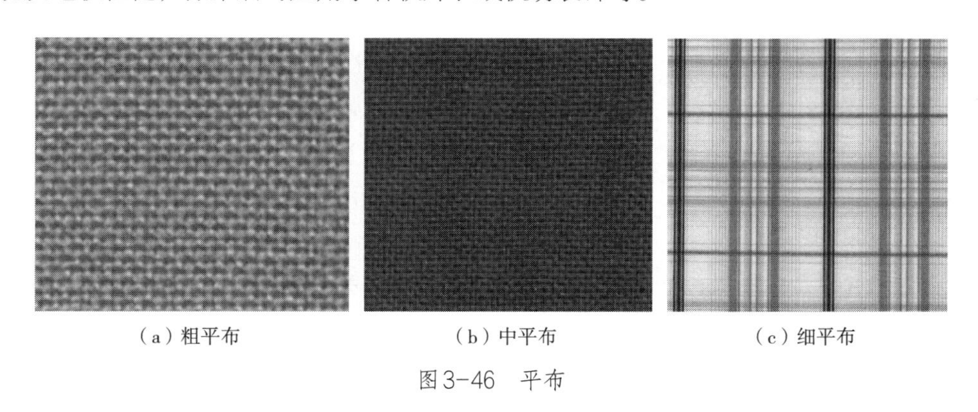

（a）粗平布　（b）中平布　（c）细平布

图3-46 平布

2. 府绸

府绸是一种细特高密棉织物，纱线线密度范围为14.5~29tex，经向紧度高于平布，纬向紧度低于平布，经纬向紧度比为5∶3。由于经纬密度差异大，织物中纬纱处于较平直状态，经纱屈曲程度较大，且由于经、纬纱之间的挤压，使布面所见的经纱呈菱形颗粒状，并构成了经纱支持面。府绸的表面质地细密，光洁匀整，手感挺括、滑爽，有印染和色织

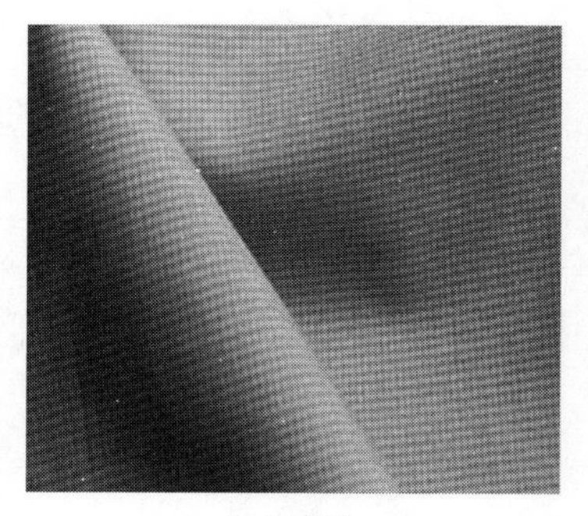

（a）府绸

（b）罗缎

图3-47　府绸

条格等花色品种，如图3-47（a）所示。根据所用纱线的品质，有精梳全线府绸，也有普梳纱府绸，适用于不同档次的衬衫及裙装。

其中采用细经粗纬织造的全线厚府绸又称罗缎，如图3-47（b）所示。由于经纱采用6tex×2~l0tex×2，纬纱采用10tex×2~42tex×2，经密几乎是纬密的一倍，因此布面经纱不仅颗粒效应明显，还由于较粗纬纱的排列使布面产生平纹菱条，质地紧密、结实，手感硬挺、滑爽，常应用于具有特殊风格的外衣或风衣面料。

3. 牛津布

牛津布又称牛津纺，采用较细的精梳高支纱线作双经，以纬重平组织或方平组织织成的棉织物，一般经密大于纬密，用13~29tex纱织造。有素色、色经白纬、中浅色条形花纹等，如图3-48所示。牛津布布面平整，手感挺括，光洁，质地坚实，多用作衬衫面料。

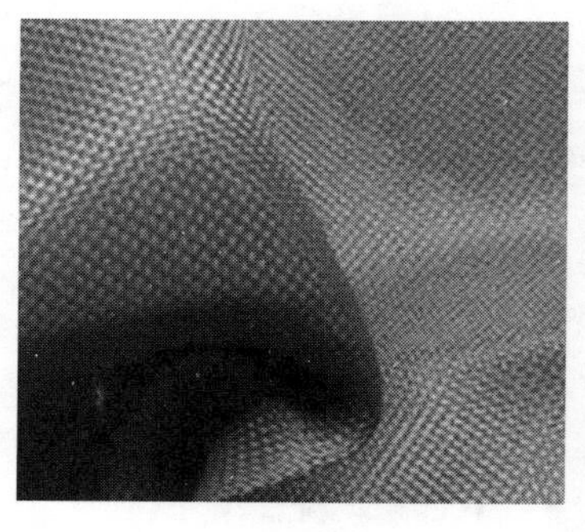

图3-48　牛津布

4. 麻纱

麻纱是采用纬重平等平纹变化组织，以细特高捻纱织成的中密型棉织物，经纬纱密度相近，为260~315根/10cm，纱线线密度为14.5~19.5tex。由于重平组织产生类似粗纱和细纱相间织造的平纹布效果，可仿造麻织物纱线条干不均所产生的表面肌理，再加上细特高捻纱织物所特有的手感滑爽、挺括，轻薄透气的特点，使之成为既有棉布触感又有麻布外观的特色纺织品（图3-49）。麻纱多用于夏装及内衣等。

图3-49　麻纱

5. 巴厘纱

巴厘纱是细特高捻低密的平纹棉织物，纱线线密度12~14.5tex，经纬纱密度为196~236根/10cm，结构疏松，经纬纱的屈曲很不稳定，裁边易脱散，但表面平整，轻薄透明且手感挺括、滑爽，透气透湿，如图3-50所示。巴厘纱经染色印花后是很好的女装内衣或衬衣面料。

6. 泡泡纱

泡泡纱是布面呈现泡状凸起外观的棉织物的统称，属于单纱平纹中厚型棉织物，如图3-51所示。其表面的泡状凸起是通过织造方式或染整加工方式获得的，后者在洗涤时泡状凸起易消失。泡泡纱一般是经纱线密度高于纬纱，经纱密度低于纬纱，由于其轻薄凉爽、柔软透气、洗后免烫和特色的泡状花纹，广泛用于夏季女装及一些室内装饰纺织品。

7. 棉绉纱

棉绉纱是布面呈现绉缩不平外观的棉织物的统称。棉绉纱是单纱平纹薄型棉织物，其表面绉纹主要是由于经纬纱使用了不同捻向强捻纱的各种组合，利用其退捻力矩和织物组织特点，使布面产生了各种风格的绉纹，如图3-52所示。棉绉纱以染色和色织品种为主，吸湿透气，结构细密，手感绵软，表面绉纹匀整，洗后免烫，多用于夏季休闲衬衫和裤装面料。

图3-50　巴厘纱

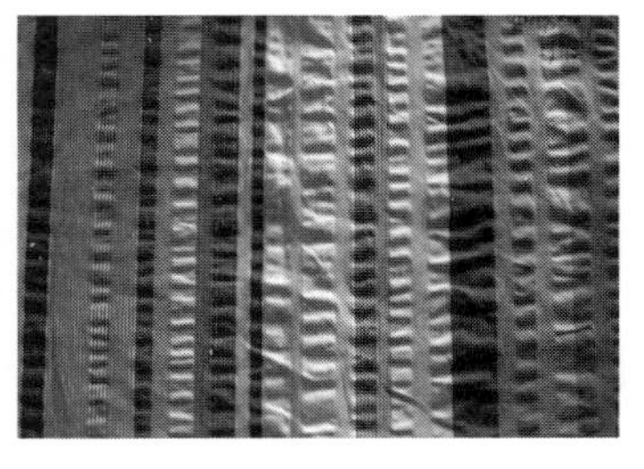

图3-51　泡泡纱

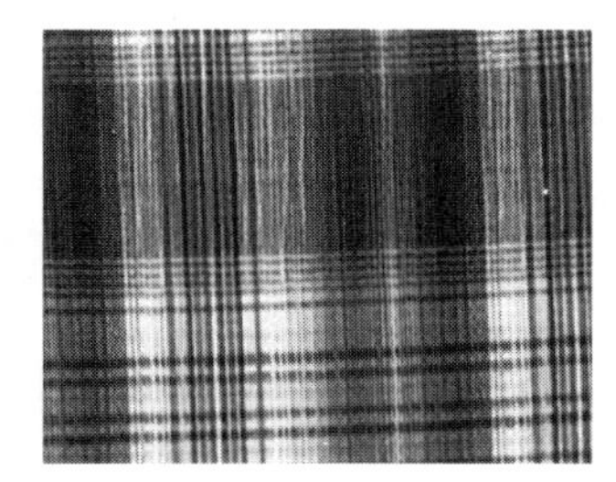

图3-52　棉绉纱

8. 斜纹布

斜纹布采用$\frac{2}{1}$↖组织，有细斜纹布和粗斜纹布之分，粗斜纹布经纬纱线密度为32~58tex，细斜纹布经纬纱线密度为14.5~29tex。斜纹布的总紧密度比平布大，经、纬向紧度比约为3∶2，其正面有由经纱浮长线构成左斜的纹路，而反面织纹不明显，近似平纹状，手感厚实柔软，如图3-53所示。斜纹布主要有染色和印花品种，也经常进行防皱水洗等后整理，多用于休闲外衣、风衣或裤装。

图3-53　斜纹布

9. 哔叽

哔叽是采用$\frac{2}{2}$斜纹组织织造的中厚双面斜纹棉织物，如图3-54所示，有全纱哔叽和半线哔叽两种。全纱哔叽的经、纬纱用28~32tex单纱，采用$\frac{2}{2}\nwarrow$组织；半线哔叽经纱用14tex×2~18tex×2股线，纬纱用32~36tex单纱，采用$\frac{2}{2}\nearrow$组织。哔叽的经、纬密度相近，经、纬向紧度比约为6∶5，织物反面纹路同正面一样清晰，且宽窄疏密相同，纹路较宽，仅斜向不同，手感松软，以印花的品种为主，多用于女式外套。

10. 华达呢

华达呢是采用$\frac{2}{2}$斜纹组织织造的双面细斜纹棉织物，有全纱华达呢和半线华达呢两种，全纱华达呢的经、纬纱用28tex或32tex单纱，采用$\frac{2}{2}\nwarrow$组织。半线华达呢经纱用14tex×2~18tex×2股线，纬纱用28~32tex单纱，采用$\frac{2}{2}\nearrow$组织。华达呢经密大于纬密，经、纬紧度比约为2∶1，织物正反面纹路清晰，略窄于哔叽的纹路，表面结构紧密，光洁厚实，身骨挺括，以匹染品种为主，如图3-55所示，适合作各类外衣、风衣面料。

11. 卡其

卡其多采用$\frac{3}{1}$斜纹织造，称单面卡其，也有采用斜纹织造的双面卡其。卡其有全纱卡其、半线卡其和全线卡其之分，全纱卡其为$\frac{3}{1}\nwarrow$组织，半线卡其为$\frac{3}{1}\nearrow$组织，品质优良的全线卡其用精梳细特股线织造，经、纬纱为7.5tex×2~14tex×2或14.5tex×2~24tex×2，以$\frac{3}{1}\nearrow$组织织造，经密大于纬密，经、纬紧度比约为2∶1，正面斜纹清晰明显突出，反面斜纹不明显，布面光泽平滑，手感坚挺，布身厚实紧密，坚固耐穿，不易起毛，以匹染为主，如图3-56所示。但由于总紧度过大，纱线不易染透，易产生磨白现象，成衣的折边处也容易磨损折裂，适合作工作服、外衣及风衣的面料。

图3-54　哔叽

图3-55　华达呢

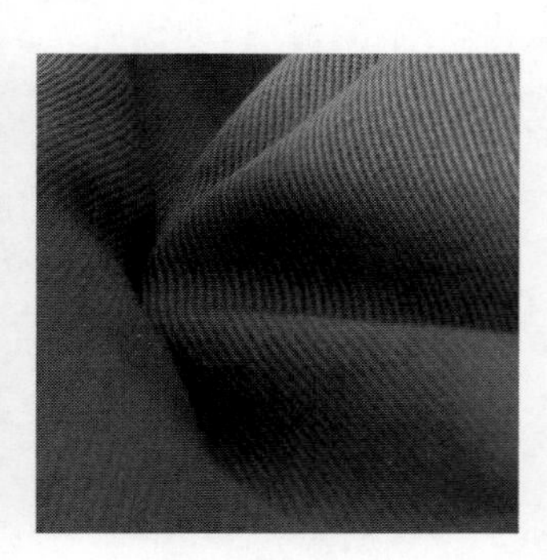

图3-56　卡其

12. 坚固呢

坚固呢因多用于工装及牛仔装，又称“劳动布”“牛仔布”，是采用$\frac{3}{1}$斜纹组织、蓝经白纬织造的色织棉织物，如图3-57所示。其经、纬纱用股线，线密度为14tex × 2，因经密大于纬密，布面纬纱的单独组织点被经纱浮长线所遮盖，所以正面呈深蓝色斜纹条，反面斜纹不明显而呈现蓝白相间的颜色，布面光洁，手感厚实，硬挺，耐磨、耐用，尤其是经过石磨水洗后，具有仿旧、立体效果，色彩柔和。其重磅型（458~492g/m^2）可用作工装面料，中磅型（305~373g/m^2）可用作休闲装面料，轻磅型（153~237g/m^2）可用作衬衫等夏装面料。

图3-57　坚固呢

13. 线呢

线呢是色织的全线或半线花色棉织物。可用各种结子线、混色线、金银线等花色线配合各种小花纹组织和变化组织织造出丰富多彩的布面外观，由于经纱密度大于纬密，织物表面呈现出由经纱形成的凸起花纹，质地厚实坚牢，富有弹性，如图3-58所示，可用作外衣及童装面料。

图3-58　线呢

14. 横贡缎

横贡缎是五枚三飞纬面缎纹组织的棉织物，经纱用14.5tex单纱或14tex × 2股线，纬纱用7.5~10tex的烧毛纱，纬密大于经密，一般经丝光整理和染色、印花，布面由纬纱覆盖，有丝绸般的光泽，手感绵软，富有弹性，如图3-59所示，多用于女式套装面料。

图3-59　横贡缎

15. 直贡呢

直贡呢是五枚或八枚经面缎纹组织的棉织物，有纱直贡和线直贡两个品种，纱直贡经、纬纱线密度为18~36tex，线直贡经用14tex × 2股线，纬用28tex单纱，直贡呢因经密大于纬密，且经、纬向紧度比约为3 ∶ 2，故其结构比横贡缎紧密，布面由经纱覆盖，平

图3-60 直贡呢

整光滑，富有光泽，手感厚实、柔韧，如图3-60所示，可用作外衣、风衣等面料，也可以应用于鞋面等。

16. 平绒

平绒是经起毛组织的立绒面棉织物，采用双层重平组织织造，起绒经纱交替与上下层底布交织，割断双层底布之间的绒经后，烧毛、轧光而形成细密平整的短绒表面，光泽柔和，手感柔软，不易起绉，不露底纹，如图3-61所示。有匹染和印花的品种，可应用于女装、童装。

图3-61 平绒

17. 灯芯绒

灯芯绒是纬起毛组织的条绒面棉织物，采用一组经纱与两组纬纱交织，其中起绒的毛纬与经纱交织时，在织物表面形成由浮长线和固结点构成的经向有规律的宽条，经割绒、烧毛、刷毛、轧光等整理后，织物表面呈凸起的绒条，光泽柔和，手感柔软，绒条圆直，纹路清晰，质地坚牢耐磨，有匹染、印花品种，如图3-62所示。根据布面绒条的密度即每2.5cm宽度内的绒条数的多少，又分为阔条（小于6条）、粗条（6~8条）、细条（9~20条）、特细条（20条以上）四种类型，可用作休闲服装及童装材料。

图3-62 灯芯绒

18. 绒布

绒布是表面经过机械起绒加工的绒面棉织物。坯布一般采用平纹或斜纹组织，弱捻单纱织造，因表面用刺辊拉绒，布面形成一层柔软的绒毛，布身紧密，底纹清晰，手感柔软、富有弹性，如图3-63所示。根据其起绒形式，分单面绒和双面绒两种。因为织造工艺的不同，所以绒布品种多样，有染色、印花绒布，也有色织的条、格绒布，适用于衬衣、睡衣及童装。

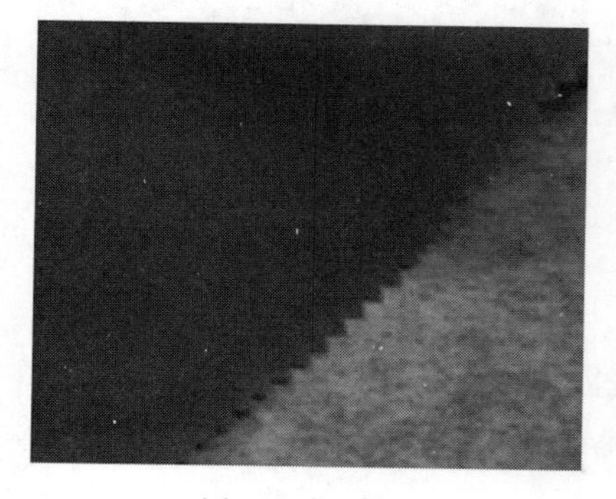

图3-63 绒布

二、麻织物

1. 纯麻平布

纯麻平布是采用平纹组织单纱织造的麻织物，经密稍高于纬密，织物总紧度小于棉平布。其包含的品种有用10~12.5tex纱织的苎麻细纺，用27.8~31.3tex纱织的亚麻细布。手工织造的纯苎麻平布也称夏布，以原色、漂白和匹染的色彩为主，手感挺括凉爽，织物表面平整光洁，透气性好。纯麻平布实物如图3-64所示，多用于夏季衬衫等服装。

（a）苎麻平布

（b）亚麻平布

图3-64　纯麻平布

2. 纯麻爽丽纱

纯麻爽丽纱是采用细特纱织造的平纹低密麻织物，采用特殊的工艺处理，用水溶性维纶纤维与麻的混纺纱织成布后，再在后整理过程中溶去维纶纤维，得到经、纬同为10tex的超细薄透明麻织物，布面平整光洁，纱线条干均匀，毛羽少，手感滑爽挺括，透通性好，是比较高档的衬衣面料。

三、毛织物

1. 派力司

派力司是采用条染混色精梳毛纱织成的最轻薄的平纹组织毛织物，其经纱用50/2~60/2公支股线、纬纱多用30~40公支单纱，色泽以中灰、浅灰为主，特征是布外观呈不规则的匀细雨丝状混色条纹，表面光洁，手感滑爽，质地轻薄，全幅米重190~252g，如图3-65所示，可用作夏装面料。

2. 凡立丁

凡立丁是采用强捻精梳羊毛股线织造的平纹组织毛织物。经、纬纱用45/2~60/2公支股线，密度较低，手感柔糯、滑爽，有弹性，是匹染素色织物，布面与派力司有明显区别，经研光整理后，布面色泽一致，光泽柔和，如图3-66所示，可用作套装面料。

3. 华达呢

华达呢是斜纹组织的精纺毛织物，如图3-67所示。根据组织结构特点，有$\frac{2}{2}\nearrow$组织的双面华达呢，正反面组织相同；有$\frac{2}{1}\nearrow$组织的单面华达呢，正面为斜纹，反面似平纹；有缎纹变化组织的缎背华达呢，正面是斜纹，反面是缎纹。华达呢的经、纬纱用45/2~60/2公支股线，经、纬密度比约为2：1，布面呈63°左右清晰的斜纹纹路，纹路细密，手感滑糯丰厚，质地紧密而有弹性，呢面光洁平整，以匹染素色为主，一般单面华达呢全幅米重342g左右；双面华达呢全幅米重360~449g，适合作套装面料；缎背华达呢全幅米重560g左右，适合作风衣、外套面料。

图3-65　派力司

图3-66　凡立丁

图3-67　华达呢

4. 哔叽

哔叽是$\frac{2}{2}\nearrow$双面斜纹组织的精纺毛织物，其经、纬密度比约为1.25：1，布面纹路略宽，斜纹清晰、纹路倾斜角度约为50°，以匹染素色为主，如图3-68所示。布面风格有光面和呢面之不同，市售多为光面哔叽，布面光洁平整，手感软糯，弹性好。薄哔叽全幅米重290g以下，中厚哔叽全幅米重291~472g，是市场的主流产品，厚哔叽全幅米重在472g以上，适合作各种套装面料。

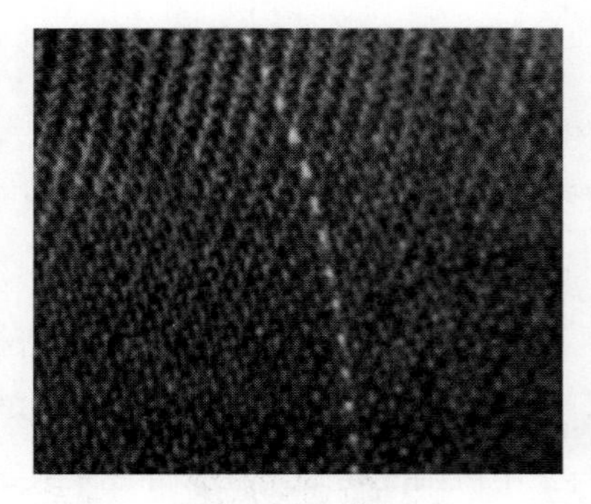
图3-68　哔叽

5. 啥味呢

啥味呢是条染混色精梳毛纱织造的$\frac{2}{2}\nearrow$双面斜纹毛织物，由于布面呈现混色的独特外观效果而容易识别，如图3-69所示。啥味呢经纬纱用45/2~50/2公支股线，密度、斜纹宽度与中厚哔叽相近，斜纹呈50°，全幅米重330~470g。由于后整理方法不同，啥味呢有光面啥味呢和毛面啥味呢两种。光面啥味呢布面光洁平整，纹路清晰，手感滑爽挺括；毛面啥味呢光泽自然柔和，底纹隐约可见，手感柔糯。但无论是光面啥味呢，还是毛面啥味呢，均为高档套装的良好面料。

6. 马裤呢

马裤呢是采用变化急斜纹组织织造的最重的精纺毛织物，如图3-70所示。经、纬纱用26/2~40/2公支股线，经、纬密度比约2∶1，布面斜纹明显、粗壮，纹路倾斜陡直，呢面光洁平整，质地厚实、挺括，弹性好，分匹染、条染两类，其全幅米重在560g以上，适合作风衣、制服面料。

7. 巧克丁

巧克丁是采用变化急斜纹组织织造的厚型精纺毛织物，如图3-71所示。经、纬纱用50/2~60/2公支股线，布面呈两根并列或三根并列的一组急斜纹，每组间凹纹略宽，布面平整光洁，织纹清晰，光泽柔和，手感活络，滑而不糙，一般以条染为主，也有匹染，全幅米重400~500g，适合作制服、外套面料。

图3-69 啥味呢

图3-70 马裤呢

图3-71 巧克丁

8. 毛贡呢

毛贡呢又称礼服呢，是采用经面缎纹组织或变化斜纹组织织造的最厚的精纺毛织物，如图3-72所示。经纱用60/2公支股线，纬纱用50公支单纱，经、纬密度较大。由于布面浮线长，纹路呈75°斜角，因此显得清晰细密，表面光泽自然，手感挺括，丰厚、弹性好。毛贡呢产品以条染素色为主，全幅米重450~550g，适合作套装、外套、大礼服面料。

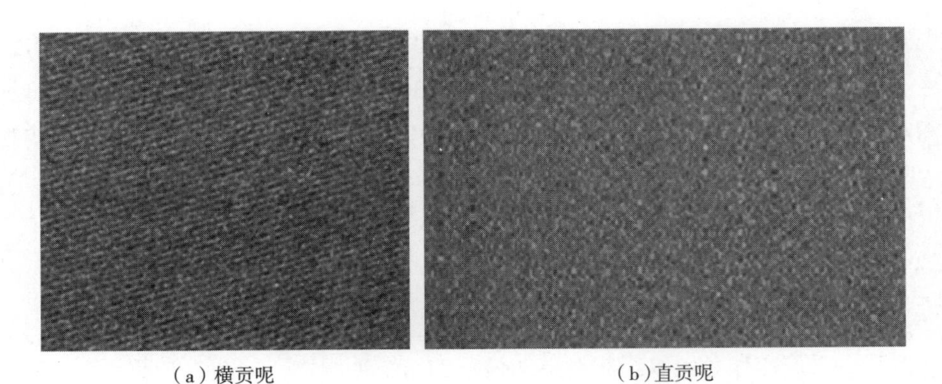
(a)横贡呢　　(b)直贡呢

图3-72　毛贡呢

9. 女衣呢

女衣呢是精纺毛织物中色彩艳丽、花色组织变化丰富的品种。其经纱为50/2~60/2公支股线，纬纱用单纱，采用平纹、斜纹、变化组织或提花组织织造，多为匹染素色，色泽鲜艳，织纹清晰，质地松软，富有弹性，全幅米重300~400g，如图3-73所示，是女装及时装的良好面料。

10. 花呢

花呢是色织品种中变化最多的精纺毛织物。采用各种变化组织，各种花色线、花式线作织物的经、纬纱，布面可以是条子、格子、隐条、隐格、小花纹等，光泽柔和，手感滑爽，弹性好，如图3-74所示。薄花呢全幅米重325~285g，多用作夏装面料；中厚花呢全幅米重285~434g，多用作春、秋套装面料；厚花呢全幅米重在434g以上，最厚的品种为单面花呢，也称作牙签呢，布面有较宽的凸条，正、反面花纹明显不同，适合作套装、外套面料。

图3-73　女衣呢

图3-74　花呢

11. 板司呢

板司呢是采用方平组织色织而成的精纺毛织物，属于花呢类。其特点是经、纬纱密度相近，都用40/2~45/2公支色线，采用深、浅不同两色间隔交织，使布面呈现似阶梯状的细小格子花纹，表面光洁平整，手感滑挺，弹性好，全幅米重400~470g，如图3-75所示，可用作套装、风衣面料。

12. 海力蒙

海力蒙是采用破斜纹组织的色织精纺毛织物，属花呢类。其特点是经、纬纱密度接近，都用36/2~50/2公支色线，经、纬异色交织，使布面呈现重叠的经向人字花纹，织纹清晰，表面光洁，手感柔软，身骨有弹性，全幅米重300g左右，如图3-76所示，适合作套装面料。

图3-75　板司呢

图3-76　海力蒙

13. 大衣呢

大衣呢是厚重的粗纺毛织物，一般采用条染毛纱，采用斜纹、缎纹，起毛或双层组织织成素色或花色，经过缩绒、拉毛、剪毛等不同的后整理工艺获得不同的外观风格，如图3-77所示。纹面大衣呢未经缩绒或轻缩绒，是织纹清晰的织品；呢面大衣呢为经过重缩绒或轻缩绒后略带绒毛的产品，呢面致密，不露底纹；绒面大衣呢是经过缩绒、起毛、拉毛，绒面丰满、不露底纹的织品；松结构大衣呢结构疏松、花色组织明显，织纹清晰。根据每米克重不同又可分为薄型大衣呢（450g/m^{2}以下）、中厚型大衣呢（451~550g/m^2）、厚型大衣呢（551g/m^{2}以上）等，可用作长短大衣面料。

14. 麦尔登

麦尔登是厚度小于大衣呢的粗纺毛织品。其选用品质较好的羊毛纺制，平均支数为

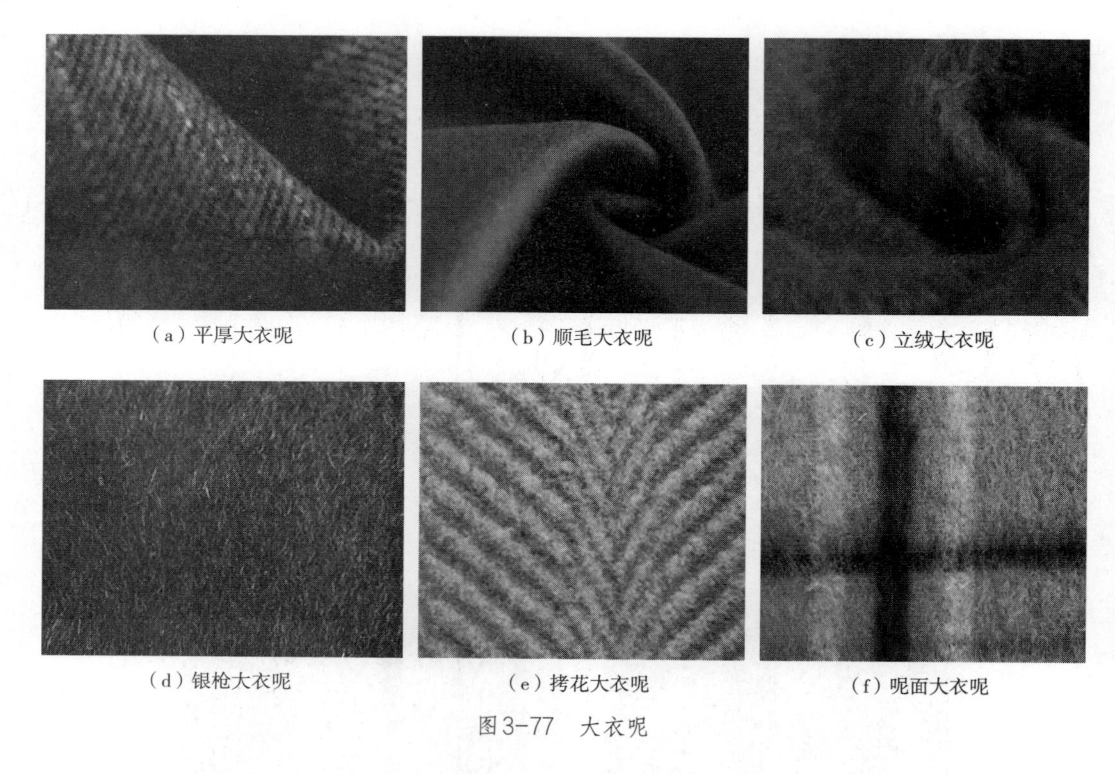

（a）平厚大衣呢　（b）顺毛大衣呢　（c）立绒大衣呢

（d）银枪大衣呢　（e）拷花大衣呢　（f）呢面大衣呢

图3-77　大衣呢

12~14公支，以斜纹或破斜纹组织织成。麦尔登产品以素色为主，经缩绒、剪毛、蒸呢等后整理，产品表面平整细洁、质地紧密，呢面丰满不露底纹，手感挺实，富有弹性，不易起毛、起球（图3-78）。麦尔登适合作各类春、秋外衣及外套面料。

15. 海军呢

海军呢是采用10~12公支粗梳毛纱，$\frac{2}{2}$斜纹组织的匹染素色粗纺毛织品，经缩绒形成的织物。海军呢呢面质地紧密、均匀耐磨，手感柔软，如图3-79所示，适合作制服、外套面料。

16. 制服呢

制服呢是采用三四级毛纺成的7~9公支粗梳毛纱，$\frac{2}{2}$斜纹或破斜纹组织的匹染素色粗纺毛织品，缩绒后形成的呢面平整，质地紧密，不露底纹，但手感稍糙，色光较差，易起毛起球，全幅米重700~750g，如图3-80所示，适合作套装、外套面料。

17. 大众呢

大众呢又称学生呢，是采用混有精梳短毛和下脚毛的原料毛纺成8~12公支粗梳毛纱，

图3-78 麦尔登

图3-79 海军呢

图3-80 制服呢

并用$\frac{2}{2}$斜纹组织织成的匹染素色粗纺毛织品，经缩绒后呢面平整，基本不露底，手感较松软，摩擦后易露底，易起毛、起球，全幅米重620~700g，如图3-81所示，适合作制服、学生装面料。

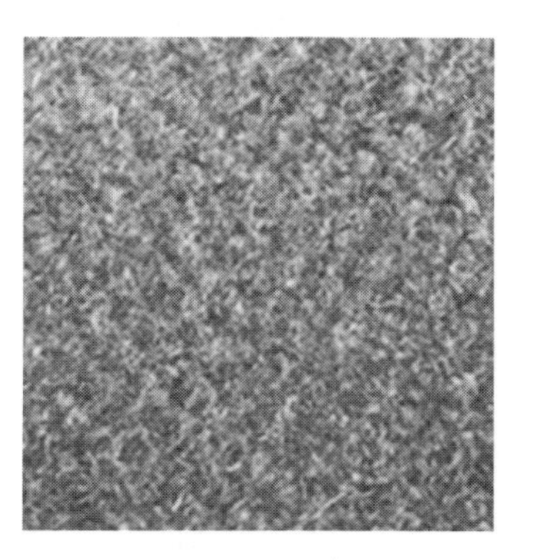

图3-81 大众呢

18. 女士呢

女士呢是较薄型的花色粗纺毛织物，采用10~14公支粗梳毛纱或花式线，组织有平纹、斜纹或变化花纹组织，织后用轻缩绒整理，呢面平整、底纹隐约可见，手感丰满且具有弹性，全幅米重300~630g，如图3-82所示。女士呢主要有经缩呢起毛，素色色泽鲜艳的平素女士呢；表面绒毛平齐密立的立绒女士呢；表面呈倒伏的较长绒毛，丰厚柔软的顺毛女士呢；花色组织、花式线织造的花纹清晰、艳丽的松结构女士呢，适合作秋、冬女装及童装面料。

19. 粗花呢

粗花呢是较薄型的色织深暗花色粗纺毛织物，采用8~12公支粗梳单纱或12/2~16/2公支粗梳股线，以平纹、斜纹或变化组织织成，一般不缩绒或轻缩绒，形成表面织纹清晰、色泽素雅，身骨柔韧，手感略糙的粗纺花呢，全幅米重520~700g，如图3-83所示，可用作秋、冬套装及外套面料。粗花呢根据表面花色可分成若干种类，如用倒顺斜纹组织，经、纬异色织成的人字粗花呢；纬纱加入彩色结子纱织成的彩点钢花呢；嵌入金属线织成的闪光粗花呢；采用混色纱低密斜纹结构织成的疏松粗花呢、海力斯等。

（a）立绒女士呢　（b）顺毛女士呢　（c）松结构女士呢

图3-82　女士呢

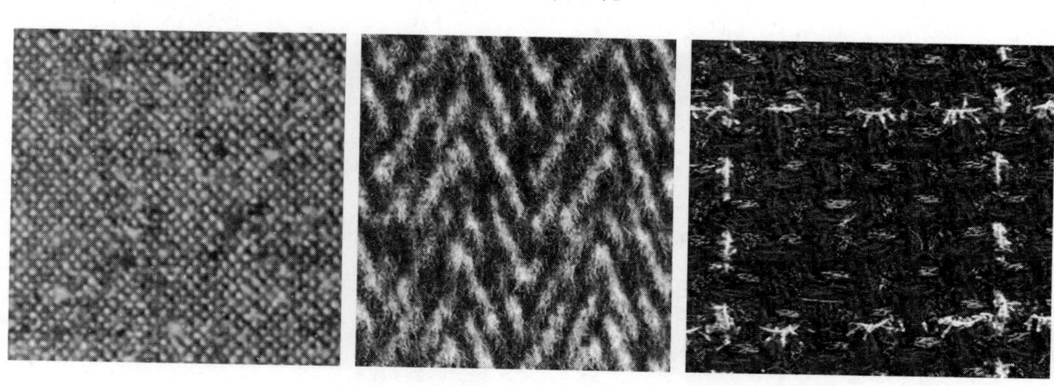

图3-83　粗花呢

20. 法兰绒

法兰绒是较薄型的素色粗纺毛织物，采用9~15公支粗梳毛纱，平纹或$\frac{2}{2}$斜纹组织织造，以毛染混色为主，也有色织条、格和匹染素色织品，经缩绒整理后，呢面丰满细洁，底纹可辨，手感柔软活络，全幅米重440~600g，如图3-84所示，适合作秋、冬套装、女裙等面料。

21. 长毛绒

长毛绒是用条染精梳毛纱和棉纱交织的立绒织物，又称海虎绒。一般采用经起毛或纬重平组织织造，以26/2公支精梳毛纱、股线作起毛经纱，用棉纱作底布组织的经、纬纱，坯布经割绒、刷毛、剪绒等整理而成，全幅米重750~840g，如图3-85所示。用作面料的长毛绒布面，绒毛平整挺立，绒高7.5~10mm，绒面光泽柔和，绒毛稠密，手感丰满，厚实、保暖。用作大衣挂里用的长毛绒布面，绒毛较长，为10~13mm，绒毛略疏松，呈倒伏状，手感松软，保暖轻便。

图3-84 法兰绒

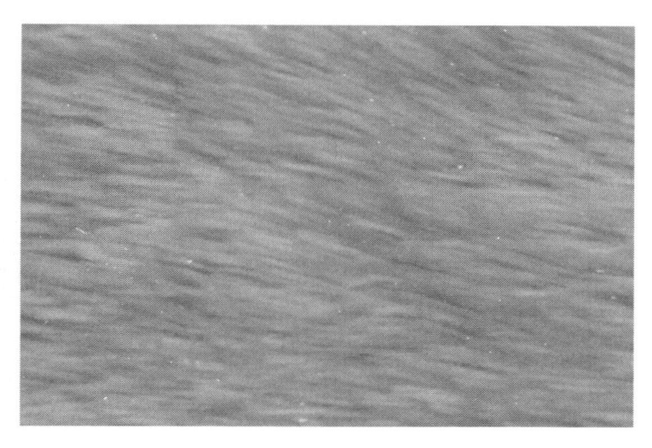

图3-85 长毛绒

四、丝织物

丝织物包括缎类、绫类、罗类、纱类、纺类、绉类、绢类、锦类、绡类、绨类、葛类、绒类、呢类和绸类等，这些织物风格、特点各不相同，适用的服装也不相同。

1. 缎类

缎类的主要特征是地组织全部或大部分采用缎纹组织，具有光泽的缎面外观，经丝用精练丝加弱捻，纬丝用不加捻的生丝或精练丝，如图3-86所示，主要有以下品种。

（1）软缎：软缎一般采用22/24.2dtex（20/22旦）精练丝作经纱，132dtex（120旦）有光人造丝作纬纱，以八枚经面缎纹组织、色经白纬交织而成。缎面经丝浮长线构成平滑光亮、色彩柔和、细密柔软的外观，反面则由人造丝构成细斜纹状的外观。其素织的品种称素软缎，在表面加以印花的称印花软缎，在表面提出纬面缎纹花的称花软缎，适合作女装华服、礼服面料。

（2）织锦缎和古香缎：织锦缎和古香缎一般采用22/24.2dtex（20/22旦）加捻丝作经纱，132dtex（120旦）有光人造丝作纬纱，以八枚经面缎为地组织、纬三重提花组织织造，纬丝的色彩在三色以上，织品正面呈现精美细巧的花纹，多彩的图案，豪华富丽，适合作女装旗袍、礼服等的面料。织锦缎和古香缎两者的区别在于，织锦缎表面图案以花鸟楼台巧布缎面，纬密较高且纬丝以一根地纬两根纹纬交替织入，反面呈现由不同颜色人造丝形成的宽色条，手感柔软厚实。古香缎表面图案以四方连续的传统重彩民族图案和古雅的山水风景为主，纬密低于织锦缎，且纬丝以两根地纬一根纹纬交替织入；反面呈现以地纬为主的素色，隐约可辨与正面相同的花形轮廓，手感柔糯。

2. 绫类

绫类的主要特征是采用斜纹或变化斜纹组织，外观有明显斜纹纹路，如图3-87所示，主要有以下品种。

（1）真丝绫：经、纬丝均采用2根20/22D桑蚕丝，织物重量为43~44g/m^{2}的是薄型真丝绫；经丝采用2或3根、纬丝采用3或4根20/22D桑蚕丝，织物重为55~62g/m^{2}的为中型真丝绫。真丝绫具有质地柔软光滑、光泽柔和、手感轻盈、色彩丰富、轻薄飘逸、穿着凉爽舒适等特点，主要用作夏令衬衫、睡衣、连衣裙面料等。

（2）广绫：广绫经为22.2/24.4dtex的生丝，纬用两根22.2/24.4dtex生丝的并合线。广绫有素广绫和花广绫之分，前者为素织，后者为花织。素广绫绸面斜纹纹路明显，质地轻薄，光泽好；花广绫为斜纹地上起缎纹亮花，绸身手感略硬，主要用于夏令女装、衬衫、睡衣等。

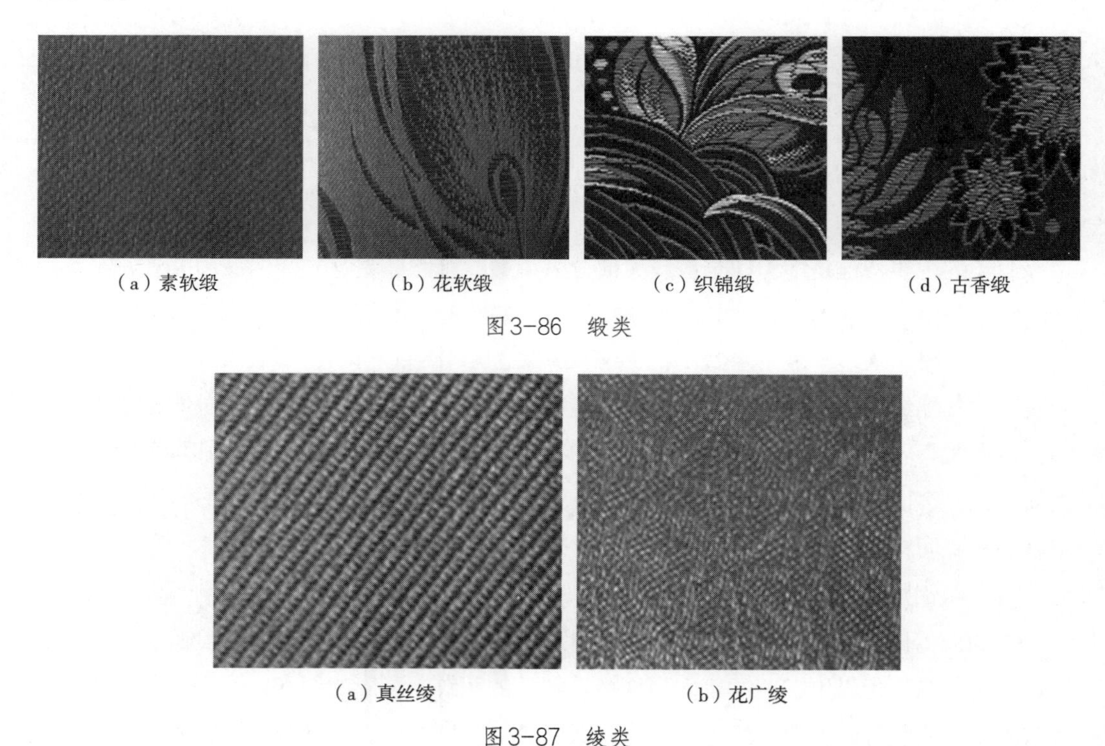

（a）素软缎　（b）花软缎　（c）织锦缎　（d）古香缎

图3-86　缎类

（a）真丝绫　（b）花广绫

图3-87　绫类

3. 罗类

罗类的主要特征是采用纱罗组织，外观有绞经结构形成的排列整齐等距的孔眼，如图3-88所示，主要有以下品种。

（1）杭罗：采用2根88/110dtex（80/100旦）并合土丝[1]或3根55/77dtex（50/70旦）并合厂丝[2]，以平纹地的纱罗组织织造，每织入几根纬纱就间隔绞经一次，形成布面上纱罗状孔眼。杭罗以匹染素色为主，孔眼沿经向排列的称为直罗，孔眼沿纬向排列的称为横罗，根据每行孔眼条纹间隔平纹组织的纬纱数又分为十三纬罗、十五纬罗等。杭罗质地紧密结实，吸湿透气，手感挺爽，可用作夏季衬衫面料。

（2）花罗：其绞经按一定的规律变化交织，形成以花纹图案排列的孔眼构成的花罗外观，具有与杭罗同样的质地，可用作夏装面料。

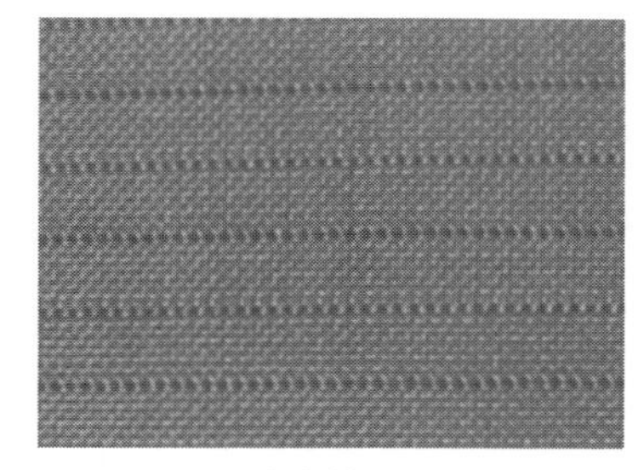

（a）杭罗

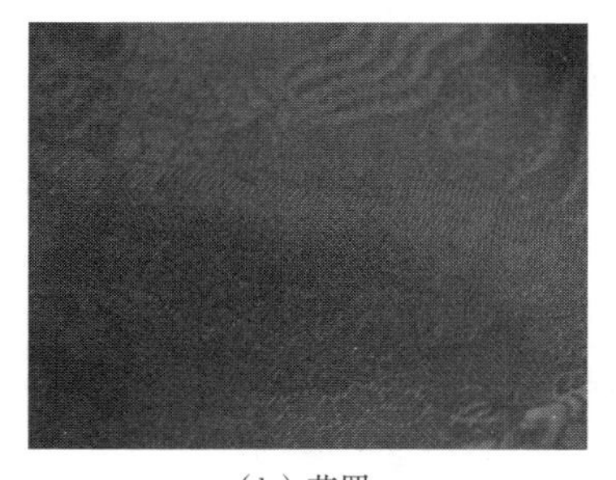

（b）花罗

图3-88 罗类

4. 纱类

纱类的主要特征是采用纱组织、平纹或平纹变化组织，低密度、轻薄、透明，如图3-89所示，主要有以下品种。

（1）乔其纱：乔其纱采用2根22/24.2dtex（20/22旦）强捻合股丝作经纬纱，以平纹组织织成，由于经纬纱均以不同的捻向两两相间排列，致使漂练过程中布面由捻缩等因素造成收缩而产生细密均匀的绉纹，成为绉面外观的透明丝织品，其手感柔软，轻薄飘逸，有匹染和印花品种，适合作夏季女裙及上衣面料。

（2）香云纱：香云纱也称莨纱，采用30.8/33dtex（28/30旦）桑蚕丝与22/24.2dtex（20/22旦）桑蚕丝合股强捻作经纱，用6根22/24.2dtex（20/22旦）桑蚕丝捻合作纬纱，以平纹地小花纹组织织造，坯纱用薯莨浸液反复涂布、干燥等拷制处理，形成表面乌黑油亮，手感滑，吸湿透气，质地轻薄透凉的特殊风格，但折边及表面穿久后易受摩擦脱胶露出褐红底色，可用作夏季上衣等的面料。

（a）乔其纱

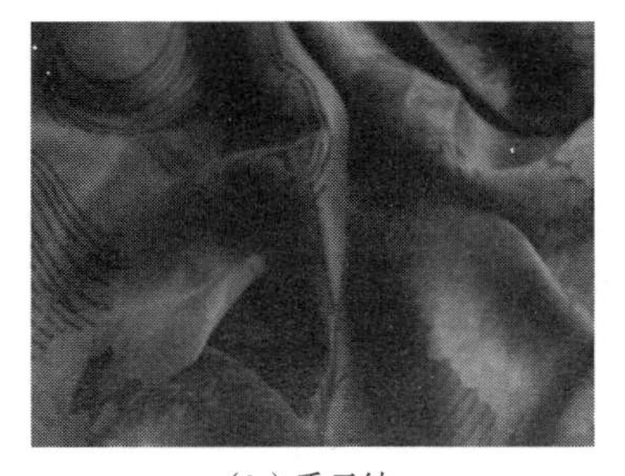

（b）香云纱

图3-89 纱类

---

[1] 土丝为传统手工缫制的丝。——编者注

[2] 厂丝为工厂机械缫制的丝。——编者注

5. 纺类

纺类的主要特征是采用平纹组织，密度高于纱类，但经纬丝不加捻或弱捻，织物不透明而表面平整，如图3-90所示，主要有以下品种。

（1）电力纺：电力纺也称纺绸，采用2~3根22/24.2dtex（20/22旦）并合桑蚕丝为经纬丝，以平纹组织织成，密度较高，虽是丝织品中最轻薄的织品，重量20~70g/m^2，但不透明，质地光滑飘逸，手感柔软，有匹染和印花之分，适合作夏衬衫、女裙等面料。

（2）绢丝纺：绢丝纺采用桑蚕丝下脚短丝经绢纺加捻所得的合股丝线，以平纹组织织成，经染色、印花等后整理，质地轻薄，手感柔糯，光泽柔和，适合作上衣面料。

（3）富春纺：采用有光人造丝作经、人造短纤纱作纬织造的平纹印花织物，光泽好，抗皱性差，适合作夏装面料。

（a）电力纺　（b）绢丝纺　（c）富春纺

图3-90　纺类

6. 绉类

绉类是用平经绉纬织造的平纹或用绉组织织成的表面有皱纹的紧密型丝织物，如图3-91所示，主要有以下品种。

（1）双绉：采用22/24.2dtex（20/22旦）生丝作经丝，44/48.4dtex（40/44旦）强捻生丝作纬丝，以平纹组织织成，纬丝以两两不同的捻向相间织入，经漂练后捻缩使织物表面产生细密绉纹，质地轻柔，富有弹性，外观似乔其纱但不透明。双绉有染色和印花之分，一般用作夏季女装面料。

（2）碧绉：碧绉也是平经绉纬的平纹丝织物，但是纬丝采用相同捻向的合股强捻丝，漂练后织物表面具有均匀螺旋状的粗斜纹绉纹，质地厚实、柔软，表面光泽好，富有弹性，手感滑爽。碧绉多为染色的品种，适合作女装外衣、夏装面料。

（3）留香绉：留香绉经丝采用2根22/24.2dtex（20/22旦）厂丝合股和82.5dtex（75旦）有光人造丝，纬丝采用3根22/24.2dtex（20/22旦）合股强捻丝，以绉地提花组织交织而成，形成暗色绉地上起亮花的外观，质地厚实坚牢，手感滑爽，适合作女装面料。

7. 绢类

绢类是指采用蚕丝与人造丝交织的平纹小花纹织物，如图3-92所示，主要有以下品种。

（1）天香绢：天香绢采用22/24.2dtex（20/22旦）厂丝为经丝，132dtex（120旦）有光人造丝为纬丝，以小花纹组织织成。绢面的平纹地上提有纬面缎纹散花，花纹闪亮明显，与稍暗的地纹相衬，质地细密轻薄，手感柔软，适合作女装面料。

（2）挖花绢：采用2根22/24.2dtex（20/22旦）厂丝加捻作经丝，132dtex（120旦）有光人造丝作纬丝，在平纹地上提起的缎纹花中嵌以色彩绚丽的手工挖花，外观似刺绣品的风格，适合作女装及戏装面料。

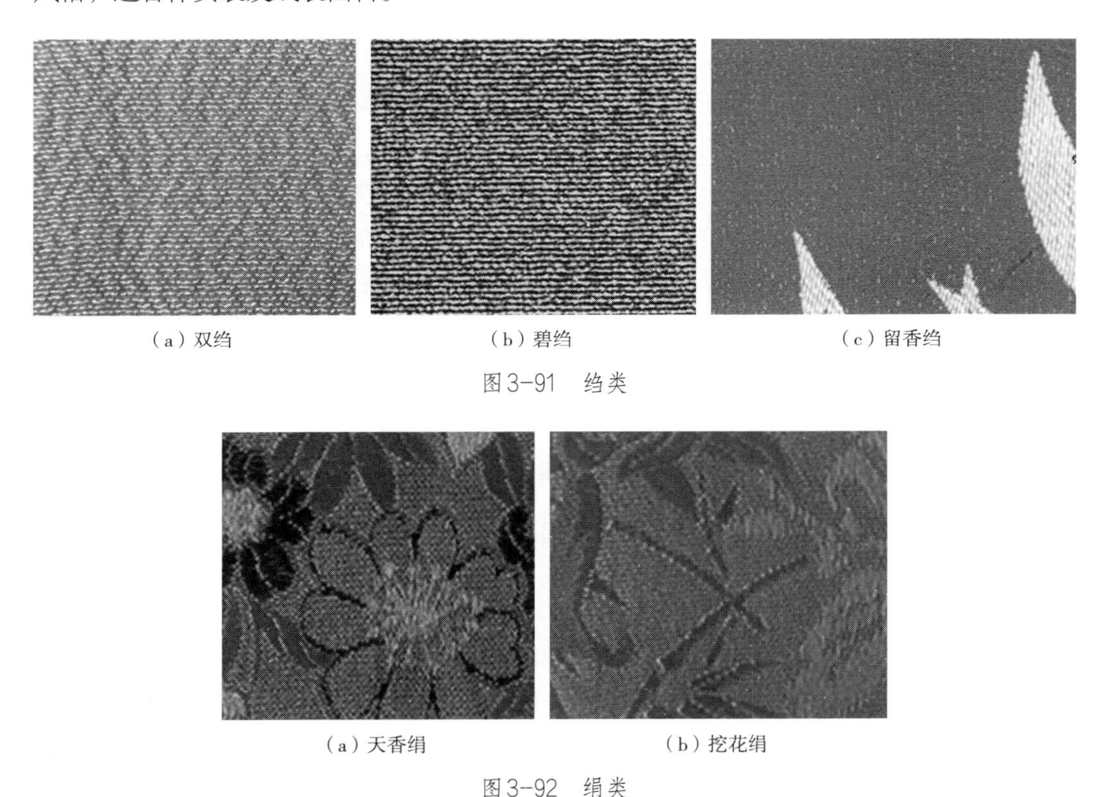

（a）双绉　（b）碧绉　（c）留香绉

图3-91　绉类

（a）天香绢　（b）挖花绢

图3-92　绢类

8. 锦类

锦类是采用缎纹组织与重经、重纬组织配合色织织出的多彩绚丽、典雅古朴的传统纹样图案，质地比缎类略薄，织品反面呈现与正面经、纬配色相反的花纹，如图3-93所示，主要有以下品种。

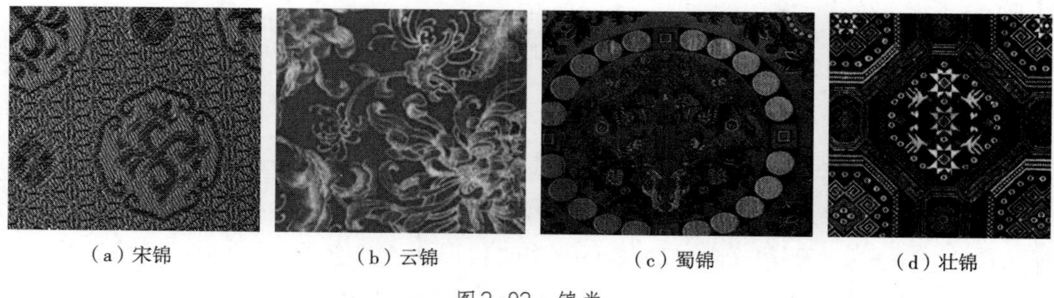
（a）宋锦　（b）云锦　（c）蜀锦　（d）壮锦

图3-93　锦类

（1）宋锦：宋锦属于纬三重起花重纬织锦，多用唐宋时期的传统纹样，图案多为规矩格子、几何图形、嵌花或散花形等，纹样繁复，配色古朴，多用深调色彩，具有宋代织锦的风格，适合作女装面料和字画、锦盒装裱材料等。

（2）云锦：云锦采用经面缎纹为地组织，重纬构成表面花纹，图案色彩变化多样，纹样有大朵缠枝花和各种云纹，用色浓淡对比，常以片金勾边，白色相间和色晕过渡，民族风格浓郁。云锦包括在经、纬方向上呈现逐花异色效果的妆花锦；有纹纬全用金银线织成，表面金光闪烁或银光璀璨的库锦等。

（3）蜀锦：蜀锦采用缎面提花，经、纬异色交织，以文字、抽象花纹图字模为主，虽色彩不如云锦丰富，但寓意独特。其代表品种有表面提出团花“寿”字或“契”字，以求吉祥如意的万寿锦；有表面由色白相间的经丝形成明亮对比渐变条纹的雨丝锦；有细小花纹底上嵌以大朵花卉并以金线点缀的铺地锦等。

（4）壮锦：壮锦以棉、麻线作地经、地纬，平纹交织，用粗而无捻真丝作彩纬织入起花，在织物正反面形成对称花纹，并将地组织完全覆盖，增加织物厚度；也可用多种彩纬挑出，纹样组织复杂，多用几何形图案。图案生动，结构严谨，色彩斑斓，充满热烈、开朗的民族格调。壮锦多用于衣裙、被面、挂包等。

9. 绡类

绡类是采用平纹或假纱罗组织，经、纬用不加捻或弱捻的双股丝线，织物表面平整、完全透明，如图3-94所示。绡类主要有以下品种。

（1）真丝绡：真丝绡又称平素绡，采用平纹组织，以22/24.2dtex（20/22旦）厂丝捻合丝为经、纬纱，织后经染色和树脂整理，质地轻薄透明，色彩柔和，手感挺括光滑，适用于时装、婚纱等。

（2）双管绡：采用经三重组织织造，地经、地纬丝均用2根22/24.2dtex（20/22旦）合捻丝织成平纹地，纹经用132dtex（120旦）有光人造丝在平纹地上起经面缎纹花，花型边缘以平纹组织与地组织交织固结，下机后剪去浮经，形成完全透明的地布上衬托朵朵立体花型的特色外观，适合作时装面料。

10. 绨类

绨类是用人造丝与棉纱交织，密度低且结构简单，一般用平纹或小花纹组织织造而成的织物，如图3-95所示。用132dtex（120旦）有光人造丝作经线、14tex×2棉蜡线作纬线，织造而成的平纹地表面经起花的蜡线绨，质地稀松，手感粗糙发硬，结实耐磨，经染色为暗地亮花，可用作棉衣面料。

（a）真丝绡

（b）双管绡

图3-94　绡类

11. 葛类

葛类是采用经密纬疏、经细纬粗的平纹或斜纹组织的组合织物，外观呈现纬向凸条纹，如图3-96所示，主要有以下品种。

（1）特号葛：采用2根22/24.2dtex（20/22旦）桑蚕丝合股作经，4根22/24.2dtex（20/22旦）桑蚕丝合股作纬，以平纹地提缎纹花组织织成。其正面为平纹且纬纱形成凸条；反面为缎背，质地柔软，坚实耐用，适用于棉衣及罩衫。

（2）文尚葛：文尚葛是经纬用两种原料交织的丝织物。经用真丝、纬用棉纱的为真丝文尚葛；经用黏胶纤维丝、纬用棉纱的为黏胶纤维丝文尚葛。文尚葛表面上有明显的细罗纹，质地厚实，色泽柔和，结实耐用。文尚葛适合作为春秋季服装及冬季棉衣面料。

图3-95　点纹绨

12. 绒类

绒类是用桑蚕丝与人造丝交织经起毛形成毛绒表面的织物，如图3-97所示，主要有以下品种。

（1）乔其丝绒：采用2股22/24.2dtex（20/22旦）强捻生丝做地经、地纬，毛经用132dtex（120旦）有光人造丝，以经起毛组织交织成绒坯，经割绒整理后形成表面绒毛光亮、顺经向倾斜的细密绒面。乔其丝绒经过染色或印花后，外观华丽美观，光彩夺目，适合作女装礼服面料。

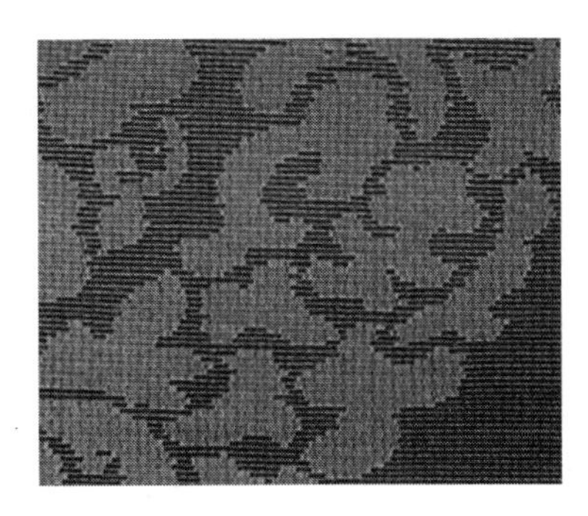

图3-96　文尚葛

（2）立绒：立绒是底经、底纬用捻合厂丝，毛经用人造丝以经起毛组织织成后再割绒的绒面织品，与乔其丝绒不同的是立绒表面绒毛短密呈直立状，光泽柔和，绒面平整，手感有弹性，染色后高雅华贵，适合作高级时装及晚装礼服面料。

13. 呢类

呢类是经纬丝线较粗，经用多股捻合丝，纬用人造短纤纱，以变化组织织成仿毛呢外观的织物。此类织物质地丰厚松软，光泽柔和，手感柔糯，有弹性似呢的毛型感，如图3-98所示，适合作外衣面料。其代表品种有采用平经、绉纬织成的暗花绉地的大卫呢；以及经丝用不同捻向排列织成的条影呢等。

（a）乔其丝绒　（b）立绒

图3-97　绒类

（a）格子呢　（b）条子呢

图3-98　呢类

14. 绸类

绸类是不具备以上品种特征的丝织物的总称，如图3-99所示，主要有以下品种。

（1）塔夫绸：采用22/24.2dtex（20/22旦）A级厂丝以平纹地小花纹组织织成的高级衣

用绸。塔夫绸质地紧密，手感细软，绸面光滑细洁，光泽柔和，表面花纹精巧、清晰、光亮，有漂色、染色和印花品种，适合作夏装面料。

（2）双宫绸：双宫绸是用双宫丝作纬线织成的平纹丝织物。织物表面呈现明显的不规则的疙瘩，质地坚挺厚实，别具风格，适宜做衬衣、外套及室内装饰品。

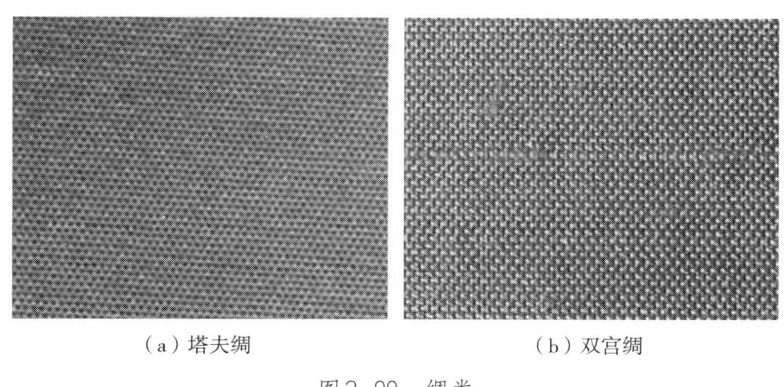

（a）塔夫绸　　（b）双宫绸

图3-99　绸类

五、化学纤维织物

1. 黏胶纤维织物

（1）人造棉织物：人造棉织物是采用细度、长度与天然棉纤维相仿的黏胶短纤维纺纱，然后按棉布的品种规格与组织结构特征织成的仿棉型织物。其色彩、织纹、质地及手感均与棉布相仿，只是服装的保形性、耐穿性不如棉布，价格便宜。人造棉织物可用于夏季裙装、家居服等。

（2）人造丝织物：人造丝织物是采用细度与天然蚕丝相近的黏胶有光或无光长丝，按照丝绸织物的规格与其组织结构特征织成的仿真丝织物。其厚度、表面光洁度、质地及手感接近真丝织物，但由于其折皱回弹性差，且表面光泽不如真丝织物那样柔和自然，所以大多采用有光人造长丝与棉纱交织制成平纹、斜纹类薄型素色织物。人造丝织物多用作衣里。

（3）黏胶纤维混纺织物：黏胶纤维混纺织物是采用细度、长度均与棉或毛纤维相近的黏胶短纤维与其他纤维混纺成纱再织造而成的织物。黏胶纤维混纺织物仍采用原天然纤维织物的品名。黏胶纤维与棉、毛纤维混纺，可以改善纯棉或纯毛织物的吸湿性、耐磨性与悬垂性，且降低织物成本。例如，采用50/50混比纱织的黏/棉平布；采用70/30混比纱织的毛/黏华达呢；采用30/70混比纱织的毛/黏粗花呢等。

2. 涤纶织物

（1）涤纶仿丝绸织物：一般以初始模量和密度都与蚕丝相近的细特涤纶长丝为主要原料。采用三角形截面的异型涤纶纤维，外形与蚕丝相仿，织物外观有真丝般柔和的光泽；对涤纶织物进行碱减量整理，可仿造蚕丝脱胶现象，使织物具有真丝的手感，柔糯而有弹性；仿照丝绸品种的组织与原料规格，采用大缩率织物结构和低张力织造等技术，使织物具有真丝绸的外观花色与悬垂性。现代纺织技术可以使涤纶仿丝绸的品种具有真丝织物所不具备的优良服用性能，形成涤丝绸所特有的外观风格。涤纶仿丝绸织物多用于旗袍、衬衣、裙装等。

（2）涤纶仿毛织物：利用涤纶低弹丝、涤纶网络丝等为原料，仿照精纺毛织物的组织织造，具有毛型感强，纹路清晰，挺括有弹性，抗起球，耐洗涤等特点。涤纶仿毛织物多用于大衣、外套等。

（3）涤纶仿麻织物：采用涤纶短纤维纺成条干不匀或捻度不匀的花式纱，以平纹、方平等组织织成表面有似麻纱的粗节，手感挺括，坚实耐磨的仿麻织品。涤纶仿麻织物多用于夏季衬衫等。

（4）涤纶仿麂皮织物：涤纶仿麂皮织物以超细涤纶纤维网型非织造织物或涤纶超细纤维并合丝织成的斜纹织物为基布，经聚氨酯弹性体溶液浸渍和起毛、磨绒等后整理而成的。这种织物具有麂皮般细腻的绒面，柔软而弹性极好的手感，又称作人造麂皮。涤纶仿麂皮织物多用于外套等服装。

（5）涤纶混纺织物：涤纶短纤维可以与其他各种短纤维混纺，以增加织物的强度、耐磨性和抗皱性，使织物具有挺括、易洗、免烫的服用特点，并可得到风格独特的织品。涤纶混纺织物多用于衬衫、套装及大衣等。

3. 锦纶织物

（1）纯锦纶织物：纯锦纶织物是以半光锦纶长丝为原料，仿照丝绸的组织规格织造而成。织物表面光洁，手感挺爽，质地轻柔飘逸，色彩艳丽，多用作夏季衬衫、裙装及仿冬服面料。

（2）锦纶混纺织物：一般以锦纶短纤维与羊毛或其他中长纤维混纺纱为原料来生产仿毛织物。此外也有利用锦纶的染色性、热缩性及弹性与其他纤维的差别，在交织后进行特殊的染整工艺整理而形成特色风格的交织物。

4. 腈纶织物

（1）纯腈纶织物：采用腈纶中长纤维或膨体纱、花式线，仿粗纺毛织物的组织规格织造。例如，以腈纶膨体纱为原料，采取平纹及变化组织色织的腈纶膨体大衣呢，色彩艳丽，手感柔软轻盈，经拉毛整理后呈绒面外观，丰厚而保暖；采用腈纶中长纤维纱或嵌入腈纶圈圈纱等花式线，以绉组织或小花纹组织色织的腈纶女士呢、腈纶粗花呢等。

（2）腈纶混纺织物：腈纶中长纤维常作为羊毛的代用品同其他纤维混纺制织仿毛织物，同时腈纶纤维也常与毛纤维以70/30、60/40、50/50的混纺比制成腈/毛织物，混纺织物中的腈纶纤维可以用来改善毛织物的特性。毛腈混纺产品色彩鲜艳，花色丰富，织物强度高，耐日光性好，并减小了毛织物的缩绒缩水性，降低织物成本，多用作女式外套面料。

5. 氨纶织物

氨纶织物主要有几种类型，一种是以氨纶长丝为芯，外包棉纤维的棉型氨纶包芯纱制成的仿棉型弹力织物。经、纬纱全用棉型氨纶包芯纱可织成双向弹力棉织物，纬或经纱用包芯纱与棉纱交织可制成单向弹力织物，该类织物具有与棉织物相同的外观、手感与舒适性，但沿氨纶包芯纱织入方向有较大的拉伸弹性，可用作紧身、合体、活动性能好的服装面料。

第四章

服装用毛皮与皮革

课题名称：服装用毛皮与皮革　　课题时间：2学时

课题内容：

1. 服装用毛皮与皮革概述
2. 服装用毛皮结构与性能
3. 服装用皮革结构与性能

教学目的：

1. 使学生能系统地掌握服装用毛皮与皮革的概念、类别、结构及主要性能，培养学生自主更新服装材料知识及独立分析和解决与服装用毛皮、皮革相关的复杂问题的能力。
2. 通过教学内容和教学模式设计，培养学生科技创新精神和伦理意识，将环境保护意识和可持续发展的内涵贯穿到服装用毛皮与皮革的应用实践中。

教学方式：理论授课、案例分析、多媒体演示

教学要求：

1. 了解服装用毛皮与皮革的概念及分类
2. 掌握服装用毛皮与皮革的结构与性能

课前（后）准备：

1. 天然毛皮与皮革的结构有什么特点?
2. 如何衡量天然毛皮与皮革的性能?
3. 人造毛皮与皮革的性能有什么特点?
4. 从环境保护和工程伦理角度，天然毛皮与皮革选择应用中须考虑哪些因素?

第一节

服装用毛皮与皮革概述

一、服装用毛皮与皮革的概念

服装用毛皮和皮革材料主要是指经过鞣制加工的天然和人造毛皮及皮革。直接从动物体上剥下来的皮叫作“生皮”，如图4-1所示。但是这种皮湿的时候很容易腐烂，晾干以后则变得非常硬，而且怕水，易生虫，易发霉发臭，经过鞣制等处理，才会使其具有柔软、坚韧、耐虫蛀、耐腐蚀等良好的服用性能。所以把鞣制后的动物毛皮又称“裘皮”或“皮草”，如图4-2所示，而把经过加工处理的光面或绒面皮板称为“皮革”。

图4-1 生皮

天然毛皮与皮革的加工经过了漫长的过程。最初人们是用动物的油脂骨髓等涂在生皮上，再经过日晒和揉搓后使生皮变得柔软、防水、不易腐烂，后来利用槲树皮汁液浸渍等鞣制方法，还发明了用石灰膏浸渍原料皮进行脱毛，并用食盐和矾进行鞣革的方法。19世纪中期，有人发明了“铬鞣法”，使制革工业得到迅速发展，进入了工业化大生产时期，从而奠定了制革工业的科学基础。随着现代化学工业的发展，各种用于皮革的染料、涂饰剂和助剂的大规模生产，为服装用毛皮与皮革材料的发展提供了广阔的前景。

图4-2 裘皮

为了扩大毛皮和皮革的来源、保护动物、降低成本，人们不断研究人造毛皮和皮革的加工并开发新品种。人造毛皮和皮革是经过特殊加工工艺形成的纺织面料，它既有天然毛皮、皮革的外观，又有纺织材料底布所表现出的弹性、刚柔性、悬垂性、吸湿性等服用性能，且易于缝制和保管，物美价廉，越来越多地作为天然毛皮和皮革的代用品而用于服装，成为重要的服装材料。

二、服装用毛皮与皮革分类

1. 根据原材料分类

（1）天然毛皮与皮革：天然毛皮与皮革是指将从动物身上获得的毛皮和皮革进行加工处理后得到的材料。

（2）人造毛皮与皮革：人造毛皮与皮革是指以纺织材料或其他材料经过一系列加工形成的毛皮和皮革。

2. 根据结构分类

（1）毛皮：毛皮由毛被和皮板组成。毛被中毛绒的静止空气可以保存热量，使之不易流失，保暖性较强，而且轻便柔软；皮板厚实，坚实耐用，既可作为面料又可充当里料与絮料。

（2）皮革：皮革由皮板组成。皮革经过染色处理可得到各种外观的原料皮，再以不同的加工缝制方法制成多种风格的产品。铬鞣的光面和绒面革柔软丰满，粒面细致，表面涂饰后的光面革还可以防水。随着科技的进步，皮革新产品不断涌现，如砂洗革、印花革、金银粉或珠光粉涂层革、拷花革、水珠革、丝绸革及可水洗革等。

第二节 服装用毛皮结构与性能

一、天然毛皮的结构与性能

天然毛皮由毛被和皮板组成，主要成分是朊类蛋白质，毛被中主要是角质朊，皮板中主要是生胶朊。一般来说，除了鱼类、爬虫类的皮外，兽皮的组织构造是大致相似的。毛被表面有天然生成的色泽和斑纹，由于毛皮动物的生活习性和生长环境不同，天然毛皮的质感和服用特性也不同。

（一）天然毛皮的结构

天然毛皮由毛被与皮板构成，如图4-3所示。

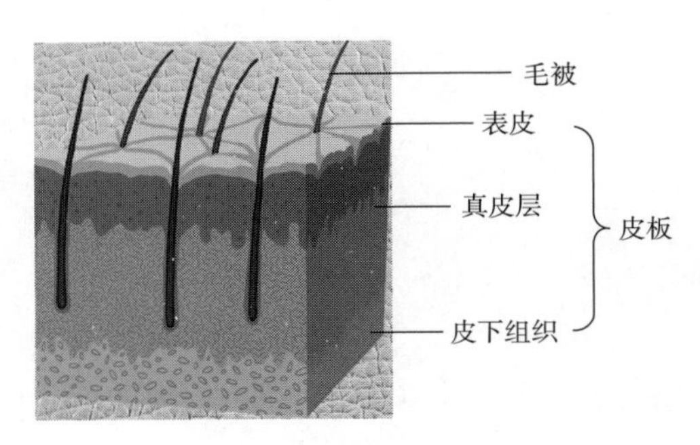

图4-3 天然毛皮的结构

1. 毛被的构成

毛被决定了毛皮服装的外观，由于体毛的长短、粗细、密度分布不同，又可将毛被看作是由三种类型的体毛组成的，即针毛、绒毛和粗毛，如图4-4所示。

（1）针毛：针毛生长数量少，较长，呈针状，美观而富有光泽，弹性较好。针毛占总毛量的2%~4%。有些毛皮的针毛带有毛节，构成毛被特有的颜色。针毛长于绒毛，在绒毛上形成一个覆盖层，起到保护绒毛的作用。针毛有一定的弯曲，形成毛被的特殊花形。针毛的质量、数量、分布状况决定了毛被的美观和耐磨性能，是影响毛被质量的重要因素。

（2）绒毛：绒毛生长数量多，上下粗细基本相同，并带有不同的弯曲，呈浅色调的波卷。绒毛的颜色较差，色调较一致，占总毛量的95%以上。绒毛主要起保持体温的作用，短绒的结构使皮肤表面形成空气层，静止空气停留在薄而紧密排列的绒毛中间，使热量不易散失。绒毛的密度和厚度越大，毛皮的防寒性能就越好。

（3）粗毛：粗毛的数量和长度介于针毛和绒毛之间，其上半段像针毛，下半段像绒毛，毛弯曲的状态有直、弓、卷曲、螺旋等。粗毛的作用是表现外观毛色和光泽，并起到防水的作用。当毛被被水淋湿后，粗毛倾倒在针毛上，使水聚集在毛束中轴，顺流到针毛的尖端，形成水滴而滴落，防止皮板被水浸湿。

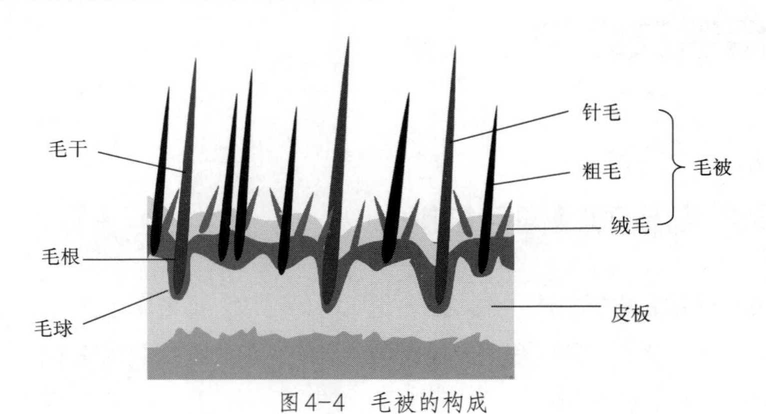

图4-4 毛被的构成

2. 毛的结构

从毛被的结构来看，沿毛的长度可分为三部分，即毛干、毛根和毛球，如图4-4所示。露在皮外的部分为毛干，位于毛囊内的毛干延续部分为毛根，包围毛乳头的毛根膨大部分为毛球。毛干和毛根都是由硬化了的死细胞构成，而毛球的基底部分则是由活的能繁殖的表皮细胞构成，细胞在繁殖和衍变过程中逐渐形成了毛干和毛根。

3. 毛被的形态

按毛被组成的类型不同分为以下三种形态：具有三种毛型的毛被由针毛、粗毛、绒毛组成，如山兔的毛皮；具有两种毛型的毛被由针毛、绒毛组成，如水貂[1]皮；单一类型的毛被，如美利奴羊皮只有绒毛，鹿皮只有针毛。

（二）天然毛皮的分类

根据毛被的长短和皮板的厚薄，大致可以分为四大类。

1. 小毛细皮类

小毛细皮类的毛皮特点是毛短、绒密、皮板细软、张幅较小，其中尤其以紫貂[2]、水獭[3]皮最名贵。

（1）紫貂皮：紫貂别名黑貂，是貂的五大家族（紫貂、花貂、纱貂、太平貂、水貂）之一，体毛呈黑褐色，头部颜色较浅，下颚有颜色不同的喉斑，其毛皮御寒能力极强。多数貂的针毛中夹杂有银白色的针毛，比其他针毛粗、长、亮，毛被细软，底绒丰富，毛色光亮，皮质滑软，质轻坚韧，皮板鬃眼较粗，透气性好，如图4-5所示。

图4-5　紫貂

（2）水貂皮：水貂皮的毛皮脊部至尾基处为黑褐色，尾尖呈黑色，针毛光滑、柔软、润泽，绒毛稠密，皮板坚实、轻便，如图4-6所示。

图4-6　水貂

（3）水獭皮：水獭皮的毛皮中脊呈深褐色，肋和腹色较浅，有丝状的绒毛和富有韧性的皮板，属针毛劣而绒毛好的皮种。毛被的特点是针毛峰尖很粗糙，缺乏光泽，没有明显的花纹和斑点，但拔掉粗针毛后，下面的底绒却光泽油亮，非常美丽，而且稠密、细腻、丰富、均匀，不易被水浸透。绒毛细软厚足，直立挺拔，耐穿

---

[1] 水貂：国家二级重点保护动物。人工养殖的水貂其实并不属于貂类。——出版者注

[2] 紫貂：国家一级重点保护动物。——出版者注

[3] 水獭：列入《世界自然保护联盟》(IUCN)2015 年濒危物种红色名录 ver3.1——近危(NT)。——出版者注

耐磨，比其他毛皮更加耐用，皮板坚韧有力，不脆不折，柔软绵延。

（4）海獭[1]皮：海獭皮的毛皮中脊呈黑褐色，黑针毛中排列有白针毛，底色清晰明亮，绒毛呈青棕色，腹部色泽较浅。毛被的锋尖粗厚致密，有很好的抗水性，皮板坚韧，弹性大，能纵横伸缩，耐穿耐用，张幅较大。

（5）扫雪[2]皮：扫雪皮针毛呈棕色，中脊黑棕色，绒毛乳白或灰白，冬皮纯白，但尾尖总是黑色，其皮板的鬃眼比貂皮细，毛被的针毛锋尖长而粗，光泽好，绒毛丰厚，光润美观，皮板柔韧。

（6）艾虎[3]皮：艾虎的四肢与躯体毛色明显不同，毛被中的针毛和绒毛都比较细软，毛质厚度不大，呈鱼白色或橘黄色。在前腿十字骨以下部位分明地显出黑色、油润、柔软的针毛，与灰白色的绒毛构成明暗相间的花纹。脊部的针毛比绒毛长一倍多，但不稠密，能透出绒毛美丽的色泽，花色独特，别具特色。

（7）黄鼬[4]皮：黄鼬毛为棕黄色，腹色稍浅，尾毛蓬松。针毛锋尖细软，有极好的光泽；绒毛短小稠密，整齐的毛锋和绒毛形成明显的两层；皮板坚韧厚实，防水耐磨。

（8）猸子[5]皮：猸子毛有三种颜色，毛干的基部为白色，中部为灰棕色，毛尖为白色。针锋较粗，底绒细软。拔掉粗针毛后，绒毛呈青白色，皮板柔软，坚韧有拉力。南方产的猸子皮张幅大且质量好。

（9）麝鼠[6]皮：麝鼠皮的毛被中脊为褐色至棕黄色，毛尖夹有棕黑色，毛基及腹侧均为浅灰色，皮板厚，绒多，针毛亮，尤以冬皮绒厚绵软，品质优良，其经济价值略逊于水獭皮。

2. 大毛细皮类

毛皮特点是毛被长且柔软，呈倒伏状，皮板厚而坚韧，张幅较大，其中尤以狐皮最贵重，适合作外套、衣领、皮帽等。

（1）狐皮：北极狐[7]又称蓝狐，有白色和浅蓝色两种色型。蓝狐皮毛被蓬松、稠密、

---

[1] 海獭：列入《海洋哺乳类保护条例》，为“枯竭种”。——出版者注

[2] 扫雪：石貂的别称。1998 年列入中国《国家重点保护动物名录》Ⅱ级保护动物。——出版者注

[3] 艾虎：艾鼬的别称。列入中国国家林业局 2000 年 8 月 1 日发布的《国家保护的有益的或者有重要经济、科学研究价值的陆生野生动物名录》。——出版者注

[4] 黄鼬：俗称黄鼠狼。列入《世界自然保护联盟》(IUCN)2008 年濒危物种红色名录 ver3.1——低危(LC)。——出版者注

[5] 猸子：鼬獾的别称。列入《世界自然保护联盟》(IUCN)2008 年濒危物种红色名录 ver3.1——无危(LC)。——出版者注

[6] 麝鼠：又名麝香鼠，青根貂。列入《世界自然保护联盟》(IUCN)2016 年濒危物种红色名录 ver3.1——无危(LC)。——出版者注

[7] 北极狐：列入《世界自然保护联盟》(IUCN)2013 年濒危物种红色名录 ver3.1——低危(LC)。——出版者注

柔软，底绒呈带蓝头的棕色，针毛呈蓝红到棕色，板质轻软，有韧性。赤狐即红狐，毛呈棕红色。由于地区和自然条件不同，狐狸的皮板、毛被、颜色、张幅等都因地而异。南方产的狐狸皮张幅较小，毛绒短粗，色红黑无光泽，皮板寡薄干燥；北方产的狐狸皮品质较好，毛细绒厚，皮板厚软，拉力强，张幅大，如图4-7所示。

图4-7　狐狸

（2）猞猁[1]皮：猞猁皮脊部呈铁灰色夹杂有白色针毛，体后部及四肢有棕褐色斑点，腹部毛白而长，毛被华美，绒毛稠密，针毛爽亮，皮板有坚韧的拉力和弹性，保暖耐用，如图4-8所示。

（3）狸子皮：其毛皮特点是毛为三色，基部灰色，中部白色，尖端黑色，毛锋光泽好，周身花点黑而明显，底色呈黄褐色，毛绒细密，常拔掉针毛后使用，其花斑如镶嵌的琥珀，绚丽夺目。南狸外观美，花点清晰，适宜制作翻毛大衣；北狸皮毛绒厚，保暖性好，可用来制作大衣，如图4-9所示。

（4）貉子皮：貉子皮的毛皮特点是针毛的锋尖粗糙散乱，颜色不一，暗淡无光，但拔掉针毛以后透出驼青色绒毛，色泽变化明显。绒毛如棉，细密、淡雅、美观，皮板厚薄适宜，坚韧耐拉，可用来制作大衣、衣领等，如图4-10所示。

图4-8　猞猁

图4-9　狸子

图4-10　貉子

3. 粗毛皮类

此类毛皮的特点是被毛长但毛质粗，柔性差，呈倒伏状，皮板张幅较大，且资源丰

[1] 猞猁：国家二级保护动物。——出版者注

富，其中以羊皮产量最充足，适合作外套、衣领或皮衣里。

（1）豹[1]皮：豹皮的毛皮色泽棕黄，其上分布有大小不同的黑圆圈。东北地区的豹，皮大绒厚，环状黑斑花纹散乱不清，色泽暗淡，毛被锋尖和毛绒较粗；云贵地区的豹，毛皮颜色鲜艳，斑点清晰华美，绒毛短平油亮，较为珍贵，如图4-11所示。

（2）狼皮：狼皮的毛皮特点是毛长、绒厚、有光泽，毛色随地区变化较大，由棕灰到淡黄或灰白都有，皮板肥厚坚韧，保暖性很强，尤以冬季皮毛的质量为最佳，可用来制作短皮衣、皮帽、皮领和皮套鞋等，如图4-12所示。

（3）绵羊皮：改良绵羊皮的毛细密均匀，鞣制后多制成剪绒皮，染成各种颜色之后，颇似獭绒，多用于制作皮衣、皮帽、皮领等。杂交绵羊皮是细毛或半细毛羊与本种绵羊杂交的羊皮，其毛粗细不匀，长短各异，质量较差，但是毛的密度大，可制作剪绒皮。本种绵羊毛长绒厚、纤维紧密、耐磨，可用来制作皮衣裤、皮手套和皮鞋里等（图4-13）。

图4-11　豹

图4-12　狼

图4-13　绵羊

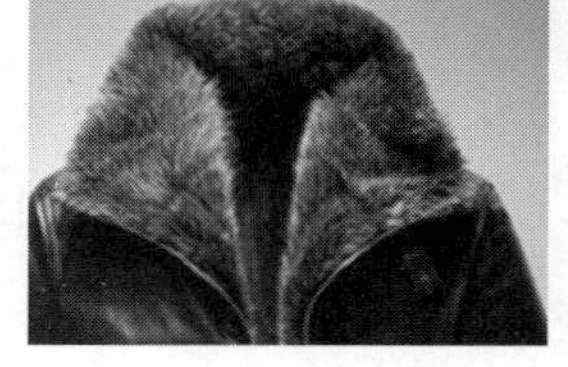

图4-14　山羊绒皮

（4）山羊绒皮：其毛细长，底绒厚密、板质比较薄。山羊绒皮可以制作皮衣、童装、皮领等，也可将针毛拔掉只留绒毛，染色后制作成各种服饰用品（图4-14）。

4. 杂毛皮类

此类毛皮的特点是毛被光泽较差，皮板较薄，毛短色杂，保暖性稍差，适合作皮帽、衣里及童装外套。

（1）猫皮：颜色多样，斑纹美观，由黑、黄、白、灰、狸五种正色及多种辅色组成，毛被上有时而间断、时而连续的斑点、斑纹或小型色块片断，针毛细腻润滑，毛色浮有闪光，暗中透亮，如图4-15所示。

（2）兔皮：北方兔的毛色多为白色，毛绒厚而平坦，色泽光润，皮板柔软；力克斯兔的全身均为同质绒毛，以驼色居多，

[1] 豹：国家一级保护动物。——出版者注

毛呈细小螺旋状，皮板厚实；青紫蓝兔毛被具有天然色彩，皮张幅大，毛绒丰厚；安哥拉兔毛被洁白蓬松无针毛，也是主要的产毛兔。家兔毛绒平顺、丰满，板质光润细韧。改良家兔皮还具有人工染色所不及的天然美丽色泽，如青色、褐色、咖啡色和黑色等，可制作成各种皮衣、皮帽、皮领、披肩、手套及其他服饰用品，如图4-16所示。

图4-15 猫皮

图4-16 兔皮

（三）天然毛皮的加工

未经处理的动物毛皮谓之“生皮”，带有油脂，粗硬坚韧且具有轻微的动物气味。为了获得光滑而柔软的毛皮，就必须将生皮进行硝皮、鞣制、染色、整理等加工处理，使其成为“熟皮”，使皮质柔软、无味，富有光泽和弹性，具有一定的服用性能。

1. 准备工序

毛皮的准备工序主要是清除毛皮上的残肉、脂肪、污垢，使皮板水分含量达到70%~75%，接近鲜皮状态。具体的加工方法有：浸水、削里、毛被脱脂、浸酸软化、洗涤等工序。

（1）浸水：浸水的目的是使原料皮恢复到鲜皮状态，除去部分可溶性蛋白质，并除去血污、粪便等杂物。要求皮张不得露出水面，浸软、浸透，均匀一致。

（2）削里：在毛皮浸水软化后，去除附着在毛皮肉面上的脂肪、残肉。

（3）毛被脱脂：利用碱与油脂生成肥皂的性能，除去毛被上的油脂。保持既脱掉脂肪，又不损伤毛皮。

（4）浸酸软化和洗涤：在规定时间内，将脱脂后的毛皮进行浸酸软化处理后充分水洗，除去肥皂液，洗涤冲洗干净后，出皮晾干。

2. 鞣制工序

鞣制就是利用鞣剂分子在胶原分子链间产生的附加交联，大幅提高胶原的结构稳定性，使裸皮的结构和性质发生质的变化，将裸皮变成服装用毛皮。能与生皮蛋白质结合成服用要求的毛皮与皮革的物质，称为鞣剂。鞣剂分为无机鞣剂和有机鞣剂两大类。无机鞣剂包括铬、铝、铁、锆、钛等金属化合物；有机鞣剂包括植物鞣剂、醛类（甲醛和戊二醛）、高不饱和度油脂、合成鞣剂等。

鞣制工序是将毛皮放入配好的鞣液中，吸收鞣剂以改善毛皮的质量。经鞣制后的皮板对化学品、水及热作用的稳定性大大提高，并增强了牢度。目前主要方法有：铬鞣法、铬—铝鞣法、醛鞣法、油鞣法、干鞣法等。

（1）铬鞣法：铬鞣法是采用三价铬的铬合物作为鞣剂，对毛皮进行鞣制加工的方法。鞣制后的毛皮手感丰满柔韧，富有弹性，物理机械强度好，耐热、耐磨、抗水、延伸性均好，但铬鞣法鞣制加工的毛皮可塑性较小，加工成型较困难。

（2）铬—铝鞣法：铬—铝鞣法是采用铝盐与铬化物结合的鞣制加工方法。鞣制后的毛皮具有耐湿热稳定性强、机械强度高、染色性能好、手感柔软丰满等特点。

（3）醛鞣法：醛鞣法是用醛的有机物作鞣液的鞣制加工方法。鞣制后的毛皮具有良好的耐汗性和耐水洗性，并具有一定的抗酸、碱、氧化剂及还原剂的能力，用于绵羊毛皮、牛皮等的鞣制加工。

（4）油鞣法：油鞣法是用碘价高和酸价低的海生动物油作鞣剂进行加工的方法。具有柔软度高、相对密度小、延伸率大、手感舒适、多孔性突出、透气性很强等特点，主要用于平纹革、皱纹革、绒面革、毛皮等的鞣制，并制成鞋类、箱包、背心、裘皮服装等。

（5）干鞣法：干鞣法是直接用有机溶剂鞣制的方法。采用这种方法进行毛皮的鞣制加工，设备简单，工艺方便，质量好，成本不高，又可避免铬的污染。

3. 后加工工序

鞣制后的毛皮一般还要进行后加工工序，以使其牢固、柔软、光洁艳丽，同时也能使品质较差的毛皮得到修补，具有高级毛皮的外观。

（1）拔毛工艺：拔毛工艺主要是将动物毛皮粗硬的针毛拔掉，使毛皮变得柔软。

（2）剪毛工艺：剪毛工艺主要是在“拔毛”工艺的基础上，将动物毛皮针毛的上端剪掉，使其与绒毛的长短一致，从而产生绒毛般的肌理效果，使毛皮服装减轻重量并变得柔软。

（3）染色工艺：染色工艺是指采用化学染料改变毛皮的自然颜色。对毛皮进行染色处理是基于两个方面的考虑：其一，毛皮天然的颜色及品质不是很好，经染色处理，可改善毛皮外观。其二，当需要毛与皮革色彩一致的时候，就要通过染色进行处理。因为天然的毛色与皮革的色彩有所不同，而进行染色处理后，皮革与毛则会保持色彩一致。当然有时也是出于对流行色及服装面料搭配等方面的考虑。

（4）钉皮工艺：钉皮工艺是皮革行业专门用来处理和展平毛皮的方法。首先要将毛皮的皮面浸湿后铺在钉皮板上，将其伸展至所需的形状，然后用钉子沿毛皮的边缘钉好。待干了之后，拿掉钉子，毛皮就会保持这个形状。

（5）上油工艺：上油工艺是适量添加油脂，以增强皮板的柔软度和防水性。

（6）洗毛工艺：洗毛工艺是先用干净的硬木锯末吸掉毛上的残留污垢，然后除去锯末。

（7）拉软工艺：拉软工艺是用钝刀在皮板较硬的地方进行推搓，使之柔软。

（8）皮板磨里工艺：皮板磨里工艺是对可两面穿着的毛皮及反绒革面的加工工艺。使用磨革机械刮刀机将皮板里面反复研磨，使板面绒毛细密，厚薄均匀，消除或掩盖皮板的缺陷。

（9）毛被整理工艺：毛被整理工艺是将毛梳直或打蓬松，使毛被松散挺直，具有光泽。

（四）天然毛皮的性能

1. 毛被的性能

（1）毛被的疏密度：毛被的疏密度取决于毛被单位面积上毛的数目和毛的细度，是用来衡量毛皮的御寒效果、毛被的耐磨性和外观质量。例如，水獭、水貂和黄鼬、旱獭相比，前两者毛密绒足，后两者毛粗而稀疏，故前两者价格高。和山羊皮相比，细毛绵羊皮周身毛同质同量，剪绒后得到的毛被平整细腻、绒毛丰满；而山羊皮毛被稀疏且粗，既有针毛又有绒毛，山羊拔针后的绒皮制品远不及细毛绵羊皮的剪绒制品价格高。

（2）毛被的颜色和色调：由于毛的皮质层中锭状细胞壁上含有天然色素，所以动物毛被呈现一定的天然色彩。这种色彩可以存在于毛的全长内，也可以仅存在于毛干的某一部位。除了毛被的基本颜色外，也可能具有不同的色调。例如，松鼠皮背部多为黑色，也可能为红褐色、青色，由脊背部向两腰发展，颜色逐渐变浅，腹部颜色最浅。

（3）毛的长度：毛的长度决定了毛皮的御寒能力，一般动物的冬皮毛被毛长绒足，防寒效果好。毛被的高度是由针毛和绒毛的长度决定的。各种毛的长度与动物种类、分布地区、宰杀季节、性别、兽龄有关。根据毛的弯曲程度把毛分成自然长度（在自由而未拉伸状态下测定的）和真正长度（把毛伸直后测定的）。自然长度和真正长度之间的比率叫作毛的伸长率。弯曲度很大的绒毛伸长率较大。因此，根据不同的要求选择合适的品种，适当地控制毛被长度（控制宰杀季节、剪毛时间等）才能达到预期的目的。

（4）毛被的光泽：毛被的光泽与毛的表面形状和结构有关。毛越细，毛表面的曲率越大，光线的全反射越小，通过毛内部和外部反射所综合形成的漫射就越大，因而光线特别柔和，近似银光。另外，毛的光泽也与毛表面鳞片的排列疏密程度、贴紧程度有关。一般来说，毛鳞片越稀，越容易紧贴在毛干上，所以表面平滑，反光也越强，光泽也越亮。此外，毛的颜色、皮质层的性质、毛髓发育程度和它的结构等都会影响到毛的光泽。例如，新疆细毛羊的毛被直径小，鳞片密，粗细均匀，具有银光效果，而哈萨克羊是粗毛或半粗毛，毛鳞片稀松，属于无光毛。化学药品或细菌腐蚀都会损伤毛被，使之光泽晦暗，无法染成鲜艳的色调，所以对外观质量有一定影响。

（5）毛被的弹性：生皮毛被弹性的大小，直接影响其制品毛被弹性的好坏。弹性差的毛被，经压缩或折叠以后，被弯曲的毛被需要很长时间才能复原，甚至根本不能复原，从而导致制品外观不良。毛的弹性越大，弯曲变形后的回复能力越好，成毡性能就越小。有髓毛的弹性一般比无髓毛的大，而秋季毛又比春季毛的弹性大。

（6）毛被的柔软度：毛被的柔软度是由感觉器官确定的。柔软的毛被用手抚摸、穿戴时会感觉舒服。毛被的柔软度主要取决于毛干的构造、粗细、有髓毛和无髓毛数量的比例等。

（7）毛被的成毡性能：毛上鳞片的生长都是指向毛尖，毛将保持根端向前运动的方向。同时毛又具有复杂多向的弯曲及较大的拉伸变形后的急性回复能力，这种蜷缩性和回复弹性使毛在被压与除压、正向与反向搓揉等重复机械力的作用下进行了杂乱的爬动，从而形成了不可回复的杂乱交编、缠结成毡。一般来说，毛细而长、天然卷曲大、弹性回复性能好的毛被，其成毡性能强。

2. 皮板的质量

（1）皮板的厚度：皮板的厚度在很大程度上因动物的种类而异，但在同类动物中，又与宰杀季节、性别、兽龄等有关。皮板的厚度随着兽龄的增加而增加，公兽皮常比母兽皮厚一些。母兽皮和阉割过的公兽皮，其厚度比成年公兽皮更均匀。同一张动物皮上各个部位的厚薄也不同。各种牲畜的皮，其背脊部和臀部最厚，两侧和颈部较薄，腋部最薄。另外，生皮的防腐方法对皮板的厚度也有影响。盐腌防腐，皮板厚度变化不大；干燥和盐干防腐，其厚度大大减小。皮板的厚度往往决定着皮板的强度、御寒效果和皮板的重量。一般，皮板厚的毛皮强度大、重量大、御寒效果好。

（2）皮板的面积：皮板的面积取决于动物种类、品种、兽龄、公母、分布地区和动物肥瘦，也与防腐方法有关。例如，干燥防腐的绵羊皮，其面积相较于最初的生皮会减少10%，盐干保存的生皮面积减少6%，而用盐腌法保存的生皮，其面积几乎不改变。面积较大的毛皮，一般都具有充足的毛被。按毛皮的大小，可分为大型、中型、小型三类，以便在加工时控制工艺条件。

3. 毛被和皮板结合的强度

（1）皮板的强度：皮板的强度取决于动物的种类、宰杀季节、胶原纤维的编织特性和紧密性，脂肪层和乳头层的厚薄等因素。例如，和山羊皮相比，绵羊皮表皮薄，乳头层厚且松软，皮板抗张强度较低。山羊皮乳头层松软性小，网状层的编织紧密，真皮纤维束也较粗壮、结实，故山羊皮比绵羊皮强度高。皮板的各个部位强度也是不相同的，臀部最厚、最紧实、强度也高，而腹部最松软、最不结实。

（2）毛被和皮板结合的强度：毛被和皮板结合的强度取决于动物种类、毛囊深入真皮中的程度、真皮纤维包围毛囊的紧密度，以及生皮的保存和贮存条件。秋季宰杀的动物的毛皮，毛被和皮板结合较牢。越接近春皮，毛被和皮板的结合强度越弱。

二、人造毛皮的结构与性能

（一）人造毛皮的结构

1. 针织人造毛皮

针织人造毛皮是在针织毛皮机上采用长毛绒组织织成的。其中，用腈纶、氯纶或黏胶纤维作毛纱，用涤纶、腈纶或棉纱作底布用纱。长毛绒组织是在纬平针组织的基础上形成的，纤维一部分同底纱编结成圈，而纤维的端头凸出在针织物表面形成毛绒状，如图4-17所示。

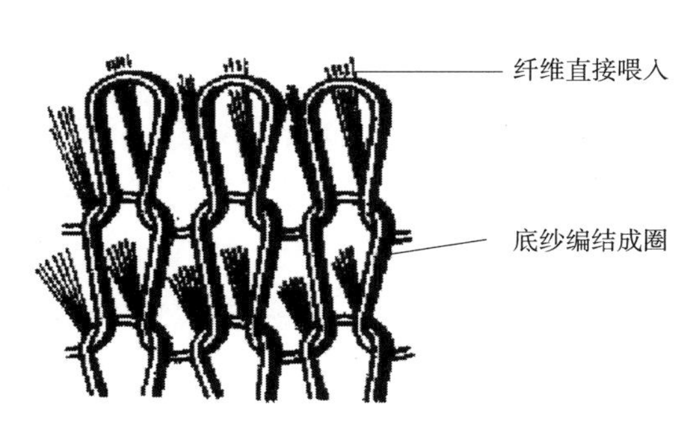

图4-17　针织人造毛皮的结构

利用纤维直接喂入而形成的长毛绒组织的织物，由于纤维留在针织物表面的长度不同，因此可以做成针毛与绒毛，针毛留在针织物表面，绒毛处于毛层之下而紧贴针织物，从而使针织物的毛层结构接近天然毛皮。一般可用长度较长、纤维较粗、染成深色的纤维作毛干，以长度较短、纤维较细、染成浅色的纤维作为绒毛。并且可以仿照天然毛皮的毛色花纹进行配色，把两种纤维以一定的比例混合成毛条，直接喂入毛皮机的喂毛梳理机构参加编织。

2. 机织人造毛皮

机织人造毛皮的底布一般是棉纱作为经、纬纱。毛绒采用羊毛或腈纶、氯纶、黏胶纤维等，在双层组织的经起毛机上织造。机织人造毛皮由两个系统的经纱和同一个系统的纬纱交织而成。底布经纱分成上、下两部分，分别形成上、下两层经纱的梭口，纬纱依次与上下层经纱进行交织，形成两层底布，两层底布间隔一定距离，毛经位于两层底布中间，与上下层纬纱同时交织。两层底布间的距离等于两层绒毛的高度之和，织成的织物经割绒工序将连续的毛经割断，便形成两幅独立的人造毛皮，如图4-18所示。

机织人造毛皮的质地、毛绒密度由毛和底布的固结形式决定。采用四梭固结的织物质地厚实，绒面丰满，弹性好；采用二梭或三梭固结的织物绒毛短密，耐压耐磨，有弹性。固结组织点越多，则质地越松软轻薄，毛绒也越稀疏。

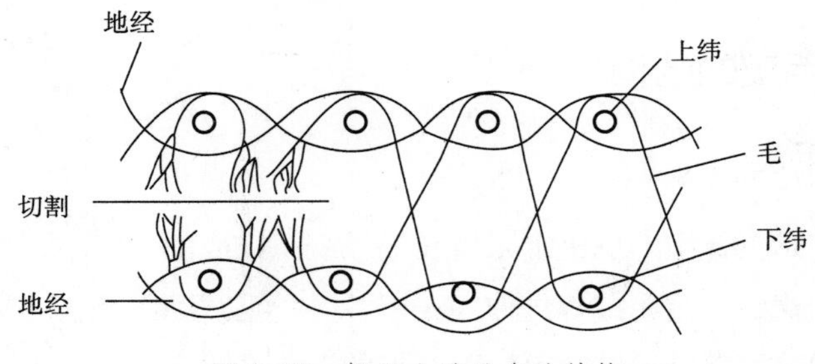

图4-18　机织人造毛皮的结构

3. 人造卷毛皮

人造卷毛皮是将黏胶纤维、腈纶或变性腈纶等放在条带机上自动转动的一把切刀上，纤维被切成小段，随即被夹持在两根纱线中，通过加捻形成绒毛纱带。绒毛纱带在卷烫装置中被烫卷曲，成为人造毛皮的卷毛。然后通过传送装置将绒毛纱带送向已刮涂了一层胶浆的基布，在基布上一行行粘满整齐的卷毛，再经过加热、滚压、适当修饰后，就成为人造卷毛皮（图4-19）。

图4-19　人造卷毛皮

（二）人造毛皮的特性

1. 人造毛皮的材料

根据人造毛皮的结构，人造毛皮的毛绒材料主要选用腈纶，基布主要选用棉或黏胶纤维等机织物或针织物作为底组织的制品。

2. 人造毛皮的特点

人造毛皮的特点是质量轻、光滑柔软、保暖、仿真皮性强、色彩丰富、结实耐穿、不霉、不易蛀、耐晒、价廉、可以湿洗；缺点是容易产生静电，易沾尘土，且经洗涤后仿真效果逐渐变差。加工人造毛皮服装时，可将毛面放在外侧，也可放在内侧。若放在内侧，要注意毛皮的厚度，即面料要适当加放尺寸，并要考虑毛的长度，尽量不要露出毛绒。

第三节
服装用皮革结构与性能

一、天然皮革的结构与性能

（一）天然皮革的结构

天然的皮革由动物毛皮去除毛被的皮板组成。通过在显微镜下观察皮板的垂直切片，可以清楚地将皮板分为三层，即表皮层（上层）、真皮层（中层）和皮下组织（下层），如图4-20所示。

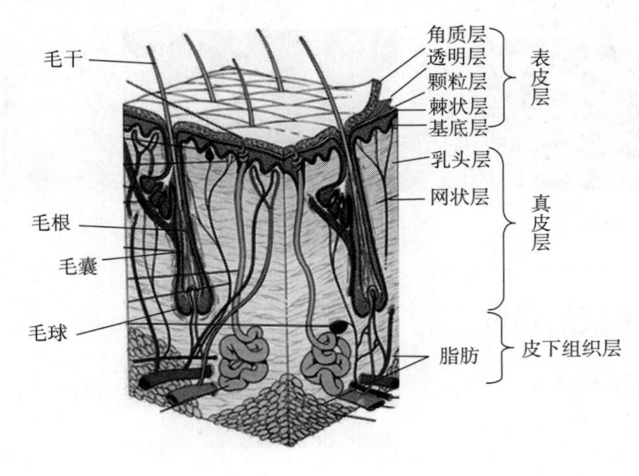

图4-20 皮板的结构

1. 表皮层

表皮层的厚度占总皮厚的0.5%~3%。表皮层很薄，牢度很低，在皮革加工的前道工序通常被去除。表皮层又分为角质层、透明层、颗粒层、棘状层和基底层。

（1）角质层：角质层是由一层呈鳞片状的完全角质化且紧密结合的细胞组成，这层细胞对水、酸、碱和有害气体等具有较强的抵抗力，起保护动物身体的作用。

（2）透明层：透明层是由彼此重叠的几层很紧密的细胞构成的薄层，含黏稠状的透明物质角母素。

（3）颗粒层：颗粒层由数列扁平细胞组成，含有不定形的透明角质颗粒，当这些透明角质增多增大时，胞核便被破坏。

（4）棘状层：棘状层由几列多角形的扁平细胞组成，细胞表皮有薄棘，与相邻细胞彼此相联，并能凸入真皮层的结缔组织内，细胞内原纤维在纵、横方向上经过细胞间桥彼此相联，起到把表皮层和真皮层连在一起的作用。

（5）基底层：基底层连接真皮，由数层细胞组成，其最下层圆柱形细胞沿着真皮凹凸不平的表面整齐排列成栅形，通过微血管从真皮获取养料和水分，并不停地分生繁殖，从而形成了表皮层中形态和性质不相同的上述各细胞层。

2. 真皮层

真皮层是原料皮的基本组成部分，也是鞣制成皮革的部分，占总皮厚的90%~95%。

真皮层又分为两层，分别是乳头层和网状层。

（1）乳头层：真皮层的上层呈现粒状构造的部分称为乳头层。当表皮层被除去以后，乳头层便暴露在外面，成为皮革的表面，称为“粒面”。在乳头层中分布着毛囊、皮脂腺、汗腺、血管、神经、肌肉和色素细胞，是皮部调节体温的部分。

（2）网状层：真皮层的皮下层叫网状层，主要由纤维状蛋白质构成，纤维呈网状交错，包括胶原纤维、弹性纤维和网状纤维。胶原纤维占真皮纤维的95%~98%，是由一种特殊的蛋白——胶原构成，呈纤维束状相互缠绕成型，它决定了毛皮的结实程度。弹性纤维由弹性硬朊构成，以编织网状形态分布于真皮的上层，占真皮的0.1%~1%，它决定了毛皮的弹性。网状纤维由一种很稳定的蛋白质——网硬朊构成，在真皮中数量很少，但由于其分支联合贯穿于全部真皮，各纤维间互相交错，有机地连接，能够整体抵抗外来的冲击，使皮革具有强韧的性能。

3. 皮下组织层

皮下组织层的主要成分是脂肪，非常松软，皮革制革工序中将其除去，因为脂肪分解后会损害毛皮。皮下组织层与真皮层的连接处是疏松的结缔组织，构成毛皮兽的毛皮并剥层。

（二）天然皮革的分类

1. 天然皮革的分类

天然皮革的分类可按原料皮的来源分，也可按皮革的用途分。动物皮革按层次分，有头层革和二层革，其中，头层革又分为全粒面革和绒面革。猪皮和牛皮因皮质较厚可制作猪二层革和牛二层革。

（1）全粒面革：全粒面革也称正面革、光面革，其表面保持原皮天然的粒纹，从粒纹可以分辨原皮的种类，如图4-21所示。在诸多皮革品种中，全粒面革应居“榜首”，因为它是由伤残较少的上等原料皮加工而成，革面上保留完好的天然状态，涂层薄，能展现出动物皮自然的肌理美，不仅耐磨，而且具有良好的透气性。

图4-21　全粒面革

（2）绒面革：绒面革也称修面革，是利用磨革机将革表面进行磨绒处理，再压上相应的花纹制成的，实际上是对带有伤残或粗糙的天然革面进行了“整容”，如

图4-22所示。这种革几乎失去了原有的表面状态，涂饰层较厚，耐磨性和透气性也比全粒面革差。

（3）二层革：二层革是将厚皮用片皮机剖层而得，头层用来做全粒面革或绒面革，二层经过涂饰或贴膜等系列工序制成二层革，如图4-23所示。二层革的牢度和耐磨性都低于头层革。

图4-22 绒面革

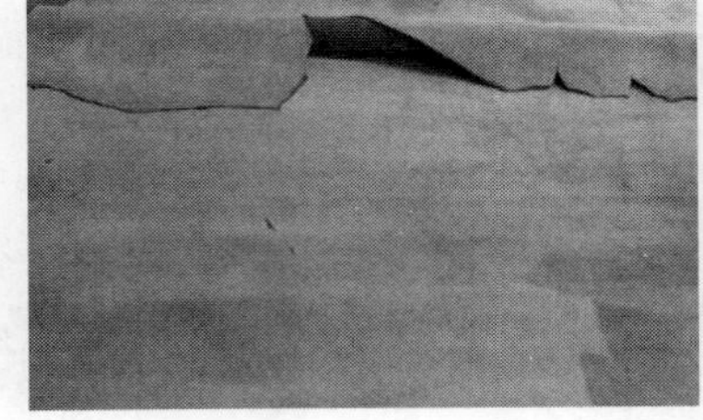

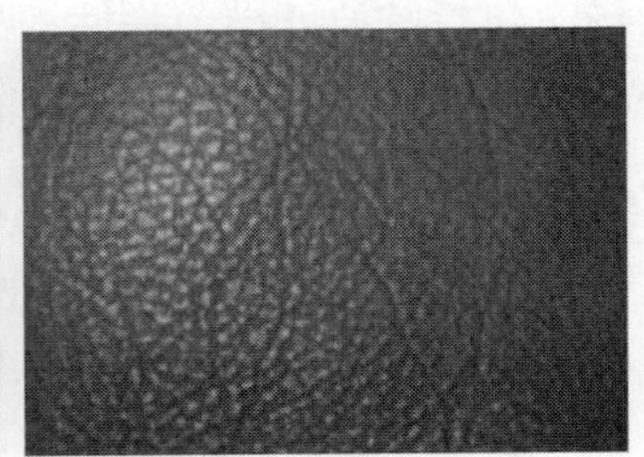

图4-23 二层革

2. 天然皮革的主要品种

（1）牛皮：牛皮手感比较柔韧，正面毛孔细密，毛孔分布不均匀，耐磨、耐折，吸湿透气较好，粒面磨光后亮度较高，其绒面革的绒面细密。牛皮主要有黄牛皮和水牛皮，如图4-24所示，是优良的服装、鞋、皮带、箱包、手套材料。

黄牛皮的表皮层较薄，毛根和汗腺长入真皮不深，网状层中的胶原纤维粗壮，编织紧密，抗张强度较大。黄牛皮毛孔小，粒面细致，各部位厚度较均匀。

水牛皮皮板较薄，夏季板和秋季板品质最好，冬季和春季的皮板枯瘦。水牛皮的特点是毛被稀疏而且粗糙，毛孔较大，张幅较大，较厚，纤维束编织疏松，弹性较差。

（a）黄牛皮

（b）水牛皮

图4-24 牛皮

（2）羊皮：羊皮分为山羊皮和绵羊皮两大类。羊皮虽然张幅不大，却是制革的主要工业原料，如图4-25所示。

(a) 山羊皮

(b) 绵羊皮

图4-25　羊皮

山羊皮表皮层较薄，粒面平滑细致。山羊皮的汗腺、脂腺、脂肪细胞、毛囊和肌肉组织等均比绵羊皮少，所以乳头层松软度不如绵羊皮。网状层纤维束编织得比绵羊皮紧实粗壮。真皮中大部分纤维束与粒面平行，且略呈波浪形，使皮革柔软且富有延伸性。其粒纹特点是半圆形的弧上排列2~4根针毛，形成山羊皮特有的瓦形粒纹。

绵羊皮多用于制作裘皮，只有不宜制作裘皮的才用来制革。绵羊板皮表皮层较薄，乳头层相当厚，乳头层中有相当多的毛囊、腺体等组织，这些组织除去后，便在乳头层留下许多空隙，使皮革松软，甚至造成粒面层和网状层分离。绵羊皮的纤维束较细，编织疏松，因此抗张强度比较低，但延伸性却较大。绵羊板皮制成革后柔软性、延伸性、透气性均较好，虽然强度小，但革身轻而柔软、粒面细致。

（3）猪皮：猪的皮下脂肪发达，猪毛以三根为一组，呈“品”字形排列，长得较深，贯穿于真皮层，毛根最后集中于脂肪内，当脂肪细胞除去之后，猪皮的肉面便出现许多凹洞，俗称“油窝”。制成皮革后，粒面较粗糙，光滑度较差，猪皮纤维比较粗壮，编织紧密，故有较大的强度和耐磨性；其毛孔粗大，且贯穿真皮层，故具有透气性，舒适性能较好，如图4-26所示。

（4）马皮：马皮表面的毛孔呈椭圆形，比牛皮毛孔稍大，毛倾斜地伸入革内，排列较有规律，成山脉状，色泽昏暗，光亮度不如牛皮。马皮革面松而软，与羊皮比较接近，革面粗细程度、鬃眼大小也与羊皮颇为相似，但马皮质地比羊皮硬，手感不好，皮面光泽不均匀。马皮的坚固性、耐磨性较差，穿久易断裂，可制成服装、皮包等，如图4-27所示。

（5）麂皮：麂皮是一种动物麂的皮，皮面粗糙，斑驳粒面伤残较多，毛孔粗大稠密，不适合做正面革，皮质厚实，坚韧耐磨，纤维组织也较紧密，绒面细密，柔软光洁，透气性和吸水性较好，是加工绒面革的上等皮料，可用来制作夹克衫、手套、皮鞋等，如图4-28所示。

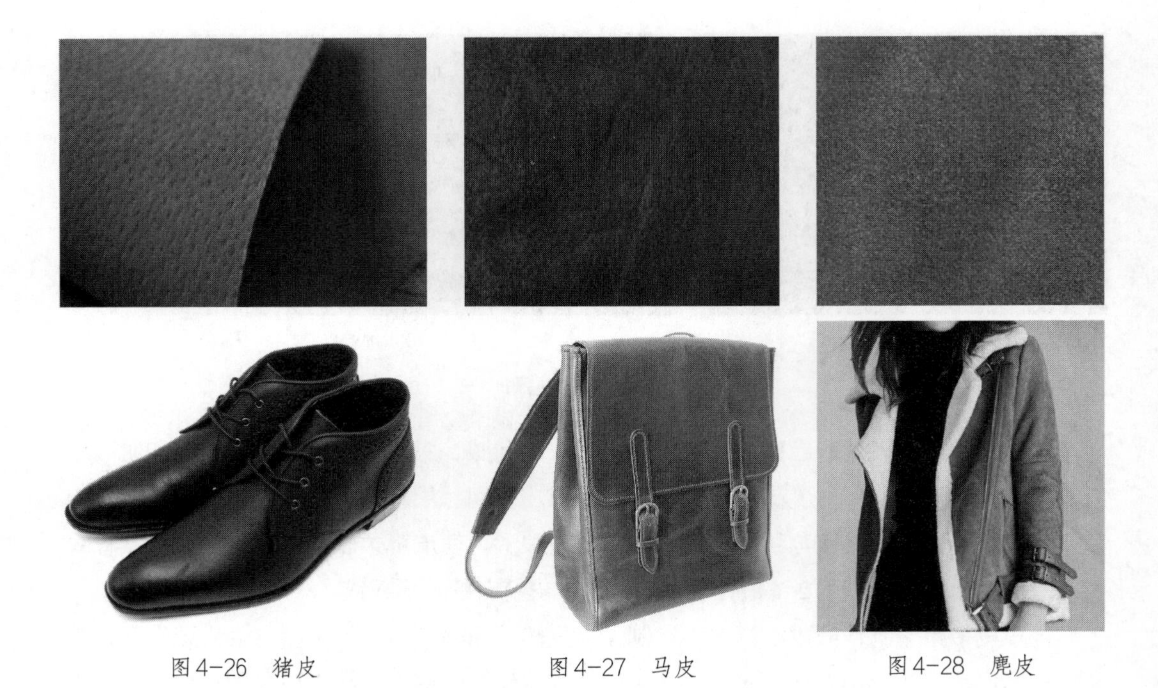

图4-26 猪皮　　图4-27 马皮　　图4-28 麂皮

（6）鳄鱼[1]皮：鳄鱼的表皮由特殊的、不易变形的角质层构成，且鳄鱼生长时间越长，其表面的角质“鳞片”就越坚硬，凸出越明显。鳄鱼皮只有二维的纤维编织，因此弹性较小，不易制成手感优良的皮革，但具备很好的成型性及特殊的外观。鳄鱼皮属于稀有名贵皮革，如图4-29所示。

（7）蛇皮：蛇皮具有不同的粒面及粒纹特征，附着有“鳞片”，制成皮革后具有美观的立体粒面花纹。色泽、花纹美观的蛇皮，在加工中也可采取措施保留。蛇皮较薄，强度较低，一般用于包袋、鞋的装饰或高级腰带、表带的贴面，也可制成领带等，如图4-30所示。

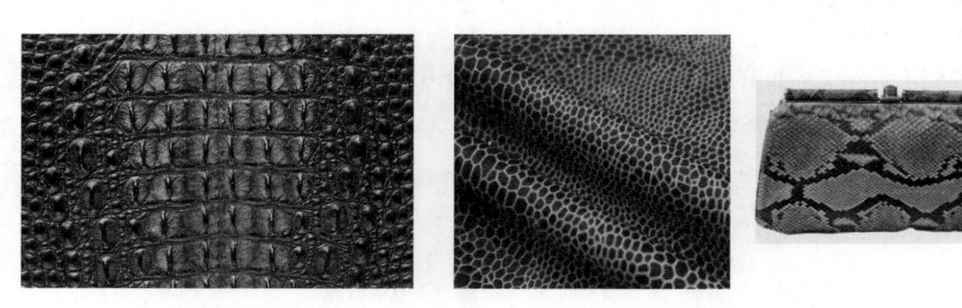

图4-29 鳄鱼皮　　图4-30 蛇皮

[1] 扬子鳄、中美短吻鼍、南美短吻鳄、亚马孙鼍、窄吻鳄、尖吻鳄、中介鳄、菲律宾鳄、佩滕鳄、尼罗鳄、恒河鳄、湾鳄、菱斑鳄、暹罗鳄、短吻鳄、马来鳄、食鱼鳄等属于濒危野生动植物种，是国际性重要保护物种，被《华盛顿公约》CITES（濒危野生动植物种国际贸易公约）列入附录Ⅰ名单，禁止其国际贸易。另外，爬行纲鳄目除列入附录Ⅰ的以外所有物种均被列入CITES附录Ⅱ名单，管制国际贸易。——出版者注

（三）天然皮革的加工

1. 准备工序

要使原料皮成为适合鞣制的裸皮，必须预先经过一系列化学和机械的处理，使防腐或保管的原料皮的水分含量恢复到鲜皮状态，除去制革生产中无用的物质，如毛、表皮组织、皮下组织、脂腺、汗腺及纤维间质等，适当松散胶原纤维结构，为鞣制做好一切必要的准备。准备工序主要有浸水、脱毛、浸灰膨胀、脱灰、软化、浸酸、去酸、脱脂、剖层、削匀、去肉等工序。

准备工序的多少及排列顺序依原料皮的种类、防腐方法、工艺路线的选择及皮革的品质要求而定。例如，鲜皮一般只进行短期水洗，干皮则需要长时间浸水；牛皮脂肪含量少，可以不必专门脱脂；猪皮则一定要机械去肉，除去厚厚的皮下脂肪层。准备工序中还常有专门的脱脂工序，采用多次脱脂，使皮中脂肪尽可能除净。无论哪一种原料皮，无论哪一种成革，在准备工序中，脱毛、浸灰碱及软化都是十分重要的关键工序，应当对这些工序加强管理和控制。

2. 鞣制工序

根据使用鞣剂的不同，鞣制方法可分为以下几种：无机鞣剂法，包括铬鞣、铝鞣、锆鞣、铁鞣、钛鞣；有机鞣剂法，包括醛鞣、油鞣、树脂鞣、合成鞣剂鞣、植物鞣；结合鞣剂法，包括铝—铬鞣、醛铝鞣、醛油鞣及其他鞣法。

目前常用的鞣制方法有铬鞣法、植鞣法和结合鞣法。铬鞣革一般呈青绿色，皮质柔软，耐热耐磨，伸缩性、透气性好，不易变质，但组织不紧密，切口不光滑，吸水性强。植鞣革一般呈棕黄色，组织紧密，抗水性强，不易变形，不易汗蚀，但抗张强度小，耐磨性与透气性差。结合鞣法是同时采用两种或多种鞣法制革，可以改变皮革的性能，制成革的特点取决于不同鞣法各自鞣制的程度。

生皮经过鞣制作用后，结构发生很大变化，主要表现为分子内外产生了附加交联，鞣剂分子与胶原蛋白分子侧链上的基团发生了结合，同时导致性能发生了质的变化：首先是纤维编织结构的成型性增加，多孔性增加及纤维束、纤维和微纤维间的黏合性减小；其次是纤维束的抗张强度增加，收缩温度大幅度提高，在水中的膨胀度减小，耐酶、耐化学试剂作用的能力增强。

3. 整理工序

鞣制后的皮不能直接作为革制品的材料，必须经过一系列的整理加工，才能得到满足客户要求的皮革。在整理过程中，干燥前的整理叫湿态整理，干燥后的整理叫干态整理。

湿态整理是在革内还有大量水分时，为了改善革的外观和内在质量而进行的加工处理，主要工序包括挑选、片皮、削匀、复鞣、中和、染色和加油。干态整理主要包括干燥、回潮、拉软、平展、熨平、压花、喷涂等工序。

（四）天然皮革的性能

皮革的性能主要体现在外观性能和内在性能。

1. 外观性能

（1）身骨：身骨指皮革整体挺括的程度。手感丰满有弹性者称为身骨丰满；手感空松枯燥者称为身骨干瘪。

（2）软硬度：软硬度指皮革软硬的程度。服装用革以手感柔韧不板硬为好。

（3）粒面细度：粒面细度指加工后皮革粒面细致光亮的程度。在不降低皮革服用性能的条件下，粒面细则质量好。

（4）皮面残疵及皮板缺陷：皮面残疵及皮板缺陷是指由于外伤或加工不当引起的革面病灶。

①外伤残：外伤残是指原皮的角花、剥伤、烫伤及加工造成的机械外伤。

②虻眼：虻眼是寄生在皮层中的牛虻幼虫钻出皮层后在皮面上留下的孔洞，常见于牛皮、马皮的脊背部。

③糟板：糟板是由于鞣制后堆置过久，闷热受潮，或鞣制过程控制不当，使皮板糟烂，成为不耐撕、失去缝纫强度的皮板。

④油板：油板是由于脱脂不净或加脂不当使皮板含油量超过限度，产生的油污板面。

⑤反盐：反盐是指皮革在鞣制后由于水洗不净使皮板内含有大量中性盐，在空气潮湿时会“出汗”，干后结盐霜沾污表面，并使皮板变得粗糙。

⑥裂面：裂面是由于脱灰不当或表面过鞣，引起粒面层含杂质或腐烂，使表皮层抗拉强度下降，当皮革拉伸弯曲时，皮面出现裂纹的现象。

⑦硬板：硬板是由于鞣制中没有使皮纤维充分松散造成的革身发硬，摇之发响，无弹性和不柔韧的现象。

⑧脱色掉浆：脱色掉浆是由于浆料与皮革结合不牢或涂饰层脆裂，导致染料或涂层从皮革表面脱落的现象。

⑨露底：露底是由于毛绒不紧密而造成的底层显光发亮的现象。

2. 内在性能

（1）含水量：皮革中水分的含量影响皮革的弹性、面积、伸长及手感，过多的水分会使皮革腐烂变质。

（2）含油量：皮革中含有适当的油脂会增强其强度和防水性，但油脂过多会影响其透气性和含水量。通常采用有机溶剂抽提法测定其油脂含量。

（3）含铬量：含铬量指皮革经铬鞣后，皮质结合铬盐的多少，它影响皮革的软硬、耐热性等，也是标志皮革鞣制程度的指标。通常采用灰化灼烧析出铬盐的方法测定含铬量。

（4）酸碱度：为了预防革内残余强酸引起的腐蚀，需要测定植鞣革萃取液的pH。

（5）抗张强度：抗张强度表示皮革受拉伸断裂时，单位横截面积上所承受的力，用以表示皮革的牢度。

（6）延伸率：延伸率表示皮革受力后伸长变形的能力。延伸率过大，皮革则易变形；延伸率过小，皮革显得板硬。

（7）撕裂强度：撕裂强度以皮革试样的边缘受到集中负荷开始撕裂时的最大负荷力来表示，反映皮革的抗撕裂能力。

（8）缝裂强度：缝裂强度是表示缝纫牢度的指标。缝裂强度大的皮革在服装缝制，特别是制鞋过程中能承受缝线较大的拉扯力。以皮革试样的某一点受集中负荷并开始拉裂时的最大负荷力表示。

（9）崩裂力：崩裂力是表示皮革抵抗顶破的强度指标，它表示皮革受到垂直革面的集中负荷作用而开始出现裂纹时所受的力。

（10）透气性：透气性以一定时间、一定压力下皮革试样单位面积上所透过的空气的体积来表示，透气性好的皮革有利于排气排湿。

（11）耐磨性：耐磨性一般用抗磨强度来表示。用测定皮革试样经过一定次数磨耗后的质量或厚度的损失来表示。皮革的耐磨性与原料皮的纤维束结构紧密程度有关，也与加工过程中鞣质的结合量、皮质损失等因素有关。

二、人造皮革的结构与性能

（一）人造皮革的结构

1. 聚氯乙烯人造革

聚氯乙烯人造革又称PVC人造革，是第一代人造革，其服用性能较差。它是用聚氯乙烯树脂、增塑剂和其他辅料组成的混合物涂敷或贴合在基材上，再经适当的加工制成的，其结构如图4-31所示。

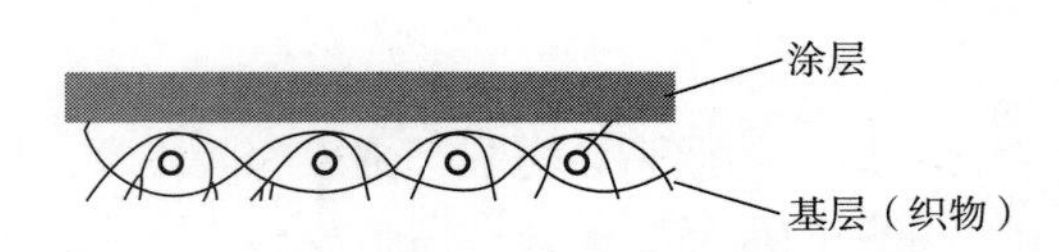

图4-31 PVC人造革结构

根据树脂涂层的结构，PVC人造革可以分为普通革和泡沫人造革两种。人造革的基材主要是纺织品，如平纹布、帆布、针织布、再生布、非织造布等。

服装用聚氯乙烯人造革要求轻而柔软，基材一般为针织布，其外观及物理化学性能主要取决于树脂涂层的性能。由于制品中的增塑剂含量较高，制品表面发黏易沾污，因此用表面处理剂处理革面，可使革面性能改善，并防止增塑剂渗出、迁移，使革面滑爽。

聚氯乙烯人造革同天然皮革相比，耐用性较好，强度与弹性好，耐热、耐寒、耐油、耐酸碱、易洗并不燃烧、不吸水、不脱色，而且具有厚薄均匀、张幅大，裁剪缝纫工艺简便等特点。但其透气性和透湿性都不如天然皮革，制成的服装鞋帽舒适性较差（图4-32）。

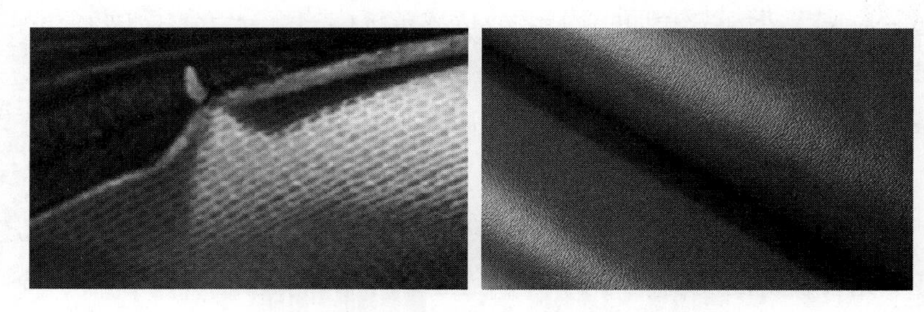

图4-32 PVC人造革

2. 聚氨酯合成革

聚氨酯合成革又称PU革，是第二代产品，是通过在机织、针织或非织造布上涂敷一层聚氨酯而制成的，这层树脂具有微孔结构，如图4-33所示。

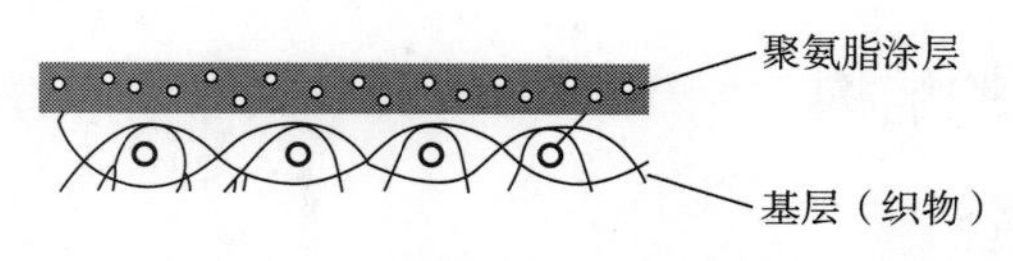

图4-33 聚氨酯合成革的结构

聚氨酯合成革的性能主要取决于聚合物的类型、涂敷涂层的方法、各组分的组成和底布的结构类别。其强度和耐磨性高于聚氯乙烯人造革，表面涂层具有开孔结构，服装用聚氨酯合成革涂层薄，因此柔软而有弹性，透湿性相当高，舒适性能优于聚氯乙烯人造革，聚氨酯涂层不含增塑剂，表面光滑紧密，可以染多种颜色，也可加工花纹，并耐化学试剂清洗。聚氨酯合成革可以在−40~50℃环境下使用，有些类型可在60℃使用。聚氨酯合成革在低温条件下的断裂强度和弯曲疲劳较高。采用单组分物料涂层的聚氨酯合成革的耐光性、耐老化性和耐水性较好，如图4−34所示。聚氨酯合成革柔韧耐磨，外观和性能接近天然皮革，而且裁剪、缝纫工艺简便，适用性广。

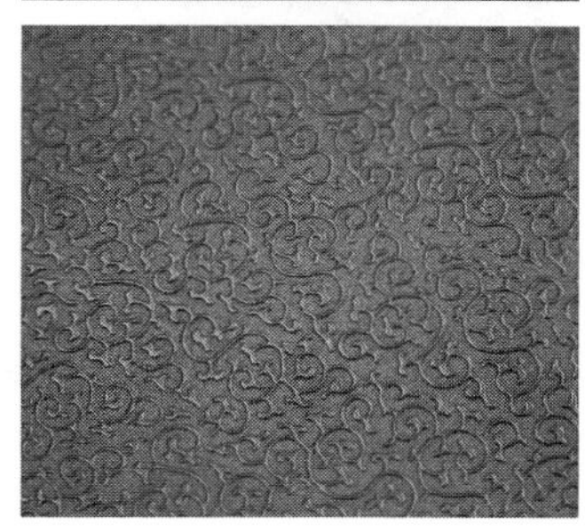

图4−34　聚氨酯合成革

3. 人造麂皮

人造麂皮的生产方法有多种，一种是对聚氨酯合成革表面进行磨毛处理，其底布采用化学纤维中的超细纤维制成的非制造布；另一种是在涂过胶液的底布上，采用静电植绒工艺，使底布表面均匀地布满一层绒毛，从而产生麂皮般的绒状效果；还有一种方法是将专门的经编针织物进行拉绒处理，使织物表面呈致密的绒毛状。人造麂皮柔软、轻便、绒毛细密，透湿性良好，并且外观很像天然麂皮，因此，是制作仿麂皮服装的理想材料。

（二）人造皮革的加工

1. 直接涂刮法

直接涂刮法是将胶料用刮刀直接涂刮在预处理的基布上，然后入塑化箱进行凝胶化及塑化，再经压花、冷却等工序得到成品。

2. 转移涂刮法

转移涂刮法又称间接涂刮法，使用的载体是离型纸或不锈钢带，故又分为离型纸法和钢带法两种。它是将糊料用逆辊或刮刀涂刮在载体上，糊料经凝胶化后，再将基布在不受张力的情况下复合在糊料上，再经塑化、冷却，并从载体上剥离，然后经过处理得到成品。

3. 压延贴合法

压延贴合法是按配方要求，将树脂、增塑剂及其他配合剂经计量后，投入捏合机中混合均匀，再经密炼机或挤出机塑炼后，送至二辊或四辊压延机压延成所需要的厚度和宽度的薄膜，并与预先加热的基布贴合，然后经压花、冷却得到成品。

4. 圆网涂覆法

圆网涂覆法是将按配方要求配制的乳液聚氯乙烯糊树脂，用刮刀通过圆网涂覆到基布上生产人造革。

5. 挤出贴合法

挤出贴合法是将树脂、增塑剂及其他配合剂在捏合机中混合均匀，再经塑炼后，经挤出机挤成一定厚度和宽度的膜片，然后在二辊定型机上与预热的基布贴合，再经预热、贴膜、压花、冷却得到成品。

（三）人造皮革的特性

1. 人造皮革的材料

人造皮革使用的基材是各种类型的棉布，如平布、漂白布、染色平布、帆布、针织布（包括合成纤维）、起毛布、再生布、非织造布等。部分使用的是棉/化学纤维混纺布，如维/棉针织布等。少量使用的是化学纤维布，如尼龙绸、涤纶绸等。而合成纤维无纺布则很少。涂覆层原料除聚氯乙烯外，还采用聚酰胺、聚氨酯、聚烯烃等。

2. 人造皮革的特点

人造皮革具有花色品种繁多、色彩丰富，表面光滑紧密，防水性能好，强度、耐磨性好，但磨损后易起泡起皮，耐光性差，易老化，吸湿透气性不及天然皮革，边幅整齐，利于生产加工，利用率高，生产成本低，价格相对便宜等特点。人造皮革广泛应用于箱包、服装、鞋、车辆、汽车坐垫、汽车脚垫、家具、沙发等。

第五章

服装用辅料

课题名称：服装用辅料　　课题时间：4学时

课题内容：

1. 服装用衬垫料与里料
2. 服装用絮填料与扣紧料
3. 服装用其他辅料

教学目的：

1. 使学生能系统地掌握服装用辅料的概念、种类、作用及主要性能，培养学生自主更新服装材料知识及独立分析和解决与服装用辅料相关的复杂问题的能力。
2. 通过教学内容和教学模式设计，培养学生创新精神，将可持续发展的内涵贯穿到服装用辅料的实际应用中。

教学方式：理论授课、案例分析、多媒体演示

教学要求：

1. 了解服装用辅料的概念及种类
2. 掌握服装用辅料的作用及性能

课前（后）准备：

1. 服装用衬垫料和里料各有什么特点？在服装中起什么作用？
2. 常用的服装用絮填料有哪些？它们各有什么特点？
3. 服装用扣紧材料各有何特点，如何在服装中发挥作用？
4. 从创新设计角度，选用辅料时如何体现它的创新性？

第一节

服装用衬垫料与里料

一、服装用衬料

（一）服装用衬料的概念

服装用衬料是指为了满足服装造型设计的需求，应用于服装各个部位内层起骨架作用的一种辅助材料，如图5-1所示。

服装用衬料主要起到了便于服装造型、定形、保形；增强服装的挺括性、弹性；改善服装的立体造型、服装悬垂性和面料的手感，以及服用舒适性；增加服装的厚实感、丰满感；提高服装的保暖性；给予服装局部部位以加固、补强的作用。

图5-1 服装用衬料

（二）服装用衬料的分类

（1）按衬料的原料：可分为棉衬、麻衬、毛衬、化学衬、纸衬等。

（2）按衬料的使用对象：可分为衬衣衬、外衣衬、裘皮衬、鞋靴衬、丝绸衬和绣花衬等。

（3）按使用方式和部位：可分为衣衬、胸衬、领衬、领底衬、腰衬、折边衬和牵条衬等。

（4）按衬料的厚薄和重量：可分为厚重型衬（160g/m^{2}以上）、中型衬（80~160g/m^2）与轻薄型衬（80g/m^{2}以下）。

（5）按衬料的底布（基布）：可分为机织衬、针织衬和非织造衬。

（6）按衬料的加工和使用方法：可分为黏合衬和非黏合衬。

（三）常用衬料

1. 棉麻衬

（1）棉衬：如图5-2所示，棉衬是由纯棉机织本白平布制成。一般用中、低支平纹布，不加浆处理，手感柔软，又称软衬，多用于挂面、裤（裙）腰或与其他衬搭配使用，以适应服装各部位用衬软硬和厚薄变化的要求。纯棉粗平布经化学浆剂处理后得到的棉衬称为硬衬，手感硬挺，用于传统的西装、中山装和大衣等。

（2）麻衬：因为麻纤维较为硬挺，可以满足西装造型和抗皱的要求，所以麻衬自西装传入中国以来被广泛使用。纯麻布衬多由亚麻制成，而混纺麻布衬则是由棉和黄麻纤维混纺织造而成。麻衬可用于西装胸部、衬衫领、袖等部位。

（a）软衬

（b）硬衬

图5-2 棉衬

2. 毛衬

（1）黑炭衬：黑炭衬是以动物纤维（牦牛毛、山羊毛、人发等）或毛混纺纱为纬纱，以棉或混纺纱为经纱加工成基布，再经树脂整理加工而成的。因布面中混有黑色毛纤维，故又称为黑炭衬，如图5-3（a）所示。黑炭衬因其基布以动物纤维为主体，故具有优良的弹性。由于组织结构及纤维选材，其在经向具有贴身的悬垂性，纬向具有挺括的伸缩性，且具有各向异性。由于基布经过定型和树脂整理，其干洗和水洗后尺寸变化均较小，还具有较好的尺寸稳定性。黑炭衬多用于毛料外衣。

（2）马尾衬：马尾衬是用马尾作纬纱，棉或涤棉混纺纱作经纱织成基布，再经定型和树脂加工而成，如图5-3（b）所示。早期的马尾衬在制造时，是将马尾鬃用手工一根根喂入的，既费工，幅宽又受马尾长度的限制，且不经过定型和树脂整理加工。后来开发了马尾包芯纱，将马尾鬃用棉纱包覆并一根根连接起来，用马尾包芯纱作纬纱制作的包芯马尾衬，幅宽不再受限制，可用现代织机制造，并与黑炭衬一样进行特种后整理，其使用价值大大提高，使这种传统产品重放异彩。传统马尾衬主要用作西服的盖肩衬和女装的胸衬，而包芯马尾衬则与黑炭衬具有同样的用途，但因其价格较贵，仅用在高档西服上。

（a）黑炭衬

（b）马尾衬

图5-3 毛衬

3. 化学衬

（1）树脂衬：树脂衬是以棉、化学纤维及混纺的机织物或针织物为底布，经过漂白或染色等其他整理，并经过树脂整理加工制成的衬，如图5-4（a）所示。树脂衬是继织物衬、浆料衬之后的第三代衬。产品类型较多，并且随着服装加工工艺及服装流行趋势的变化，品种也在不断变化。树脂衬具有缩水率小、尺寸稳定性好等特点，薄型软手感树脂衬主要用于薄型、柔软及针织料的衣领、上衣前身，以及大衣（全夹里）等。中、厚型硬手感树脂衬，主要用于西服、雨衣、风衣、大衣的前身、衣领、口袋、袖口，以及夹克服、工作服、帽檐等。特硬手感树脂衬近年来主要用作腰衬、嵌条衬等。

（a）树脂衬

（b）黏合衬

图5-4　化学衬

（2）黏合衬：黏合衬是在底布上经热塑性热熔胶涂布加工后制成的衬，如图5-4（b）所示。使用时不需繁复的缝制加工，只需在一定的温度、压力和时间条件下，使黏合衬与面料（或里料）粘合，从而使服装挺括、美观而富有弹性。黏合衬的种类很多，功能也不尽相同。黏合衬根据底布的种类可分为机织黏合衬、针织黏合衬、无纺黏合衬。针织黏合衬又分为经编衬和纬编衬，纬编衬是由涤纶长丝编织而成，由于纵向横向都有弹性，俗称四面弹。黏合衬根据热熔胶的种类可分为聚酰胺（PA）黏合衬，聚乙烯（PE）黏合衬［聚乙烯分为高密度聚乙烯（HDPE）和低密度聚乙烯（LDPE）］，共聚酯（PES）黏合衬，乙烯—醋酸乙烯（EVA）及乙烯—乙烯醇（EVAL）黏合衬。由于黏合衬可简化服装加工并适用于工业化生产，使服装获得轻盈美观的效果，所以被广泛采用。

4. 其他衬料

（1）领带衬：领带衬是由羊毛、化学纤维、棉、黏胶纤维纯纺或混纺、交织或单织成基布，再经煮练、起绒和树脂整理而成。其常用于领带内层，起补强、造型、保形作用。领带衬要求具有手感柔软、富有弹性、水洗后不变形等性能。

（2）腰衬：腰衬是加固面料，是用于裤和裙腰中间层的条状衬。与面料黏合后起到硬挺、补强、保形的作用。腰衬的主要作用是防止腰部卷缩、美化腰部轮廓、保持腰部张力。

（3）牵条衬：牵条衬是西服的辅料部件，常用作西服部件衬、边衬、加固衬，起到假粘或加固的作用，能保持衣片平整立体化、防止卷边、伸长和变形。牵条衬通常采用全棉、涤棉、涤纶等纤维，分为黏合机织衬、无黏合机织衬、无纺带针织黏合衬等。

二、服装用垫料

（一）服装用垫料的概念

服装用垫料是指为了保证服装造型并修饰人体而使用的垫物，如图5-5所示。其基本作用是在服装的特定部件，利用制成的、可以支撑或铺衬的物品，使该特定部位能够按设计要求加高、加厚、平整、修饰等，以使服装达到穿着合体、挺拔、美观的效果。

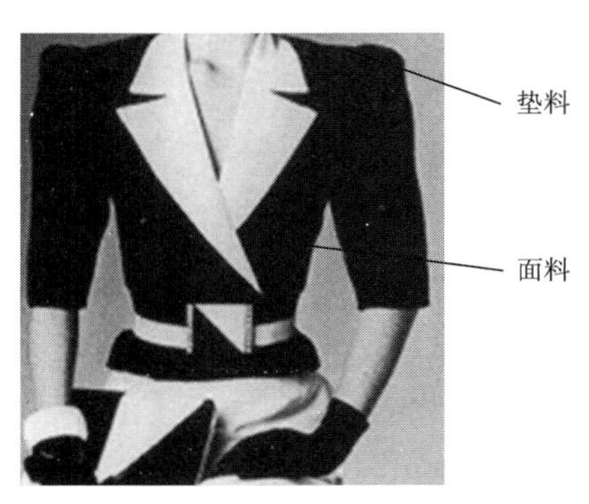

图5-5 服装中的垫料

（二）服装用垫料的种类

1. 肩垫

肩垫是用来修饰人体肩型或弥补人体肩型“缺陷”的一种服装辅料，如图5-6所示。

（1）按成型方式分类：

①热塑型肩垫：热塑型肩垫是利用模具成型和热熔胶黏合技术制作的款式精美、表面光洁、手感适度的肩垫，又称为定型肩垫，广泛应用于各类服装。

②缝合型肩垫：缝合型肩垫是利用车缝设备将不同原材料进行拼合得到的不同款式的肩垫，俗称车缝肩垫，其产品造型及表面光洁度较差。缝合技术常与吹棉技术结合使用，用来制作西服肩垫，其优点是过渡自然，手感舒适。

③穿刺缠绕型肩垫：穿刺缠绕型肩垫是利用非织造布结构疏松的特点，采用针刺手段使纤维互相缠绕从而组合在一起制成的肩垫，又称为针刺肩垫。这种肩垫的优点是工艺简单、成本较低，缺点

图5-6 肩垫

是表面粗糙、成型效果较差。

④切割型肩垫：切割型肩垫是用特定的切割设备将特定的原材料进行切割制成的肩垫。这种成型方式属于较早的成型方式，简单但使用范围非常有限，通常适用的材料只限海绵，又称为海绵肩垫。这种肩垫的缺点是容易变形、变色、耐用性差，优点是价格便宜，适用于低档服装。

⑤混合型肩垫：将以上不同方式加以组合，可以制成品质更好、更耐用的肩垫。例如，将切割成型和缝合成型相结合，穿刺缠绕和缝合相结合，切割成型和热塑成型相结合等。

（2）按常用材质分类：

①喷胶棉肩垫：喷胶棉肩垫主要采用热压成型的方式制成。这种肩垫的缺点是弹性差，易变形，外观粗糙，耐用性较差，优点是价格便宜，适用于低档服装。

②非织造布肩垫：非织造布肩垫是采用非织造布生产的肩垫。由于非织造布性能不同，非织造布肩垫种类也较多，几乎涵盖了从高档到中低档的所有种类。使用高质量的非织造布和先进的成型工艺可以制作出高质量的非织造布肩垫，其特点是款式丰富、外观漂亮、弹性良好、款型稳定、耐洗耐用，广泛适用于各类服装，是目前肩垫中用得最多的一种。

③棉花肩垫：由于棉花不能单独成型，须与非织造布配合车缝成型。其产品弹性良好，手感舒适，耐用性较好，缺点是表面不够光洁，成型效果较差（使用时需要专门的整烫设备），不能水洗。运用先进的气流吹棉技术制成的一体棉芯，使肩垫过渡更为平顺，手感也更舒适。

（3）按肩垫和衣服的结合方式分类：

①缝合式肩垫：用针线将肩垫固定在衣服上的方式称为缝合式，绝大部分肩垫都属于这一类。

②扣合式肩垫：采用子母扣将肩垫固定在衣服上的方式称为扣合式。使用扣合式肩垫的服装，在洗涤时可以将肩垫拆下后再洗，因而有效避免了肩垫在洗涤时的变形问题，也解决了带肩垫服装洗后不易干的问题。

③黏合式肩垫：采用魔术贴将肩垫固定在衣服上的方式称为黏合式，其功能与扣合式一样。

2. 胸垫

胸垫又称胸片、胸衬、胸绒，如图5-7所示。胸垫是用在服装上衣胸部的一种垫物，主要起到加厚、塑造胸部外形的作用，它必须与服装设计要求、制作工艺紧密结合，是对服装重要的技术支持。

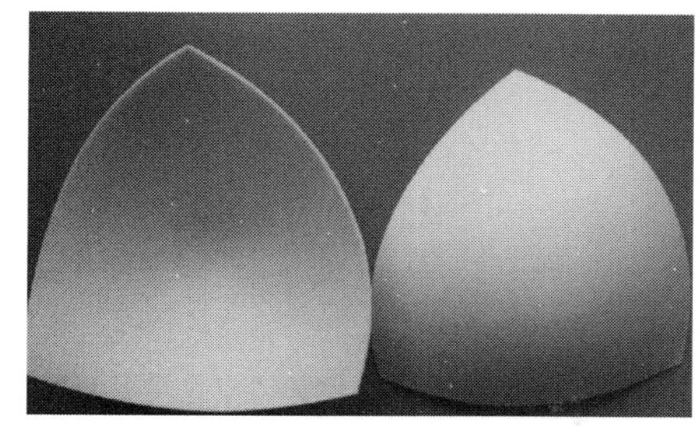

图5-7　胸垫

胸垫主要用在服装的前胸部位，其优点是使服装悬垂性好、立体感强、弹性好、保形性好，具有一定的保暖性，并对一些部位起到牵制定形作用，以弥补穿着者胸部的缺陷，使其造型挺括丰满。

胸垫一般分为机织物类和非机织物类。另外，还有复合型胸垫和组合型胸垫。可根据不同的需要进行选择，通常使用最多的是组合型胸垫。

三、服装用里料

（一）服装用里料的概念

服装用里料又称为里布或里子，是指服装最里层用来部分或全部覆盖服装里面（面料背面）的材料，如图5-8所示，里料是辅料中用料最多的材料。

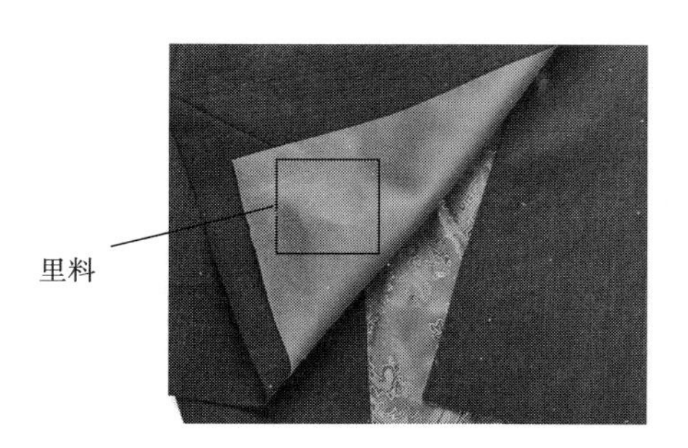

图5-8　服装中的里料

里料主要起衬托作用，使服装具有挺括感，并获得良好的保形效果。里料的使用，增加了服装的层数，提供了一个空气层，具有一定的保暖作用。里料还可覆盖服装缝份与不需暴露在外的其他辅料，使服装里外显得光滑而丰满，提高服装档次和美观性，增加服装的附加值。由于大多数里料光滑柔和，使服装穿着舒适，穿脱方便，人体活动时服装也不会因摩擦而扭动，可保护服装挺括的自然状态。里料对服装面料，尤其是呢绒类面料具有保护作用，能防止面料（反面）因摩擦而起毛。

（二）服装用里料的种类

1. 化学纤维里料

（1）涤纶丝里料：涤纶丝里料具有较高的强度与弹性回复能力，坚牢耐用，挺括抗皱，洗后免烫，吸湿性较小，缩水率较小，整烫后尺寸稳定，不易变形，色牢度较好，具有良好的服用性。涤纶丝里料的不足之处是透气性差，易产生静电，悬垂性一般，但通过整理可得到一定的改善。目前，涤纶丝里料在中档服装中得到广泛应用。

（2）锦纶丝里料：锦纶丝里料耐磨性强，手感柔和，弹性及弹性回复性很好，吸湿透气性优于涤纶丝里料，但在外力作用下易变形，耐热性和耐光性均较差，使用中易沾油污，缝制时易脱线，布面不平挺，舒适性不如涤纶丝里料。其主要品种尼丝纺，常用作登山服（羽绒服）、运动服等服装里料。

2. 再生纤维里料

（1）黏胶丝里料：黏胶丝里料以其优良的吸湿性取胜于其他化学纤维，经后整理处理，其易皱、易缩的弱点得到了改善。

（2）铜氨丝里料：铜氨丝里料比黏胶丝里料的光泽更加饱满，吸放湿性更加优良和手感更加滑爽，穿着时不会出现静电吸附现象，穿着更加顺滑、舒适。铜氨丝里料布面感觉柔软如丝，颜色自然，通爽透气，色牢度优良，不易收缩，整烫容易，能与名贵的皮草、礼服、骆驼绒或其他高级衣料搭配使用，多用作高档服装的里布。

（3）醋酯丝里料：醋酯丝里料表面光滑柔软，具备高度贴附性能和舒适的触摸感觉。由于色彩、光泽晶亮，静电小，常用于女式高档时装、礼服。

3. 天然纤维里料

（1）真丝里料：真丝里料的原料是桑蚕丝，其特点是光泽明亮，轻薄细致，透气性好。真丝里料主要用于全真丝高档时装、女式上装等，也可用作丝绵服装和丝绒类服装的里料。

（2）棉布里料：棉布里料透气性和保暖性好，对人体无伤害，缺点是不够光滑，常用作职业装、冬装、棉大衣等保暖防护服，特别是与人体直接接触的服装的里料。老年、儿童的服装，也适宜采用棉布里料。

4. 多种纤维交织里料

（1）涤纶丝与黏胶丝交织里料：这种里料由于吸收了两种原料的优点，在性能上满足了男女高档服装的要求，另外，因经纬向原料的不同，可以染不同的颜色，具有闪色效果，彰显里料的华丽。

（2）醋酯丝与黏胶丝交织里料：这种里料比全蚕丝里料的档次高，但其制造难度大，耐磨性较差，且价格高。目前多用作外销高档服装的里料，其染色可以染同色，也可以染双色，以体现闪色效果。

第二节

服装用絮填料与扣紧料

一、服装用絮填料

（一）服装用絮填料的概念

服装用絮填料是填充于服装面料与里料之间的材料，如图5-9所示。絮填材料可以提高服装的保暖作用，也可以根据服装设计的需要，通过絮填材料获得满意的造型。随着科学技术与服装功能的发展，不同目的和作用的絮填材料种类日益增多。

图5-9　服装中的絮填料

（二）服装用絮填料的种类

1. 纤维类絮填料

（1）棉花：静止空气是最保暖的物质，所以新棉花和曝晒后的蓬松棉花因充满静止空气而十分保暖。由于棉花价廉、舒适，因而广泛用于婴幼童服装及中低档成人服装中。但棉花弹性差，受压后弹性与保暖性降低，水洗后难干且易变形，如图5-10（a）所示。

（2）动物毛绒：羊毛和骆驼绒是高档的保暖填充料，如图5-10（b）所示，其保暖性好，但易毡结。由羊毛或毛与化学纤维混纺制成的人造毛皮及长毛绒，都是很好的高档保暖絮填材料，制成的防寒服装挺括而不臃肿。

（3）丝纤维：由桑蚕丝茧缫出的生丝作为絮料，光滑柔软，质量轻，吸湿性好，当环境较干燥时，保暖性好，穿着舒适，如图5-10（c）所示。但丝纤维价格高，并且长时间穿着易板结。丝绵由于其价格较高，一般只用于高档丝绸服装。丝绵有向服装面料或里料外扎的问题，因而在絮填丝绵时，应在面和里内加一层纱布。

（4）化学纤维：用作服装絮填材料的化学纤维较多。其中，因为腈纶轻而保暖，所以“腈纶棉”被广泛用作絮填材料；中空涤纶的手感、弹性和保暖性均较好，“中空棉”广泛应用于各类服装［图5-10（d）］。

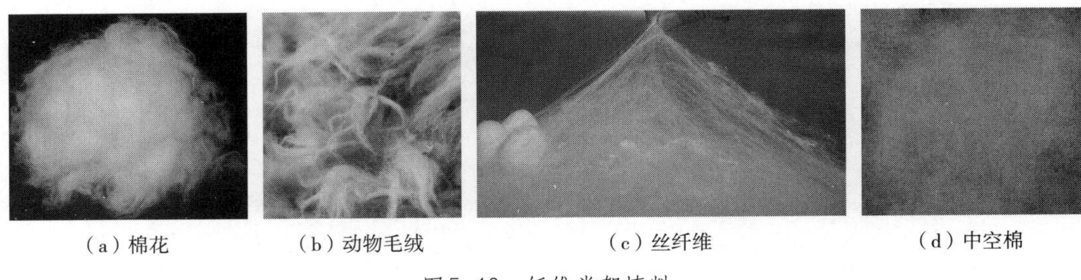

（a）棉花　（b）动物毛绒　（c）丝纤维　（d）中空棉

图5-10　纤维类絮填料

2. 天然毛皮和羽绒

（1）天然毛皮：皮板密实挡风，绒毛中又因贮存大量的静止空气而保暖性较好，如图5-11所示。因此，普通的中低档毛皮，仍是高档防寒服装的絮填材料，但毛皮缝制复杂，价格较高。

（2）羽绒：羽绒主要包括鸭绒和鹅绒。羽绒是羽和绒的混合物，羽即小毛皮，拥有向内弯曲的羽轴，两侧有柔软的羽枝，根部有密集的小羽枝，它影响着羽绒的弹性。绒即绒朵，拥有立体球状结构，内部有绒核，绒核向四周放射绒丝。绒丝由成千上万的中空鳞片叠加而成，绒丝上有中空的绒节，如图5-12所示。羽绒很轻，导热系数很小，蓬松性好，是防寒服装的主要絮填料之一，羽绒服装的品质以其含绒率的高低来衡量，含绒率越高，保暖性越好，价格越高。

图5-11　天然毛皮

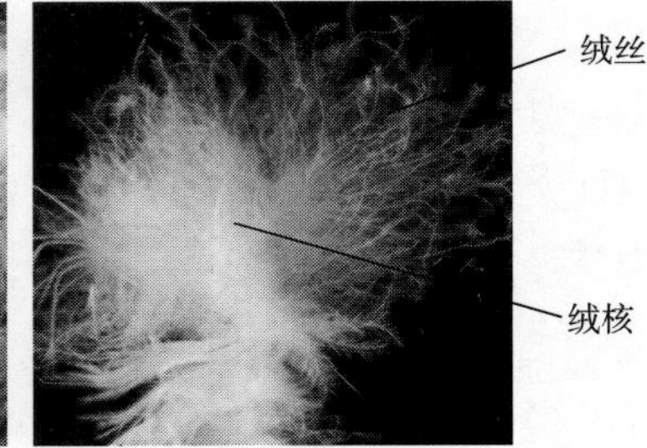

图5-12　羽绒

3. 絮片

合成纤维絮料多为絮片状，由非织造工艺加工而成。絮片蓬松柔软，富有弹性、厚薄均匀、裁剪简便、价廉物美，被广泛用于各类保暖服装。

（1）热熔絮片：热熔絮片又称热熔黏合涤纶絮片，是一种以涤纶（聚酯纤维）为主，用热熔黏合工艺加工而成的絮片。此类絮片蓬松度好、透气性好、保暖性强、价格便宜。

（2）喷胶棉：喷胶棉又称喷胶絮棉，是以涤纶短纤维为主要原料，经梳理成网，然后将黏合剂喷洒在蓬松的纤维层的两面。由于在喷淋时有一定的压力及下部真空吸液的吸力，所以纤维层的内部也能渗入黏合剂，喷洒黏合剂后的纤维层再经过烘燥、固化，使纤维间的交接点被粘接，而未被粘接的纤维仍有相当大的自由度，使喷胶棉能够保持松软。同时，在三维网状结构中仍保留有许多可容纳空气的空隙，因此，纤维层具有多孔性、高蓬松性的保暖作用。

（3）金属镀膜复合絮片：金属镀膜复合絮片又称太空棉、宇航棉、金属棉等，它是以纤维絮片、金属镀（涂）膜为主体原料，经复合加工而成的复合絮片，是一种超轻、超薄、高效保温材料，其防寒、保温、抗热等方面的性能远远超过传统的棉、毛、羽绒、裘皮、丝绵等材料，透气性和舒适性也较蓬松棉优良。具有“轻、薄、软、挺、美、牢”等许多优点，可直接加工无须再整理及绗线，并可直接洗涤，是冬季理想的抗寒产品，也是不可多得的抗热、防辐射产品。

（4）毛型复合絮片：毛型复合絮片是以纤维絮层为主体，以保暖为主要目的的多层复合结构材料，因其原料、结构及加工工艺不同而有多种类型。其是以毛或毛与其他纤维的混合材料为絮层原料，以单层或多层薄型材料为复合基，经针刺等复合加工而成。其产品的用途有服装用、被褥用及其他填充用等。毛型复合絮片充分利用各类纤维特性，提高了保暖性，改善了服用性，是较为理想的保暖絮片，但价格较贵。

（5）远红外棉复合絮片：远红外棉复合絮片是由能吸收远红外线的陶瓷和成纤高聚物组成的纤维絮片，除具有毛型复合絮片的特性外，还具有抗菌除臭作用和一定的保健功能，是多功能高科技产品。这种絮片可吸收太阳光等的远红外线并转换成热能，也可将人体的热量反射而获得保温效果。它能高效地发射出人体吸收效率最佳的波长为4~14μm的远红外线，该远红外光波对人体健康最有益，其能量可被人体细胞吸收，加速人体的微循环，促进人体的血液循环，增进新陈代谢，增强免疫能力。此外，远红外纤维还具有高效吸湿、透湿、透气等特性，因而是一种极具开发前景的新型保暖材料，应用领域十分广泛。

二、服装用扣紧料

（一）服装用扣紧料的概念

服装中的扣、链、绳、带、环等起到一定扣紧作用的材料称为服装的扣紧材料。这些辅料看起来虽小，但它们具有功能性和装饰性，在服装中也发挥着重要的作用。这些辅料选配得当，会起到锦上添花和画龙点睛的作用，并且会使服装身价倍增。若这些辅料选配不当，将会破坏服装的整体效果，从而影响使用效果。

（二）服装用扣紧料的种类

1. 纽扣

纽扣的种类繁多，且有不同的分类方法。根据纽扣的结构可分为有眼纽扣、有脚纽扣、按扣、编结扣和盘花扣等。根据纽扣所用的材料可分为合成材料纽扣、天然材料纽扣和组合材料纽扣等。

（1）合成材料纽扣：此类纽扣主要包括高分子合成材料纽扣，是目前世界纽扣市场上数量最大、品种最多、最为流行的一类，如图5-13所示。此类纽扣的材料主要有酚醛树脂、脲醛树脂、尼龙、聚丙烯、聚苯乙烯、ABS及不饱和树脂等，其中不饱和树脂纽扣是合成材料纽扣的佼佼者。合成材料纽扣色泽鲜艳、造型丰富，耐化学性较好，仿真性强，抗洗涤性能好，生产速度快、机械化程度高，价廉物美；但是其耐高温性能等不及天然材料纽扣，并且由于它是合成高分子材料，容易污染环境。

（2）天然材料纽扣：天然材料纽扣是最古老的纽扣，具有悠久的历史，如图5-14所示。常见的天然材料纽扣包括真贝纽扣、坚果类纽扣及椰子壳纽扣、骨纽扣及角纽扣、木材纽扣及毛竹纽扣、石头纽扣及宝石纽扣、真皮纽扣、布纽扣等。天然材料纽扣本身所具有的优点是其他材料纽扣所不能达到的，加上其取材于大自然，迎合了现代人们崇尚自然、回归自然的心理，符合现代人追求自然的审美观。

图5-13　合成材料纽扣

（3）组合纽扣：组合纽扣指由两种或两种以上不同材料通过一定的方式组合而成的纽扣，如树脂纽扣与金属纽扣、金属纽扣与天然纽扣、天然纽扣与树脂纽扣等相互组合。目前数量最大、影响最广的组合纽扣有树脂—ABS电镀组合纽扣、树脂—金属电镀组合纽扣、树脂—水钻组合纽扣、金属—水钻组合纽扣、

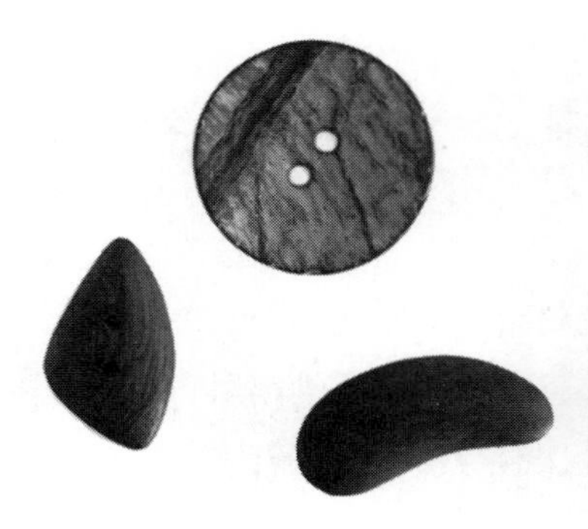

图5-14　天然材料纽扣

ABS—电镀金属件组合纽扣、ABS电镀或金属—环氧树脂组合纽扣等。各种组合纽扣由于组合的材料不同，最终性能也不一样，但若将组合纽扣与其他单一材料的纽扣进行对比，组合纽扣的功能更全面，装饰性更强。

2. 拉链

拉链是由两条能互为啮合的柔性牙链带及可使其重复进行拉开、拉合的拉头等部件组成的连接件。拉链按结构形态可以分为闭尾拉链、开尾拉链、双头拉链和隐形拉链，如图5-15所示。

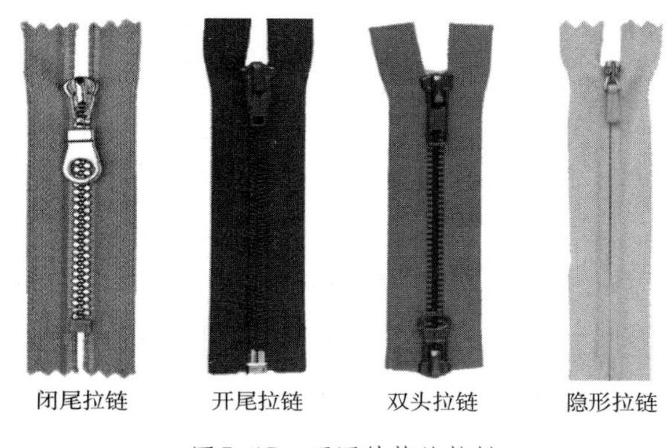

图5-15 不同结构的拉链

拉链按所使用的材料可分为三大类：尼龙拉链、金属拉链和注塑拉链，如图5-16所示，其中尼龙拉链的用途最为广泛。

（1）尼龙拉链：链牙由单丝通过缠绕成为一条牙链，再通过缝线将其缝合固定在布带边上。尼龙拉链分为有芯尼龙拉链和无芯尼龙拉链。有芯尼龙拉链的牙链中间有一根中芯线；无芯尼龙拉链的牙链呈空心螺旋状。

尼龙拉链的特点是链牙柔软、表面光滑、色泽鲜艳、拉动轻滑、啮合牢固、种类较多，其突出特点是轻巧、链牙较薄且有可挠性。尼龙拉链的生产效率高、原材料价格较低，故其生产成本相对较低，在拉链类产品的销售价格上有竞争优势。尼龙拉链广泛用于各式服装和包袋，特别是内衣和薄型面料的高档服装，以及女裙、裤等。由于尼龙拉链的可挠性，它被大量用于可脱卸式的各类长、短外衣、皮夹克的连接内衬等。而隐形拉链、双骨拉链则是女裙、裤的首选辅料；编织拉链因无中心线而使链牙变薄、变轻，不会使西裤门襟起拱，所以成为高档西裤的最佳辅料。

（2）金属拉链：拉链的链牙采用金属材料制成。链牙的金属材料包括铝质、铜质、铁质、银质等，还有由锌合金材料通过压铸工艺制成的拉链。从金属拉链的齿形形状上可分为圆牙和方牙两种。

金属拉链中的铜质拉链是拉链中的高贵者，其优点是结实耐用、拉动轻滑、粗犷潇洒，与牛仔服装特别相配；缺点是链牙表面较硬、手感不柔软，若后处理不当则容易划伤使用者的皮肤，且由于原料价格较高，该拉链的销售价格也比其他类别的拉链高。铝合金拉链与同型号的铜质拉链相比，强力性能略差，但它经过表面处理后可达到仿铜和多色彩的装饰效果，原材料价格较低，制造成本有一定的竞争优势。铜质拉链主要用于高档的夹克衫、皮衣、滑雪衣、羽绒服、牛仔服装等。铝质拉链主要用于中、低档的夹克衫、牛仔服、休闲服、童装等。

（3）注塑拉链：注塑拉链主要有聚甲醛注塑拉链和强化拉链。聚甲醛注塑拉链也被称为塑钢拉链，其链牙由聚甲醛通过注塑成型工艺固定排列在布带边上。强化拉链的链牙由尼龙材料通过挤压、成型、缝合工序，固定排列在布带边上。

（a）尼龙拉链

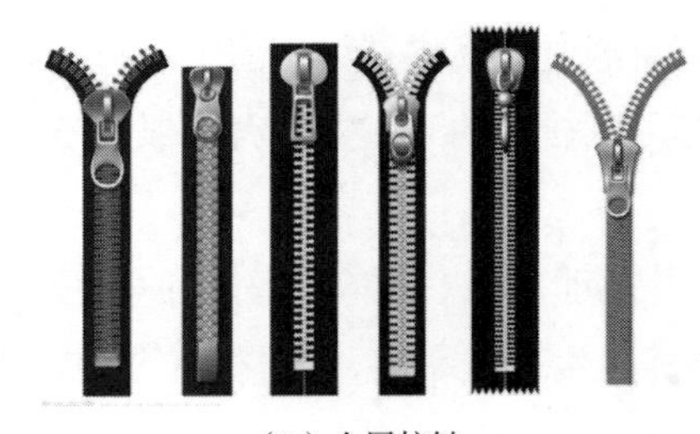
（b）金属拉链

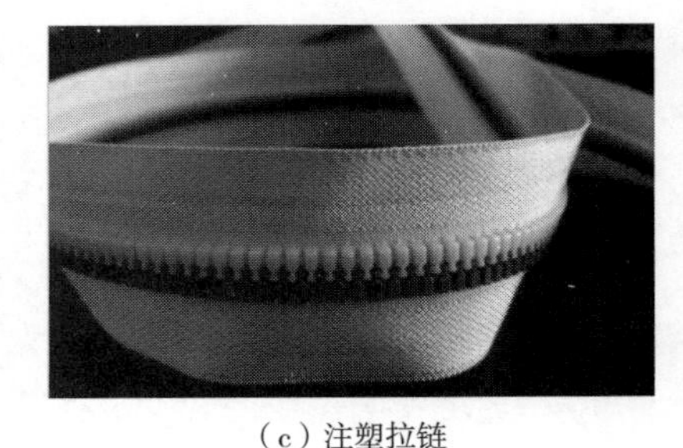
（c）注塑拉链

图5-16 不同材料的拉链

注塑拉链的特点是粗犷简练、质地坚韧、耐磨损、抗腐蚀、色泽丰富，该拉链所适用的温度范围大。此外，因为链牙的齿面面积较大，所以可在链牙平面上镶嵌人造钻石或宝石，使拉链更具美观性，增加附加值，成为一种实用型的工艺装饰品。其缺点也在于链牙的块状结构，齿形较大，柔软性不够，有粗涩之感，拉合的轻滑度比同型号的其他类别拉链稍逊一筹，从而使注塑拉链的使用范围受到一定限制。但由于注塑拉链的价格比较适中，故用量较大。注塑拉链比较适合用于外套类服装，如夹克衫、滑雪衫、羽绒服、工作服、部队训练服等面料较厚的服装。

3. 绳

扣紧材料中的绳主要有两个作用，一是紧固，二是装饰。服装中的绳有运动裤腰上的绳、连帽服装上的帽口绳、棉风衣上的腰节绳，以及花边领口上的丝带绳，服装上的装饰绳、盘花绳，服装内的各种牵带绳等，如图5-17所示。

绳的原料主要有棉纱、人造丝和各种合成纤维等。用于裤腰、服装内部牵带等不显露于服装外面的绳，一般选择本色全棉的圆形或扁形绳；选择其他具有装饰性的绳，要考虑到其与服装风格和色彩的协调性，常选择以人造丝或锦纶丝为原料的圆形编织绳、

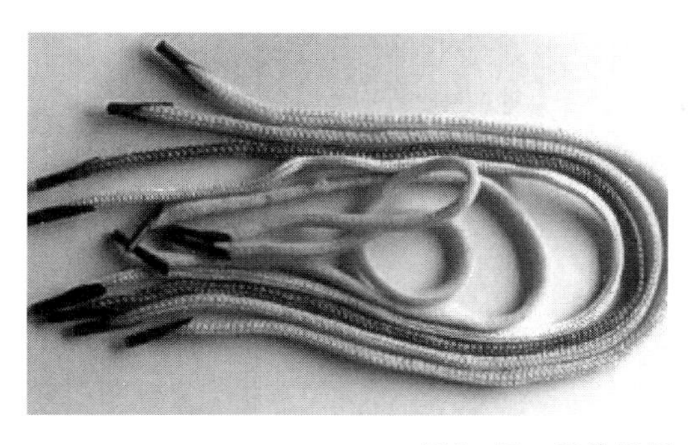

图5-17　服装用绳

涤纶缎带绳、人造丝缎带绳等。总之，若服装中的绳应用得好，则会有很好的装饰美化作用。

4. 带

（1）松紧带：松紧带在服装中的作用有紧固和方便两个方面，因此，特别适合童装、运动装、孕妇装和一些休闲服装使用。在这些服装的裤腰、袖口、下摆、裤口等处采用松紧带，既方便又有较好的紧固作用，如图5-18所示。

松紧带的主要原料是棉纱、黏胶丝和橡胶丝等，有不同宽度可供选择。宽的松紧带可直接用于裤腰、袖口等；窄的松紧带又叫橡皮筋，常用于内裤、睡裤裤腰较多。用氨纶纤维与棉、丝、锦纶丝、涤纶丝等不同纤维包芯制得的弹力带，也有不同松紧、不同宽度可供选择，现已广泛用于内衣等。

（2）罗纹带：罗纹带属于罗纹组织的针织品，是由橡皮筋与棉线、化学纤维、绒线等原料织成的弹力带状针织物，主要用于服装的领口、袖口、裤口等处。

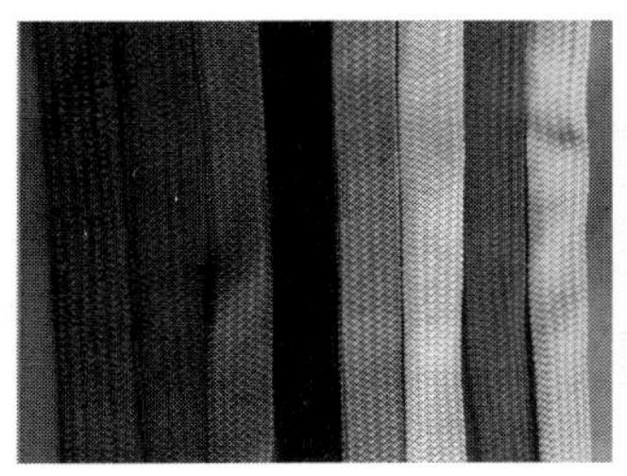
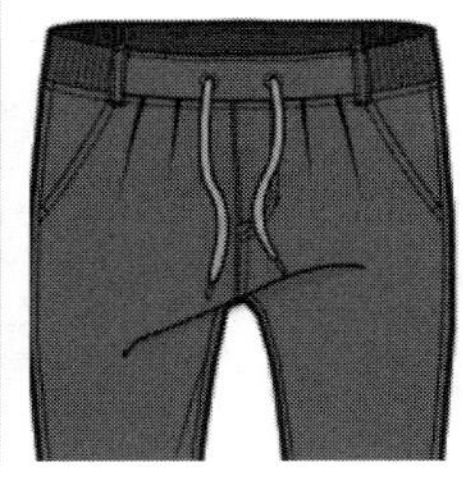
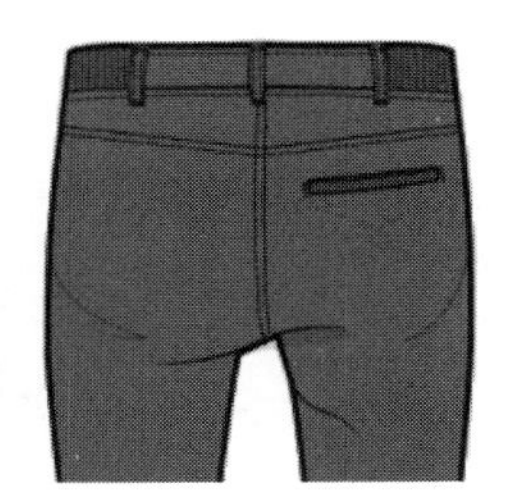

图5-18　服装用带

5. 钩、环、搭扣

（1）钩：钩多由金属制成，左右两边的配套组合为一钩一槽，一般安装在服装经常开闭且比较隐藏的部位，其特点是小巧、不醒目、使用方便，如图5-19所示。钩根据使用的部位可以分为领钩、裤钩等。领钩由铁丝或铜丝弯曲定型而成，由一钩一环构成一副，常用于军装、中山装等的领口。根据服装的类型，钩可以分为裤钩、裙钩、内衣钩、裘皮服装钩等。

（2）环：环主要采用双环结构，使用时一端钉住环，另一端缝上带子用来套拉，起到调节服装松紧，并起装饰作用。根据所用材料的不同，环有金属环、有机玻璃环、聚酯环、尼龙环、塑料环等，形状也是多种多样，有方形、圆形、椭圆形及其他不规则形等，常用于风衣、大衣、连衣裙、裤等腰带上（图5-20）。

（3）搭扣：搭扣是以尼龙为原料的粘扣带，也称尼龙搭扣。尼龙搭扣多用于需要快速扣紧或开启的服装部位，如消防服装的门襟扣、作战服装的搭扣、婴儿服装的搭扣和活动垫肩的粘合、袋口的粘合等。

尼龙搭扣由两条不同结构的尼龙带组成，一条表面带圈，另一条表面带钩，当两条尼龙带接触并压紧时，圈钩粘合扣紧。一般采用缝合或粘合的方式将搭扣固定在服装需要粘合的部位或附件上，达到粘合扣紧的目的。例如，将带钩和带圈的尼龙带分别固定于服装的左、右门襟上，相向粘合，就像扣上纽扣一样，门襟被闭合了，而且开启非常方便。尼龙搭扣有不同宽度和不同色号以供选用，使用时十分便捷，尤其是童装和婴儿装选用尼龙搭扣作紧固件既安全又方便。

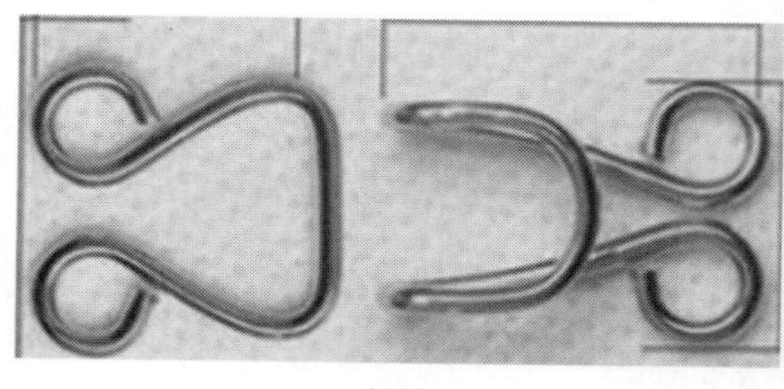

领钩

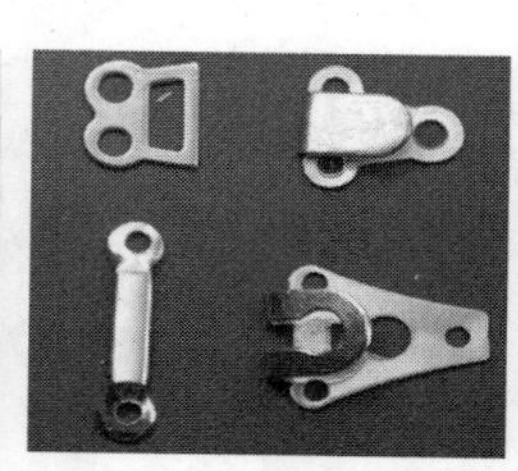

裤钩

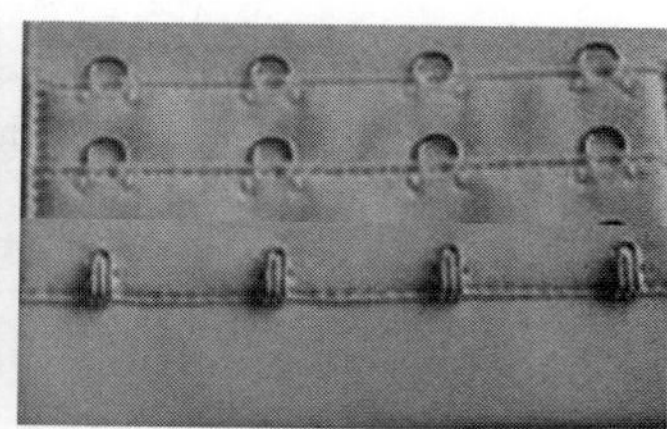

内衣钩

图5-19 服装用钩

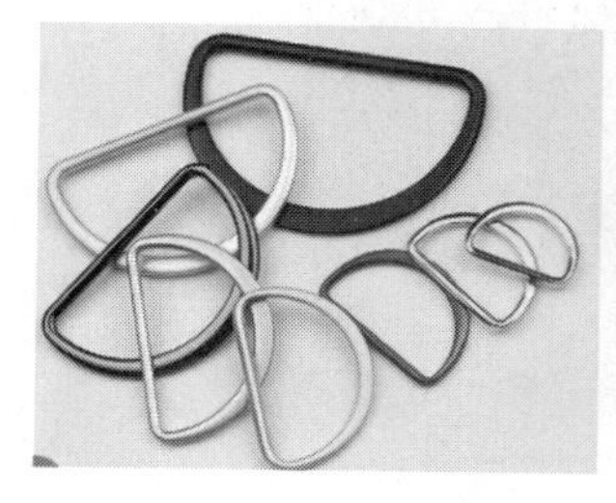

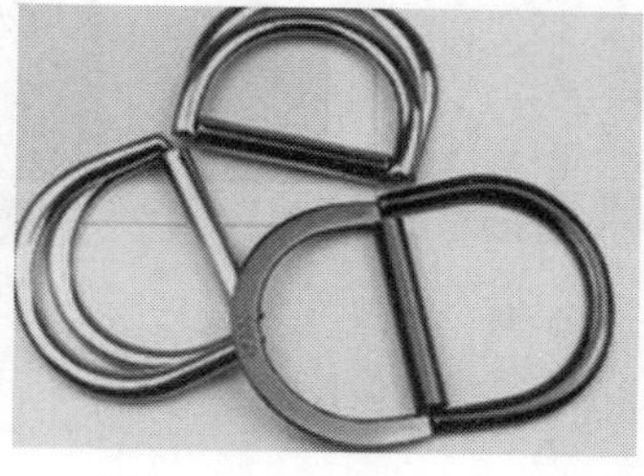

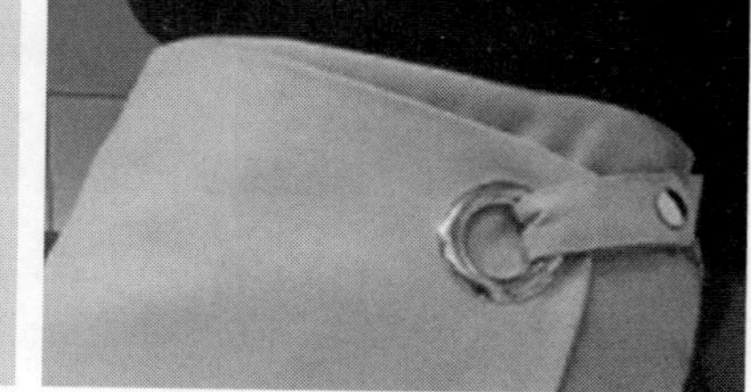

图5-20 服装用环

图5-21　服装用搭扣

第三节
服装用其他辅料

一、服装用缝纫线

（一）服装用缝纫线的概念

用于缝合纺织材料、塑料、皮革制品和缝订书刊等的线，称为缝纫线。缝纫线是服装材料中的主要辅料之一，除了衣片之间的缝合功能外，还可以起到一定的装饰作用（图5-22）。

图5-22　缝纫线

（二）缝纫线的分类

1. 天然纤维缝纫线

（1）棉缝纫线：以棉纤维为原料制成的棉缝纫线，习惯称棉线。棉线是较早用于缝合服装的缝纫线，主要有蜡光缝纫线、丝光缝纫线和无光缝纫线。

①蜡光棉缝纫线：蜡光棉缝纫线是指经过上浆、上蜡和刷光处理的棉缝纫线。经过蜡光处理，

无光线表面的绒毛黏附于线的表面，有规则地倒向一边，浆料在线表面形成一层薄膜，从而减少摩擦阻力，线表面光滑，缝纫时不易断线。浆液还能渗入线的内部，增强纱线间的黏结力，耐磨性好，有一定的硬挺感。

②丝光棉缝纫线：丝光棉缝纫线是指用氢氧化钠溶液进行丝光工艺处理的棉缝纫线。经丝光工艺处理的棉线，分子排列紧密，不仅表面光滑，还能提高强力与对染料的吸附能力。丝光缝纫线线质柔软、美观，适合缝制中、高档棉制品。

③无光棉缝纫线：无光棉缝纫线是指不经过烧毛、丝光、上浆等处理的棉缝纫线。无光棉缝纫线因未经过烧毛处理，表面粗糙，与其他线比较，在缝合织物时的摩擦阻力较大，适合手工缝纫与低速缝纫，缝制对象主要是低档棉制品。

（2）麻缝纫线：麻缝纫线是采用麻纤维（苎麻、亚麻、黄麻等）制成的线。苎麻强度居天然纤维之首，伸长率小，是一种典型的高强低伸材料。苎麻缝纫线被列为特种工业用线，可用于皮鞋与皮革制品的缝制，还可用于军用制品如武器罩衣等的缝合。黄麻线常用来缝制麻袋，还可以作沙发嵌线、包扎用线、麻袋坯布的边线等。

（3）蚕丝缝纫线：蚕丝缝纫线是采用天然蚕丝制得的缝纫线。蚕丝缝纫线的细度比棉、麻、毛都细，且蚕丝是长丝结构，分子取向性较强，故对光线的反射较有规律，富有光泽。线质手感滑爽，可缝性好。蚕丝纤维的干强高于棉线，但湿强低于棉线。伸长率较大，弹性好，缝制针迹丰满挺括，不易皱缩。蚕丝缝纫线回潮率高，因此在一定温湿度条件下易发生霉变，不耐日晒，能耐弱酸但不耐强酸，且耐碱性差。

2. 化学纤维缝纫线

（1）涤纶缝纫线：涤纶缝纫线是以涤纶纤维为原料制作的缝纫线。涤纶纤维是一种品质优良的化学纤维，用其制得的缝纫线强力高，在各类缝纫线中其强力仅次于锦纶线，而且湿态时强度不会降低。它的缩水率小，经过适当定型后收缩率小于1%，因此缝制的线能始终保持平挺美观，无皱缩。涤纶耐磨性仅次于锦纶，回潮率低，有良好的耐高温、耐低温、耐光和耐水性。涤纶缝纫线使用范围极广，在很大程度上取代了棉缝纫线。但涤纶缝纫线的耐熔融性比棉线差，高速缝纫时，若不采取良好的后处理，缝纫线容易断头，因此应采用有机硅后处理，以适应高速缝纫的需要。

（2）涤棉缝纫线：涤棉缝纫线主要有涤棉混纺纱缝纫线和涤棉包芯缝纫线两种。

①涤棉混纺纱缝纫线：涤棉混纺纱缝纫线是采用涤纶纤维与棉纤维混纺制成的缝纫线。一般含涤纶65%，含棉35%。涤纶强度高，耐磨性好，但耐热性较差，棉却耐热，涤棉混纺兼有两者的优点，一般适合用于速度4000r/min的工业缝纫机。

②涤棉包芯缝纫线：涤棉包芯缝纫线是以涤纶长丝为芯线，外面包缠棉纱，经并捻而制成的缝纫线。涤棉包芯缝纫线强力高，几乎接近涤纶线。在缝纫中与针眼接触的是棉

纱，故耐热性能同棉；其线质柔软、缩水率在0.5%以下，主要用于衬衫服装的缝制，尤其适合缝制树脂衬衫领。

（3）锦纶缝纫线：锦纶缝纫线指用锦纶丝制作的缝纫线。锦纶线的耐磨性与干态强度均居化学纤维之首，湿强仅低于丙纶，伸长率为20%~35%，耐碱不耐酸，耐挠曲性好，且耐腐蚀，几乎不受微生物的影响，不会霉变和蛀蚀。其耐热性较差，不适合高速缝纫。锦纶线线质光滑，有丝质光泽，弹性较好。锦纶缝纫线的原料是锦纶6或锦纶66，制线采用的都是长丝纤维，有单丝、复丝与变形丝三种，其对应的产品为单丝缝纫线、复丝线与弹力线。

（4）维纶缝纫线：维纶缝纫线是采用维纶纤维制作的缝纫线。维纶缝纫线吸湿性高，耐磨性好，除浓酸与热酸外能耐一般的酸和碱，不霉不蛀，是一种价格较低的化学纤维线。维纶缝纫线的缺点是在湿态下的耐热性较差，容易发生软化与皱缩现象，染色性能差，维纶线主要用于缝制包、袋、被褥等，还广泛用于家用编织装饰品、劳动手套、背枪带、输送带等。

二、服装用花边

（一）服装用花边的概念

服装用花边是指有各种花纹图案，作装饰用的薄型带状织物。花边除了可以用于服装外，还可用作窗帘、台布、床罩、枕罩等的嵌条或镶边，如图5-23所示。

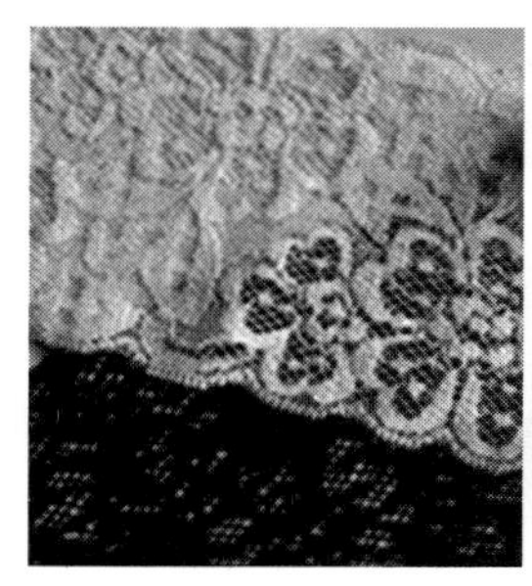
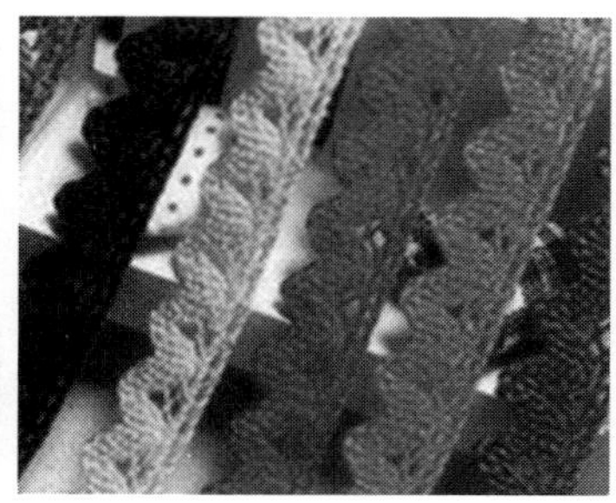

图5-23　服装用花边

（二）服装用花边的分类

1. 机织花边

机织花边由提花机控制经线与纬线交织而成，可以多条花边同时织制或独幅织制后再分条。机织花边按原料又可分为纯棉花边、丝纱交织花边、锦纶花边等。机织花边的原料有棉线、蚕丝、金银线、黏胶丝、锦纶丝、涤纶丝等。机织花边质地紧密，立体感强，色彩丰富，具有艺术感。丝纱交织花边在我国少数民族中使用较普遍，深受喜爱，所以又称为民族花边，其图案喜庆吉祥，具有民族风格。

2. 针织花边

针织花边由经编机制作而成，大多以锦纶丝、涤纶丝、黏胶丝为原料。针织花边组织稀松，有明显的孔眼，外观轻盈，犹如翼纱，分为有牙口边和无牙口边两大类。有牙口边的花边宽度较宽，一般用来装饰妇女儿童服装的领、胸、袖口等部位，以及帽檐、家具布的布边。无牙口边的花边多用于服装的不同部位，也起装饰作用。

3. 水溶性花边

水溶性花边是刺绣花边中的一大类。它是以水溶性非织造布为底，用黏胶长丝作绣花线，通过电脑平板刺绣机绣在底布上，再经过热水处理使水溶性非织造底布溶化，留下具有立体感的花边，因其底布经过水溶处理，故称水溶性花边。水溶性花边宽度1~8cm，牙口边有大小不一的小锯齿，形式多样、花形变化较活泼，并有较强的立体感，广泛应用于各类服装及装饰用品。

4. 匈牙利花边

匈牙利花边又称土耳其花边，多为农村编织的一种梭结花边，采用粗针距编结而成。这种花边由彩色丝线织成花卉、叶瓣等各种花形，提花效果逼真，立体感强，有浓郁的民族风格。

5. 机绣贴花

机绣贴花是以涤纶织物为面料，用黏胶丝线和涤棉线在绣花机上进行刺绣，并以弹力线衬里，表面呈凹凸形，立体感强。不同花型采用各种针迹绣法分批刺绣，经整烫，再多层缝合而成。机绣贴花产品主要用作绣衣、睡衣、羊毛衫的装饰。

三、服装用商标和标志

（一）商标

商标是商品的标记，关系到产品的整体形象和企业的形象。服装用的商标种类很多，材料上有胶纸、塑料、棉布、绸缎、皮革、金属等。商标的印制更是千姿百态，有提花、印花、植绒、压印、冲压等。商标的选配，除了考虑品牌及装饰效果外，还应考虑到服用舒适性，内衣商标要薄、软、小，使穿着者感到舒适；外衣商标可厚、挺、大；金属、皮革商标有很强的装饰性，可用于牛仔、皮衣、夹克的外表面，如图5-24所示。

（二）标志

服装用的标志有品质标志、规格标志、产地标志、使用标志、质量标志等。标志是用于说明服装原料、性能、使用及保养方法、洗涤及熨烫方法等的一种标牌，常见的有纸质吊牌、尼龙涂层带、塑料胶纸、布质编织标志等，如图5-25所示。标志应清晰、完整，便于消费者使用、查验，还应考虑标志与服装整体的协调性和装饰性。

（三）包装材料

服装用包装材料主要包括包装袋、包装薄膜、包装支撑件等材料，其主要起到保护服装、支撑服装造型等作用，还起到一定的美化和宣传服装的作用。好的包装材料不仅可以保护服装的整体设计、款式造型，还能提高服装的档次和服装的价格。服装用包装材料主要采用的是塑料胶纸、塑料薄膜、非织造布等材料，如图5-26所示。

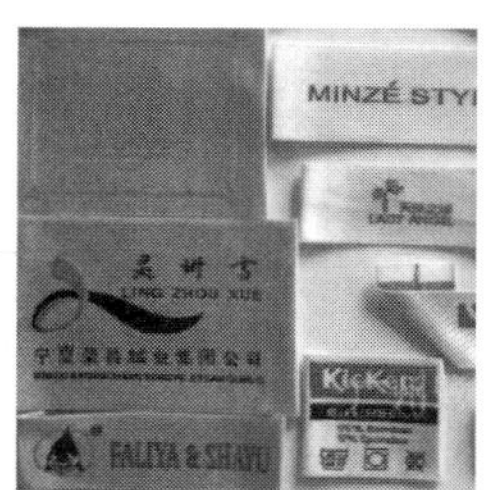

图5-24 服装用商标

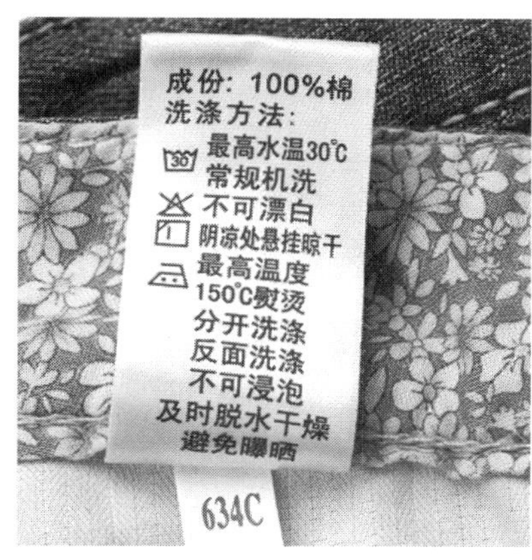

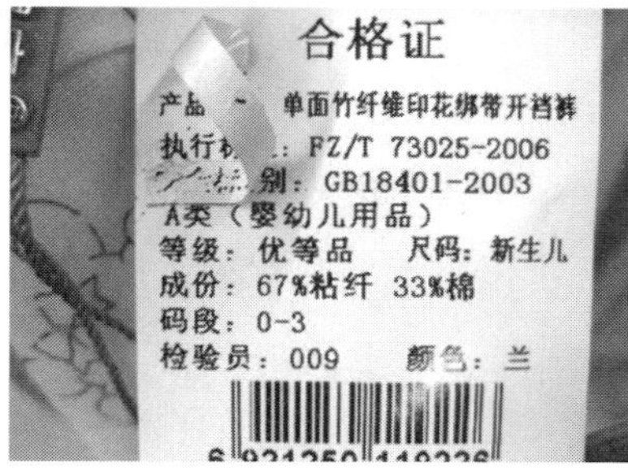

图5-25 标志

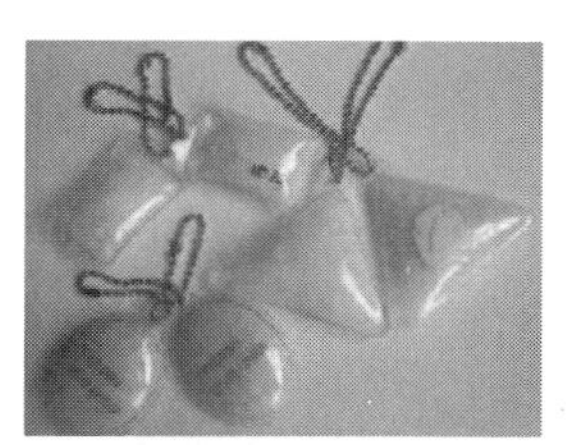

图5-26 服装用包装材料

第六章

服装材料的设计应用

课题名称：服装材料的设计应用　　课题时间：6学时

课题内容：

1. 服装材料的设计应用原则
2. 服装材料的设计应用方法
3. 服装材料的设计应用实例

教学目的：

1. 使学生能系统地掌握服装材料在设计应用中的设计原则、方法，培养学生根据特定需求或条件，独立分析和解决与服装材料在服装设计应用中的复杂问题的能力，灵活开展服装面辅料选择和创新设计。
2. 通过教学内容和教学模式设计，培养学生创新精神和设计伦理意识，领略服装及服装材料的文化传承，将可持续发展的内涵贯穿到服装材料的设计应用中。

教学方式：理论授课、案例分析、多媒体演示、设计实践

教学要求：

1. 了解服装材料的设计原则
2. 掌握服装材料的设计方法

课前（后）准备：

1. 服装材料的设计应用主要原则是什么？
2. 服装材料设计应用的主要方法有哪些？各有什么特点？
3. 采用目标设计法，设计男式正装，如何进行服装材料选择？
4. 从中国服饰文化传承角度，阐述如何进行女式礼服的服装材料选择及设计？
5. 从创新设计角度，阐述如何进行运动服装设计及服装材料的选择？

第一节
服装材料的设计应用原则

一、服装材料设计应用原则的概念

现代服装的设计应用包括三个方面：第一是遮蔽身体，满足人们的工作和生活需要，以适应季节变化与礼仪需要；第二是实现某种特定款式所要求的美感，以达到装饰的目的；第三是满足某些特殊场合的防护需要，达到保护人体的目的。根据服装材料的物理、化学性能合理选用材料是服装设计应用的前提条件，也是决定服装产品的服用功能、档次、品质、使用、管理等的重要因素。

服装材料设计应用原则一般是采用一贯的思维总结归纳便于实际应用的方法，并将这种方法应用于服装材料选择和服装设计应用中。这种设计应用原则可简单理解为一种在工作、生活、学习等过程中会广泛用到的思考、思维方式，可指导人们更加全面地考虑问题并高效地解决问题，是一种简单、方便易于理解的思维方式和设计应用原则。

二、“5W1H”设计应用原则

“5W1H”设计应用原则（图6-1）就是根据服装是什么人穿（Who），穿着目的（Why），什么时候穿（When），在什么场合穿（Where），以及服装的成本和价格将会怎样（How much），来确定选择什么样的材料（What）。

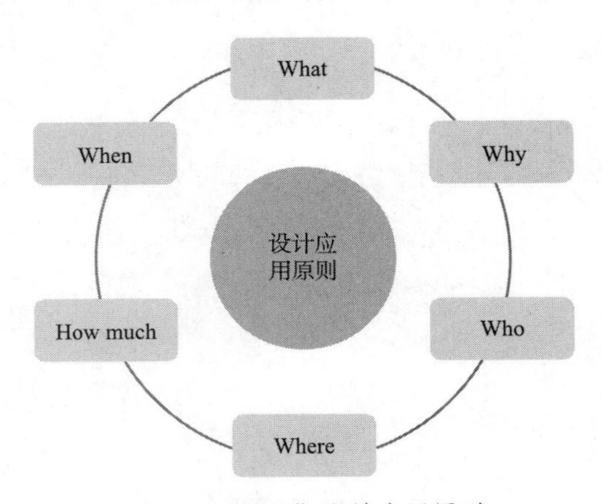

图6-1 “5W1H”设计应用原则

（一）谁穿（Who）

这里的“谁”可以是一个人也可以是一个集体，当设计服装选择服装材料时，首先需要考虑的是做成衣服之后给谁穿，谁是主要消费者。不同年龄段、行业等消费者对于服装材料的颜色、风格、花型等的需求各不相同，应使服装满足消费者的需求和生活方式。

（二）为什么穿（Why）

在不同的身份、环境等约束条件下，消费者要达到的目的不同，对服装的材料选择也会因此有所不同。有人追求穿着后的外观表现；有人追求合体舒适；有人习惯多方面比较计算性价比；有人为了彰显身份。因此服装材料的选择需要了解消费者的穿衣目的。

（三）什么场合穿（Where）

不同的自然条件或生活习惯，如地理、气候、经济和文化条件不同，均会反映到着装要求和服装材料的选择上。中国幅员辽阔，仅是生活在南方和北方，就对服装材料的透气性和吸湿性有不同要求；需要经常出差和常年坐办公室的工作习惯对服装材料也有不同要求。

（四）什么时间穿（When）

服装用于什么时间或是什么季节也是选择服装材料的前提之一。比如单从款式上看，一套西服消费者在四季均可穿着，但从材料上看，不同季节穿着的西服面料在色泽、质地、厚薄和手感等方面均存在较大差异。

（五）什么价格（How much）

服装材料的费用在服装成本中属于较为重要的组成部分，所选材料价格应与服装成品的价格相匹配。

（六）选择什么材料（What）

根据上述“4W1H”的条件来确定最终选择什么样的材料。

服装的“5W1H”应用原则已经涵盖服装材料设计应用的大部分内容，除此之外，选择服装材料时还要注重服装材料的流行及文化属性等因素，只考虑材料的实用性而忽视服装材料的流行及文化属性将使服装材料失去一半的价值。如今，品牌消费、绿色消费、体验消费的理念已被越来越多的人推崇，因此展示服装材料的流行及文化属性也是现代服装设计的重要手段。

“5W1H”应用原则不仅可以应用于服装设计、服装材料的选择，还可以应用于服装质量管理及服装行为分析等。

第二节 服装材料的设计应用方法

一、目标设计法

目标设计法就是一切从服装的特点与要求出发，进行全方位的服装设计方法。以服装的需要为目标设计服装，以服装的需要为目标选择服装材料，这是比较合理和科学的设计方法。目标设计法需考虑所设计的款式对服装材料色彩、图案、质地、手感的要求，另外还要考虑服装流行性因素对材料的要求等。由服装的设计要求来确定服装材料的设计，有目的地选择原料加工工艺、材料规格、组织结构、整理工艺等，一切围绕目标服装来进行，满足目标服装的要求。然后在既定材料的基础上进行服装的造型设计、结构设计、工艺设计，完成服装的整体设计。

（一）目标设计法的设计程序

目标设计法的设计程序是从服装到材料，再由材料到服装的全方位设计过程，是世界上大多数服装设计师所采用的方法。一些著名的服装设计师都有自己的服装材料设计工厂和专门的服装面料设计师，从事服装设计的公司也都是自行设计服装材料，完成服装的全面设计。它的特点是能够准确地再现设计师的设计思想，直接有效地实现设计师的设计方案，把服装材料设计和服装设计合为一个整体。此方法有利于服装功能的发挥，有利于材料物尽其用，有利于个性服装的诞生，有利于服装和材料的共同进步。所以，目标设计法也将成为当下服装设计的主要方向。

（二）服装材料的设计与选择

根据“目标设计法”的思路，服装材料的设计与选择是按照目标服装的要求进行的。设计服装时就要考虑用什么样的服装材料来实现设计构思。比如设计主题为“中国风”的系列服装，设计时首先有一个总体的构思：用什么样的服装材料、什么款式来凸显“中国风”服装的特色，两者如何结合，并能适应今天的流行潮流，于是中国传统丝绸的团花、梅兰竹菊、福禄寿喜，乡情浓浓的蓝印花布，色彩热烈的哔叽印花布等都可以作为服装材料设计和选择的蓝本，结合如今的生产水平、流行风格和流行色，设计或者选择适合今天的“中国风”的服装材料。又如，若设计“童趣”系列服装，当今流行的卡通图案、动物图案、儿童稚嫩画风的图案，适合儿童穿着的天然纤维织物灯芯绒、纱卡，阻燃的整理工艺等，都是今天童装材料设计和选择的重点。

按照目标设计法的要求选择服装材料，可以避免选择服装材料时的盲目性。不是好看的、喜欢的服装材料都适合设计服装，而要把服装的要求放在选择服装材料的首位。设计师对所设计的服装应由什么样的材料来制作，应该是最清楚的。按服装的设计确定材料设计方案，按服装的要求选择材料，是目前世界上普遍运用的设计方法，也是我们要求根据“目标设计法”选择服装材料的方法。

二、材料设计法

材料设计法是根据服装材料的性能和特点来设计服装的方法。采用这种方法设计服装，设计师的创造性受到限制，服装的设计只能在现有服装材料的条件下进行，设计师根据对面料性能、特点的了解，进行服装设计的再创造。而服装材料的设计则是在现有原料、生产条件、生产技术可能性的情况下开展，以生产力的水平为依据，以社会需求的共性特点和普遍的适应性为方向，缺乏目标服装需求的直接引导，很难设计出性能独特、个性色彩强烈的服装材料，不利于服装材料的创新与发展，从而影响服装设计。

我国现有的服装设计方法从以材料设计法为主，逐渐向目标设计法的方向发展。服装设计师正在积极主动地学习材料知识，参与材料的构思和设计。材料设计师也深入市场调研，配合流行服装的功能要求，按服装的需要设计和开发新产品。并在服装设计和材料设计之间架起互相沟通的桥梁，形成有利于服装设计的新局面。

三、三要素设计法

服装的色彩、款式造型和服装材料就是构成服装的三要素。任何一件服装都离不开这三要素，而服装的色彩、款式造型要素都与服装材料有密切的关系。根据三要素的要求选择服装材料也是一种设计应用方法。

（一）按服装色彩与图案要求选用服装材料

服装的色彩和图案，其实就是服装材料的色彩和图案。对于服装来说，色彩是最基本的、并且是顾客第一眼就能看到的。对服装色彩的选择出于很多种原因，与季节、顾客的形象、可利用的材料种类或者设计师的想法等有关。色彩也可能受流行信息的影响，设计师可能会决定选择特定的一季流行色设计一系列产品。要设计蓝色的服装当然要选择蓝色的面料，设计大花裙子当然要选择大花面料，不同的色彩图案有不同的寓意和象征，适合不同的服装，这是应当注意的。然而重要的是，同一种色彩和图案在不同的服装材料上给人的感觉是有差异的，要仔细体会分辨，细心把握，才能更好地表现设计意图。

（1）不同服装材料对色彩的影响：对于服装来说，色彩是不能单独起作用的，同一种色彩的不同材料会使人产生不同的视觉效果和感觉。例如，黑色的涤纶看上去很廉价，黑色的呢绒给人的感觉是深沉的、浓重的；黑色的缎子给人的感觉是脱俗的、高贵的；黑色的皮革给人的感觉是硬朗的、帅气的；黑色的薄纱给人的感觉是透明的、神秘的；黑色的棉布给人的感觉是朴素的、憨实的；黑色的裘皮给人的感觉是温暖的、富贵的等。设计服装要表现的是哪种黑色？用怎样的服装材料来表现？如何来表现？都需要在设计应用时仔细斟酌与选择，而且浅色比深色更能表现服装材料的质地和设计细节。

（2）不同服装材料对图案的影响：在服装设计中，图案不仅能渲染服装的艺术氛围，使色彩的表情更加丰富和形象生动，还表现了艺术的个性及赋予服装更多内涵和超越实用的精神和审美本质，是服装设计中不可缺少的艺术表现语言。不同的服装选择不同的图案，其功能也各有千秋，如起到装饰、弥补、强调、象征、寓意、标示、宣传和情感表达的作用。比如，植物花卉图案代表着吉祥如意、物丰人和的美好愿景，不同的国家、民族也有其特别喜欢和极具代表性的纹样和色彩，如中国的蓝印花布、淡蓝蜡染布等。但是图案也不能单独起作用，必须通过服装材料来实现各种图案，而且同种图案在不同的服装材料上呈现出的艺术效果也不一样。所以服装图案在设计应用中，需要针对不同材料进行设计与选择。

（二）按服装款式造型要求选用服装材料

（1）量感：量感是指物体的存在感，是物体的大小、轻重、粗细、厚薄等指标的综合体，它会受物体的色彩、体积等综合因素的影响。服装的量感由服装的幅度和装饰物的大小来决定。服装体积感和重量感越强、装饰图案越大、服装的量感越大。可通过使用厚重、起毛面料来达到服装的量感，但也可以用大量带褶裥的轻薄面料来实现，还可以使用能容纳空气的面料制成大量感的服装。

（2）悬垂性：悬垂性是指服装材料由于自身重量及性能，在不同方向下垂时表现的性能。服装材料由于各向异性，会造成一种随机的、自然的、生动的、唯一的外观表现。在服装设计追求造型时，这种特性会体现出其独有的价值。服装不同的造型特点对悬垂性的要求也各不相同。

柔软飘逸的服装造型设计，比如设计悬垂、飘逸风格的大摆裙，柔软下垂的甩浪领，动感十足的波浪袖等，要选择柔软轻薄悬垂性好的面料，各种柔软的丝绸面料、悬垂性良好的化学纤维仿真丝面料、人造纤维面料、针织面料等都是较好的选择；而一些手感较硬，悬垂感较差的面料就不适合这样的造型，表现不出应有的柔美风格。

工整平直的服装造型设计，如直裙、短裙、套装、西装、西裤、大衣等造型比较工整的服装，可选择丰满、平整、身骨较好的面料，各种精纺毛料（花呢、华达呢、啥味呢），或者各种化学纤维仿毛面料、中长花呢、变形丝花呢，还有一些结构较紧密的粗纺花呢（麦尔登、法兰绒、格花呢），都可以塑造服装优美的外形。

（3）合体度：合体度是指在服装造型设计中服装材料与人体的贴合程度，是通过服装材料的性能在满足人体舒适程度的基础上，体现人体美感的合体性。

合体紧身的服装造型，应选择弹性较好的面料，像氨纶弹性面料、针织面料等，可以展示人体优美的曲线，并使人体活动轻松自如。

宽松的服装造型设计，一般应选择手感较柔软的面料，以使服装造型自然，穿着舒适。服装的款式、造型各种各样，面料的厚薄、硬软、性能也多种多样，选择时应注意服装的造型要求。

（三）按服装质地要求选用服装材料

服装材料由于原料、纱线、组织、后整理等各个因素的不同，手感质地会有很大的差别。比如，轻薄透明的绉纱与端庄华贵的贡缎，粗犷豪放的牛仔布与高特高密的府绸等，无论外观、手感、质地、用途都是完全不同的。在选择服装材料时，应考虑各自的适应性进行合理地选择。

（1）光泽感：光泽感是服装视觉风格的重要影响因素。光泽感较强的面料，如真丝缎，贡缎织物，三叶丝织物，丝光织物，金属色、荧光色涂层、印花织物，轧光织物，金银丝夹花织物等，往往给人华丽、富贵、刺激、前卫的感觉，特别在光线照耀下反光特别强，颇能吸引人们的视线，有很强的装饰性，因此，礼服、表演服、青春型服装等选择这类材料的较多。而体型不够理想的人群应避免选择这类服装材料作为服装大面积的用料。光泽感较弱的服装材料比较普遍，如各种原料的短纤织物，平纹、斜纹、绉组织等织物，表面浮线较短的织物，磨绒或拉毛较短的织物等，给人感觉朴素、稳重随和，不张扬，适应服装的面很广，一般生活服装都可以选择这类面料。只是这类材料外观感觉较平淡，可在分割线或镶嵌绲工艺上加以丰富。

（2）肌理效果：肌理效果是指物体表面的纹理。服装材料的肌理是由纤维、纱线、织物结构和织物后整理这几方面共同决定的。纤细的纤维、细而紧密的纱线、紧密的织物结构和砑光、电光等后整理都使面料细腻、精致的肌理效果得以强化。粗的纤维、粗而紧密的纱线和紧密的织物结构结合，可以使服装材料产生粗犷、硬朗的肌理效果。细的纤维、粗而疏松的纱线和疏松的织物结构结合，可以使服装材料产生柔软、温暖和惬意的肌理效果。表面肌理感强的材料，如各种提花面料、花色纱线面料、轧皱面料、植绒面料、绗缝绣面料等给人的感觉层次丰富、立体感强、有较强的感染力。而表面光洁细腻的材料，如高特高密府绸、细特强捻薄花呢，超细纤维织物等给人的感觉是高级细致、缜密、有品位，常用于正式场合穿着的服装。在设计服装时，设计师要选择有合适肌理效果的服装材料，并且注意在整套服装中不同肌理面料的协调统一。

（3）厚重感：厚重的服装材料容易使人联想到保暖，轻薄的服装材料容易使人联想到凉爽。棉织物中的粗条灯芯绒和仿毛织物都是比较厚重类的织物，具有增大体型的效果和良好的保暖作用，适用于深秋、冬季服装和简洁的造型。对于肥胖者体型和过于纤细者体型，此类厚重面料的服装都会突出其缺点。轻薄的面料，如丝织物中的多数品种，棉织物中的细平布、府绸、巴厘纱、麦尔纱、细纺等，麻织物中的爽丽纱，精纺毛织物中的凡立丁、派力司、薄花呢，涤纶仿丝绸面料等，都具有良好的透气性，热阻小，适合作夏季服装面料。轻薄透明的乔其纱、雪纺等面料的连衣裙具有飘逸妩媚的美感。中厚型的服装材料，如丝织物中的葛、绨，棉织物中的哔叽、卡其、牛仔布、绒布等，精纺毛织物中的哔叽、啥味呢、华达呢、中厚花呢、驼丝锦等，都具有较好的硬挺度，适合作春秋季外衣面料。

四、其他设计应用方法

（一）流行趋势设计法

服装是流行性很强的商品，是否符合时尚潮流也是选择服装材料时必须考虑的重要因素之一，要做到这点需及时获得并处理好服装流行信息。国际上有影响的服装流行趋势发布会，一般均在服装上市前6~18个月进行。虽然服装的潮流已经趋向国际化，但是对于获取的流行信息应该有选择地加以应用，以面对本地区的实际需求。

例如，当军旅服装成为时尚时，迷彩图案、军绿色的面料便会成为服装的流行面料，具有时代感的面料会受到爱美人士的青睐。但是考虑流行因素的同时，不要忘记服装的个性，不要忘记设计的主题和特点，不要一味地追随和依附流行而丧失自我。

（二）季节设计法

除了按照服装的类别选择材料外，还应该按照季节的变化来选择合适的服装材料。

（1）春秋季服装材料选择：一般以中等厚薄的面料为主，如各类全毛精纺毛料、混纺或化学纤维毛花呢、哔叽、花式纱线面料等，都是非常适合的。棉织物中的水洗卡其、灯芯绒、彩格斜纹布、蓝印花粗布等也是理想的选择；丝织物中的各种锦缎、呢类织物、绒类织物也可供选择；中等厚度的针织面料有很大的适应性。

（2）夏季服装材料选择：由于夏季的高温环境气候条件，对服装材料的选择要求一般较高。天然纤维织物吸湿透气，穿着舒适，比较适合夏令服装。麻织物吸湿散热快，高档的亚麻和苎麻织物是夏季服装最理想的选择。丝织物柔软、光滑、吸湿、隔热，如真丝双绉、乔其纱、印度绸、纺类面料、绡类面料等，轻柔飘逸，滑爽舒适，也适用于夏装。棉织物有吸湿柔软的优点，特别是密度小的棉织物，如麻纱、泡泡纱、烂花布、细特府绸等，都是夏季服装材料的首选。人造丝产品柔软、光滑、吸湿性能好，也是适合的面料。此外，各种化学纤维仿真丝绸面料，产品的手感和质地越来越好，易洗快干，也是非常受欢迎的品种。而针织面料可以很好地满足人体散热、透湿的需要，适用于夏季的便装和时装。

（3）冬季服装材料选择：冬季服装应具有保暖、挡风及防止体内热量散失的作用，因此冬季外层的服装应选用织底厚实，透气性小的材料，如毛哔叽、大衣呢和裘皮制品等，其中以羊毛材料为最佳，因为羊毛材料的吸湿性是所有纤维中最强的，而且散湿速度慢，这样可以有效地保持人体热量。冬季服装应选择蓬松、柔软、保暖性能好的服装材料，如裘皮、皮革、长毛绒、粗纺呢绒、较厚的精纺毛织物、宽条灯芯绒等。棉衣的服装材料有各种选择，如华达呢、哔叽、各种花呢、天然裘皮和皮革等。如要求材料质地丰厚些，可选择机纺呢绒中的麦尔登、海军呢、法兰绒、粗花呢等中厚型毛料，也可选用价廉的化学纤维呢绒，如三合一花呢、纯涤纶华达呢和哔叽、纯涤纶花呢、经编针织面料等。

（三）个性心理设计法

在现今社会中，人们的着装更强调个性，讨厌雷同和机器大生产带来的模式化、一致性。具有独立个性和区别于大众的服装材料受到欢迎，如手绘面料、手工扎染印花面料、手工编织面料和不断推出的新产品面料等，以突出的个性风格和崭新的感觉而受到现代人的喜爱。

而且不同地区、不同的社会地位、年龄、职业、性别、风俗习惯、宗教信仰等对服装的心理要求是有区别的，应根据不同情况去选择不同的材料。例如，青年服装富有朝气，色泽明快、艳丽时尚，对新花色、新款式接受快，对质地要求不高，但价格适中，不宜太贵；成年男女不像年轻人那样彰显个性，以表现成熟的心理、社会地位、经济地位为主要特点，应选用高标准、优质、典雅、色泽款式协调的服装材料，价格可以稍高；儿童应体现出天真、好奇、活泼等特点，以面料舒适、款式自如为主，色泽鲜艳，图案新颖大方，以满足儿童的心理，而面料应以天然纤维为主，化学纤维混纺为辅。

（四）消费等级设计法

17世纪西方国家是以人们的服装款式、服装材料的质地和色彩判断其在社会上的等级地位。目前人们仍是以服装的价格和各人的经济地位来衡量自身消费的等级为原则，并以此原则合理地选用服装材料。

（1）高档服装：高档服装以高层次消费者为对象，多选用纯毛精纺或粗纺呢，如华达呢、条花呢、拷花大衣呢、银枪大衣呢等；另外，还有各类纱、绉、绸、缎、丝绒、纯棉或涤棉、高支府绸、细纺及麻细纺等。

（2）中档服装：中档服装以一般消费者为对象，选用毛涤混纺华达呢、哔叽、条花呢或花呢，毛/黏、毛/腈等精纺混纺毛呢，粗纺混纺拷花大衣呢、制服呢、花呢等，以及各种人造纤维及真丝交织物、全棉或涤棉普梳织物等中档或中低档混纺面料。这类服装材料价格不高，服用性良好。

（3）低档服装：低档服装主要选用价格低廉、坚牢耐穿的中长纤维、人造棉、维/棉、涤/棉、涤/麻等化学纤维混纺或纯纺布、涤纶长丝经编布、人造丝绸、涤纶仿丝绸等服装材料。

（五）服装功能设计法

服装的主要功能就是掩护人体，以表现穿着姿态美为目的，同时还要保证服用舒适性、运动适体性及特殊功能或防护性能等。因此，应根据各种不同的服用功能要求选用合适的服装材料。

（1）生活活动功能服装：生活活动功能服装应保证人体生活及活动功能的要求，以达到提高生活效率的目的。这类服装包括工作服、家用便服、睡衣和运动服等。

（2）保健卫生功能服装：保健卫生功能服装要求辅助人体功能，达到保护人体健康的目的。这类服装包括冬装、夏装、内衣、风衣、雨衣及防护服等。

（3）道德礼仪功能服装：道德礼仪功能服装要求端正风仪，保持礼节，显示品格，有社交亲善之感，受伦理及社会风俗习惯之约束，以达到社交往来、参加仪式典礼的目的。

（4）标志功能服装：标志功能服装要求外观统一，具有多功能性的类型服装，以达到显示职业类别、职务行为的目的。这类服装包括有各类职业服、制服等。

（5）装饰功能服装：装饰功能服装要求个性化、多样化的兴趣爱好，高级化的衣料和审美观，以达到惹人注意，显示优越新奇的悠闲心理变化的目的。这类服装包括休假服、外出旅游服、装饰欣赏服等。

（6）扮装拟态功能服装：扮装拟态功能服装具有变貌、装扮模拟的功能，以达到性格风度地位转变的目的。这类服装包括舞台服、戏装等。

（六）环保、生态设计法

环保生态意识在现代人的思想中占有越来越重要的地位，服装也不例外。比如，动物裘革是非常优秀的服装材料，但在一些发达国家，出于对动物的保护，人们自觉放弃了对动物裘革面料的选择，而采用人造裘革替代；在选择化学纤维面料时，人们也自觉地选择那些生产过程对环境污染少的面料，尽管要付出较大的代价；同时，人们还在不断开发各种绿色服装材料，如彩色棉花，属性可转换的面料，能自然生长的片状面料等。在这个领域中人们将做更深的探索。

（七）特殊要求设计法

随着人们活动空间的扩大和科学技术水平的提高，一些特殊功能的服装对服装材料提出了特殊的要求。比如，航天员的宇航服、深海潜水服、北极的科考服装、登峰的服装等，能提高服装与环境、服装与人体应激反应的智能服装，以及具有安全防护功能的服装，如防辐射、防火、防病毒、防化学品等。这类服装在选择材料时，可以根据服装的特殊要求，选择特别开发的具有特殊功能和特性的服装材料。

服装材料的选择对服装设计来说十分重要。服装的外观风格、内在性能等许多方面要依靠服装材料来实现，服装材料是服装最重要的物质基础，是将服装与服装设计连接起来的纽带。服装材料选择正确得当，可以说服装设计已成功了一半。

第三节 服装材料的设计应用实例

一、正装材料的选用

正装是最常用的一类服装，主要用于严肃的场合，人们穿着的正装包括西装、套装和衬衫等。

（一）西装

（1）西装材料的总体选择：男式西装面料以毛料为佳，具体视着装场合而定。可以选择精纺织物，如驼丝锦、贡呢，花呢、哔叽、华达呢；也可选择粗纺织物，如麦尔登、海军呢等。如图6-2所示为Zara 2021年12月展示的西装。

（2）不同款式西装材料的选择：中、高档面料适合制作合体的职业男西装，而毛、麻、丝绸等面料则多制成宽松、偏长的休闲样式。如图6-3所示为John Lewis 2021年12月上市的丝质西装。

（3）西装图案与色彩的选择：西装常用的图案有细线竖条纹等，多为白色或蓝色。就色彩而言，深色系列如黑灰、藏青、烟火、棕色等，常用于在礼仪场合穿着的正规西装，其中藏青最为普遍。当然，在夏季，白色、浅灰也是正式西装的常用色。如图6-4所示为Jacques Wei 2022年春夏款的棕色西装。

图6-2　Zara西装（2021年）

图6-3　John Lewis丝质西装（2021年）

图6-4　Jacques Wei棕色西装（2022年春夏款）

（二）套装

（1）套装材料的总体选择：女套装常用的材料有精纺羊绒花呢、女衣呢、人字花呢等。选择毛织物的要求是“挺、软、糯、滑”。除毛织物以外，棉、麻、化学纤维面料也可选用，如窄条灯芯呢、细帆布、条纹布等。如图6-5所示为Diesel 2022年秋款毛织物套装。

（2）不同季节套装材料的选择：春、秋、冬季穿着的女式套装选用精纺或粗纺呢绒，常用精纺面料有羊绒花呢、女衣呢、人字花呢等，粗纺呢绒有麦尔登、海军呢、粗花呢、法兰绒女士呢等。夏季穿着的薄型套装面料主要为丝、毛、麻织物。丝哔叽、毛凡立丁、单面华达呢、薄花呢、格子呢是薄型女套装的理想用料。如图6-6所示为Nanushka 2022年秋款呢制套装。

（3）套装色彩的选择:套装色彩宜选素雅、平和的单色，或以条格为主，如蓝灰色、烟灰色、茶褐色、石墨色、暗紫色等。如图6-7所示为Chanel 2022年秋款暗紫色套装。

（三）衬衫

（1）不同档次衬衫材料的选择:高档衬衫一般选择高支全棉、全毛、羊绒、丝绸等面料，普通衬衫一般选用涤/棉或进口化学纤维面料，低档衬衫一般选用全化学纤维面料或含棉量较低的涤/棉面料。如图6-8所示为Lini Lotan2022年秋款格纹棉衬衫。

（2）女式衬衫面料的选择：质地轻柔飘逸凉爽舒适的真丝织物是女式衬衫的理想面料，如真丝砂洗双绉、绸缎、软缎、电力纺、绢丝纺等。各种带新颖印花、提花及花卉图案的真丝绸，更得女性青睐。棉、麻、化学纤维织物也是女式衬衫的常用面料，如府绸、麻纱、罗布、涤/棉高支府绸、细纺及烂花、印花织物。如图6-9所示为Joor 2021年2月上市的丝质衬衫。

图6-5　Diesel套装（2022年秋）

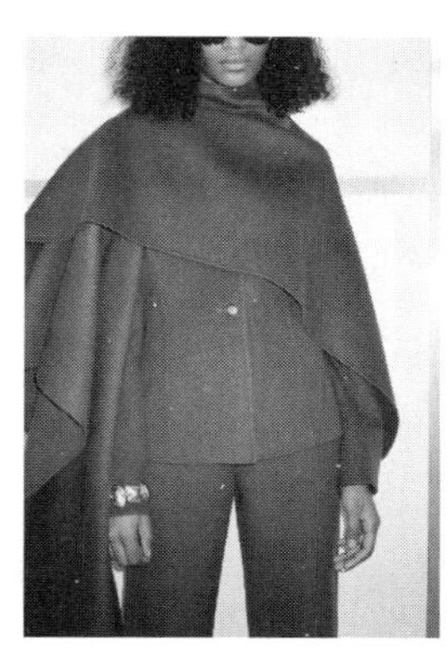

图6-6　Nanushka呢制套装（2022年秋）

图6-7　Chanel暗紫色套装（2022年秋）

图6-8　Lini Lotan格纹衬衫（2022年秋）

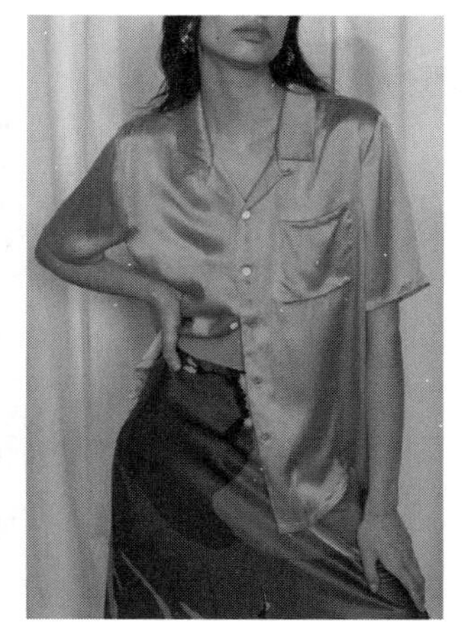

图6-9　Joor丝质衬衫（2021年2月）

二、休闲装材料的选用

休闲装又称便装，通常在日常生活中穿着。休闲装的种类繁多，常见的包括T恤衫、夹克、风衣、牛仔服、针织衫、棉服及羽绒服类等。

（一）T恤衫

T恤衫的材料可选择的范围很广，一般有棉、麻、毛、丝、化学纤维及其混纺织物，尤以纯棉、麻或麻/棉混纺为佳，具有透气、柔软、舒适凉爽、吸汗、散热等优点。T恤衫常为针织品，但由于消费者的需求在不断地变化，其设计也日新月异。丝光棉质T恤衫，色泽鲜明光亮，质地柔软舒适，吸湿透气，手感顺滑，悬垂性好。麻料T恤衫有吸湿、散湿速度快的特点。真丝T恤衫轻薄柔软、贴身舒适。如图6-10所示为Ffixxed 2020年春夏款的环保棉T恤衫。

（二）夹克

夹克比较常规的面料是涤/棉或全棉。将特殊面料融入夹克的设计，是夹克发展的一种趋势。现多采用记忆和仿记忆及涂层面料，涂层面料具有涂层紧密、防水功能优、抗皱能力强、衣服挺直的特性。如图6-11为Diesel 2022年秋款的涂层处理夹克。

（三）风衣

风衣是种能遮风挡雨、御寒的长外套。风衣向来是秋天时尚的主旋律，除其功能外，展现更多的是时尚。风衣色彩以卡其绿为基调，以藏青色、蓝色、灰色、米色、咖啡色为主，常与正装搭配，塑造出稳重、亲切却不沉闷的感觉。风衣面料常采用涤纶/锦纶、纯棉或棉的混纺面料等。如图6-12所示为Carlota Barrera 2021年秋冬款的涤纶风衣。

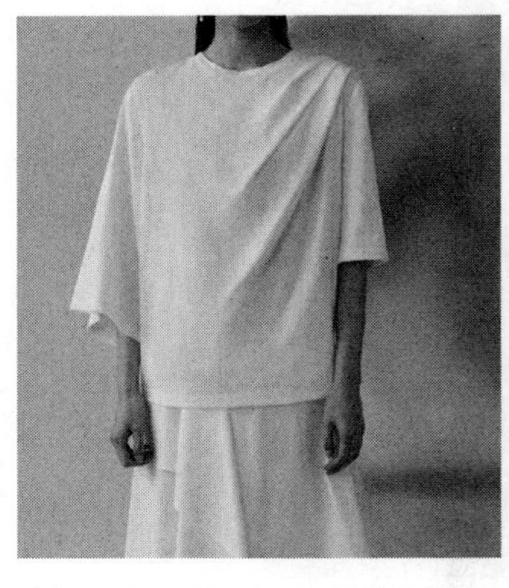

图6-10　Ffixxed环保棉T恤衫（2020年春夏）

图6-11　Diesel（2022年秋）

图6-12　Carlota Barrera 涤纶风衣（2021年秋冬）

（四）牛仔服

牛仔服大多使用纯棉或棉/涤混纺面料，主要区别在于后处理工艺。牛仔服按是否经水洗工艺可分为原色产品和水洗产品。原色产品是指只经退浆、防缩整理，未经洗涤加工整理的服装；水洗产品是指经石洗、酶洗、漂洗、冰洗、雪洗等，或多种组合方式洗涤加工整理的服装，不同的水洗工艺给牛仔服带来不同的颜色和风格，让牛仔服变得多姿多彩。如图6-13所示为Versace 2022年秋款的水洗牛仔服。

（五）针织衫

针织衫的面料成分主要有腈纶、涤纶、羊毛、纯棉、羊绒及兔毛等。面料肌理在针织衫的设计中占很大的比重，针织面料肌理与纱线织造工艺和织物组织结构关系较大。针织衫按纺织工艺可分为精梳针织衫、半精梳针织衫和粗疏针织衫，按织物组织可分为平针针织衫、罗纹针织衫、双反面针织衫、提花针织衫、镂空针织衫、经编针织衫等。如图6-14所示为Christian Dior 2022年秋款的针织衫。

图6-13 Versace水洗牛仔服（2022年秋）

图6-14 Christian Dior针织衫（2022年秋）

（六）棉服、羽绒服

棉服和羽绒服一般采用具有防风性能的纯棉（高密织物）、涤/棉、涤纶、锦纶等作为面料。里料采用涤平纺、尼丝纺、羽纱等比较轻薄滑爽的面料。如图6-15所示为Moncler 2022年的羽绒服。

（七）休闲运动服

休闲运动服采用较多的是针织面料，其次是机织面料。其中，化学纤维面料较天然纤维面料更为常用。由于休闲运动服多在运动时穿着，因此，面料的不同功能赋予运动服不同的特点。

（1）弹力休闲运动装：弹性织物依据含有弹性纤维的多少可分为高弹织物、中弹织物和低弹织物。目前，弹力织物还无相关的国家或行业标准。依据杜邦公司规定：在相同条件下，高弹织物是指拉伸率为30% ~50%且回复率降低小于5%~6%的织物；中弹织物是指拉伸率为20%~30%且回复率降低小于2%~5%的织物；低弹织物是指拉伸率小于20%的织物。设计师应根据不同的运动场景选择合适的弹力。如图6-16所示为John Elliott的中弹运动服。

（2）吸湿快干运动装：吸湿快干面料不仅具有优良的手感和透气性等，而且具有快速导湿、散湿的特点，在运动量大时更能获得良好的舒适性。吸湿快干面料一般由四种方式获得：一是改变化学纤维的结构；二是改变纤维的物理形态，如中空、沟槽、异形截面、超细化等纤维差别化技术的运用；三是合理地设计织物组织结构；四是采用适当的后整理技术。如图6-17所示，为7 Days Active 2022年春夏款的吸湿快干运动套装。

图6-15　Moncler羽绒服（2022年）

图6-16　John Elliott中弹运动服

图6-17　7 Days Active吸湿快干运动套装（2022年春夏）

三、运动装材料的选用

运动装可以分为两类：一类是在从事专门体育运动时所穿着的服装，另一类是运动型的日常服装。运动装所有的特性必须适应运动的需要，这类服装仅靠设计和剪裁的技巧是不够的，还必须依靠面料的特性满足运动需求。不同的体育运动对于运动装的需求不同，所选用的面料性能也不同，但总体上要求运动装面料要有较好的舒适性和坚牢度。

（一）体育运动装

运动装的面料要求透湿、透气性好，确保人体散发的热气可透过织物排至体外；弹性功能好；低阻抗力；有一定的防风、防水、抵抗恶劣天气等防护功能。田径服以背心、短裤为主，常选用质地柔软、吸汗透湿、快干、弹性好的针织面料，其中全棉或吸湿排汗快干面料为主要面料。球类运动服通常是套头上衣和短裤，比较宽松，宜采用吸湿排汗快干的化学纤维面料。体操服选用伸缩性能好、颜色鲜艳、有光泽的针织物来显示人体及动作的优美。水上运动服宜用密度高、伸缩性好、布面光滑有弹力的锦纶、腈纶等化学纤维类针织物。如图6-18所示，为不同运动项目的运动装。

图6-18　田径、球类、体操和水上运动服

（二）运动便装

运动便装包括旅游服和轻便工作服等，应选用有伸缩性的面料，面料的保温性、透气性、吸湿性和坚牢度，也需适应各种运动、工作的环境与动作。

一般选择棉、毛、麻和化学纤维混纺或纯纺的针织物，有的用弹性织物。旅游服要求穿着轻便、不易起皱、活动方便，面料宜用坚牢、挺爽、厚实、色泽鲜艳的织物。登山服需应付高山易变的气候条件，具备保护生命的作用，设计上考虑穿脱容易，材料应有保暖性、透气性、耐洗、耐日晒、耐摩擦和牵拉，成衣轻盈、体积小、携带方便，还应经过防水防风整理，根据需要可增加辐射热反射层。如图6-19所示，为Asos 2020年的轻便运动装，图6-20为ISPO 2020年的登山服。

图6-19　Asos轻便运动装（2020年1月）

图6-20　ISPO登山服（2020年1月）

四、礼服材料的选用

礼服是人们在正式社交场合穿着的服装，如参加典礼、婚礼、祭祀等隆重仪式所穿着的服装。

男士礼服的款式固定，因而在面料选择上限制较多，色彩一般选用黑色或其他深色，面料主要使用价格较为昂贵的精纺毛料、丝绸、呢绒等。女士礼服从风格造型、色彩装饰、面料配饰上来说都更为丰富多彩，成为女装中的主要设计素材和亮点。女士礼服的特点是日间密实、夜晚露肤。女士晚礼服是女士礼服中档次最高、最具特色、最能展示女性魅力的礼服。晚礼服以夜晚的交际为目的，为烘托豪华而热烈的气氛，采用丝绒、锦缎绉纱、塔夫绸、欧根纱、蕾丝等闪光、飘逸、高贵、华丽的面料，与周围环境相适应，色彩也引人注目、极尽奢华。随着科学技术的不断进步，晚礼服所选用的面料更加广泛，如具有优良悬垂性的棉/丝混纺面料、丝/毛混纺面料、化学纤维绸缎、新型雪纺、乔其纱、有弹力的莱卡面料等。此外，在丝质感超强的礼服外搭配与礼服有着强烈对比的厚重、温暖的裘皮面料，可在简洁大方之余增加礼服亮点。如图6-21所示为Lino Villaventura 2022年秋冬款的混纺新型面料礼服；图6-22为Alexander McQueen 2022年秋冬款的以纱为主要材料的礼服；图6-23为Batsheva 2022年春夏款的用新型反光合成材料制作的礼服；图6-24为Accidental Cutting 2021年秋冬款的礼服，在礼服外搭配皮制装饰，增加了亮点。

图6-21 Lino Villaventura混纺新型面料礼服（2022年秋冬）

图6-22 Alexander McQueen礼服（2022年秋冬）

图6-23 Batsheva礼服（2022年春夏）

图6-24 Accidental Cutting礼服（2021年秋冬）

第七章

服装材料的功能应用

课题名称：服装材料的功能应用　　课题时间：6学时

课题内容：

1. 服装材料的舒适性应用
2. 服装材料的安全性应用
3. 服装材料的保健性应用
4. 服装材料的智能性应用

教学目的：

1. 使学生能系统地掌握服装材料在功能应用中的应用原理、技术和方法，培养学生独立分析和解决服装材料在功能应用中的复杂问题的能力，开展服装功能性创新设计与应用。
2. 通过教学内容和教学模式设计，培养学生科技创新精神和工程伦理意识，树立家国情怀和科技报国精神，将环保意识和可持续发展的内涵贯穿到服装材料功能应用实践中。

教学方式：理论授课、案例分析、多媒体演示、应用实践

教学要求：

1. 了解服装材料功能的概念及分类
2. 掌握服装材料功能要求及应用方法

课前（后）准备：

1. 服装舒适性主要体现在哪几个方面？如何实现服装材料的舒适功能？
2. 服装材料安全性功能主要有哪些？实际应用中如何来达到安全性功能？
3. 目前服装材料的卫生保健功能主要应用方法有哪些？
4. 从科技创新角度，阐述如何实现服装的智能性功能？
5. 从工程伦理及可持续发展角度，分析服装功能性研究及应用的发展趋势及方向。

第一节
服装材料的舒适性应用

一、服装材料的舒适性概述

服装材料的舒适性，从广义上来说，是指着装者通过感觉（视觉、触觉、听觉、嗅觉、味觉）和知觉等对所穿着服装及材料的综合体验，包括生理上的舒服感、心理上的愉悦感和社会文化方面的自我实现、自我满足感。从狭义上来说，就是指生理舒适性。生理舒适性主要包括热湿舒适、接触性舒适等。

（一）服装材料的热湿舒适性

在人体—服装—环境三者的复杂热交换过程中，服装在人与环境之间既有热阻作用，又有导热作用。这里的热阻作用是指阻碍人体向外界环境散热或阻碍周围环境中的热量传至人体；导热作用则是指人体向外界环境散热或从周围环境中得到热量，人体在产生热量的同时，又以各种方式将这些热量散发到体外，从而维持人体的动态热平衡。从人体通过服装流向环境的热量（或从环境流向人体的热量）有几种主要途径，即辐射、传导、对流和蒸发。

服装材料的湿舒适性由三部分组成：

（1）服装材料的透气性：由于纱线之间存在空隙，当接近皮肤的衣下空气层中水蒸气压力大于周围环境中的水蒸气压力时，水蒸气便经过空隙从压力高的地方向压力低的地方弥散。

（2）服装材料的吸湿性：纤维具有一定的吸湿、散湿能力，当皮肤出汗时，衣下空气层的相对湿度很高，纤维吸附水汽后，相对湿度增加，并向相对湿度低的周围环境放湿。

（3）衣下空气层的对流：当温度高、湿度大的衣下空气离开人体表面后，周围环境中湿度低的空气则会取而代之，人体在运动或进行强体力劳动时，这种对流去湿更加明显。

（二）服装材料的接触舒适性

服装材料的接触舒适性是指人体皮肤在受到外加织物或服饰作用时而产生的一种生理感觉。刺痒感，湿黏涩感，局部压迫感，接触冷、温、爽感均属服装材料接触舒适性的范畴，而且是织物与皮肤直接发生的生理和物理作用。

（1）服装材料的刺痒感：一般指织物表面毛羽对皮肤的刺扎疼痛和轻扎、刮拉、摩擦的痒之综合感觉，而且往往以“痒”为主。不同纤维性状及毛羽形态、不同织物结构对人体产生的刺痒感是不同的。纤维性能与形状，如直径、长度和刚度是最为重要的影响因素。前两者影响织物表面毛羽的长度和密度，纤维刚度不仅影响成纱的表面光洁度，而且直接决定纤维对皮肤表面的刺扎作用。实验表明，传统苎麻产品——夏布并不产生恼人的刺痒。夏布的麻纱是以手工劈细的，纤维间被胶质粘连，故实际纤维长度较长。而机织麻纱是精干麻切断、打松后制成的，为单纤维，长度较短。两者相比，后者的纱线表面通常毛羽特别多。因此，苎麻织物刺痒感产生的原因有两个：一是由于麻纤维本身的粗、硬和具有较大的弯曲刚度，二是由于麻纤维凸出于织物表面形成较多的毛羽。

织物组织的稀密程度和纱线捻度的大小也影响皮肤的刺痒感。如果织物结构松散，纱线捻度小，毛羽被握持一端的活动余地大，当毛羽受外力挤压时，毛羽容易向织物方向避让，减弱了毛羽与皮肤间的作用力，从而减轻毛羽对皮肤的刺激程度。对于松散结构的织物，尤其是针织物，同样的纤维原料，其刺痒感较轻。另外，穿着衣物过程中的一些化学刺激和皮肤过敏也会引起刺痒感。

刺痒感的主要成因是硬挺突出的毛羽，且是突出的、较短的硬纤维，因此改善织物刺痒感的方法有三种。一是去除或大量减少毛羽，如烧毛、剪毛处理，或反之，增加毛羽并使毛羽倒伏，如拉毛、梳毛和压烫等处理。二是纤维的柔软化，即降低纤维的细度，如碱液、氨处理，砂洗和酶处理，使纤维柔软或变细。三是选择较细的纤维进行加工。这些方法能减少织物的刺痒感，但无法消除。有些效果还不明显，或对纤维损伤太大。有些毛羽减少了很多，但织物的刺痒感并未减少多少。故理论上讲刺痒感不仅是纤维刺扎导致的，而且可能与纤维表面的粗糙特征和人体感觉有关。

（2）服装材料的冷感性：服装刚与人体皮肤接触时，人体产生的一种冷感知觉反应称为冷感性。冷感性主要与内衣的接触舒适性有关。寒冷季节穿的内衣如棉毛衫裤、羊毛内衣衫裤等，要求暖和、无明显冷感；炎热季节穿的内衣如汗衫裤、衬衫等要求凉快、有明显冷感。

冷感性实质上是在温度不平衡条件下产生的，即衣服刚与皮肤接触时，如果皮肤温度较高，就会有冷的感觉，随着接触时间的延长，衣服的温度与皮肤的温度渐趋平衡，就不再有冷感。在寒冷季节穿上由冷感大的服装材料制成的内衣时，会使流经皮肤表面的血液受寒后回流至血液中心，在经颈静脉时引起肌肉收缩而增加人体热量，又由于皮肤血液收缩而控制了传导、对流、辐射的热量，这样就使体内与体表间的温度梯度加大而使深层组织的传导热增加。因此，寒冷季节使用的内衣应具有较低的冷感性。

冷感性主要取决于服装与皮肤表面接触的状态。其中不仅与接触面积的大小有关，还与接触形态特征等有关。因此，长丝类服装冷感性较明显；起绒织物、毛型织物由于纤维起毛或卷曲等原因，冷感性不显著。冷感性与纤维的吸湿热也有关系。由吸湿积分热高的纤维制成的服装，冷感性较小，如羊毛服装。此外，冷感性还与纤维的静电特性有一定的关系。静电现象显著时，贴身穿着的服装产生较强的负性静电，人体往往有温暖感，如氯纶内衣。冷感性与纤维的导热性也直接有关，导热性高的纤维织物，有一定的冷感，如亚麻织物刚与皮肤接触时有明显的冷感，因而在夏令穿着时，人体会有凉爽感。

二、几种常见服装材料的舒适性应用

（一）防水透湿服装材料

防水透湿服装材料是集防水、透湿、防风和保暖性能于一体的多功能服装材料，如图7-1所示。服装用织物在一定的水压下不被水润湿，但人体散发的汗液却能通过织物扩散或传递到外界，不在体表和织物之间积聚冷凝。

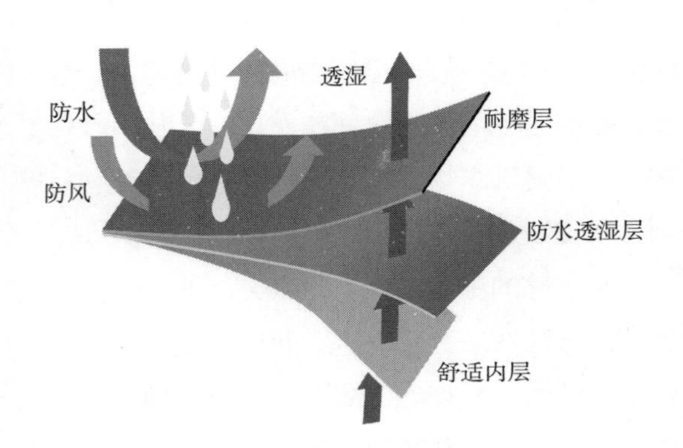

图7-1　防水透湿织物

防水透湿服装材料主要通过层压技术来实现，采用特殊的黏合剂，用层压工艺，将具有防水透湿功能的微孔或亲水性薄膜与普通织物层压复合在一起，使其具有防水透湿功能，解决了透湿性、防水性和耐洗涤性等的矛盾。

防水透湿织物可以应用于风衣、外套、冲锋衣、登山服、野外救生服、极地探险服等服装中，解决人体在不同的外环境中所需要的防水、透湿等功能，满足人体舒适性的要求，如图7-2所示。

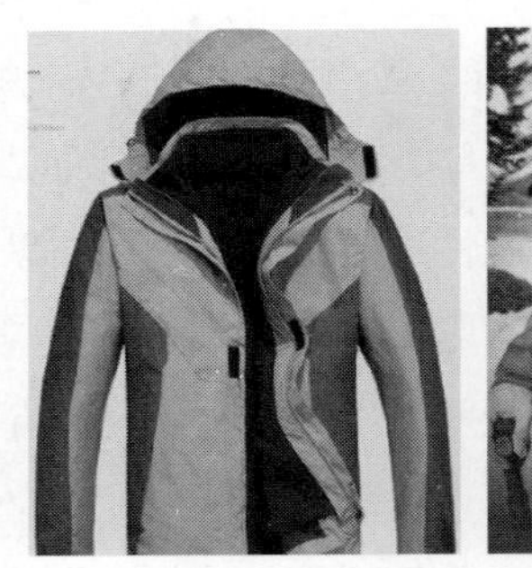

图7-2　防水透湿冲锋衣

（二）吸湿排汗服装材料

吸湿排汗服装材料是指在湿热环境中，织物能迅速吸收皮肤表面的汗液，并快速将其传导至织物外表面进而蒸发掉，使皮肤表面保持干爽、人体感觉舒适的服装材料。

吸湿排汗服装材料的功能主要通过吸湿快干功能性纤维来实现。吸湿快干功能性纤维可以改变纤维对水分的吸收、传输和排出，使纤维同时具有优良的亲水性和快干性。纤维表面通过异形喷丝孔制得的微细沟槽，不仅增强了纤维间的毛细效应，使纱线传输水分的能力增强，而且增大了纤维的比表面积，加快了水分在织物表面的蒸发速度。亲水性能的提高是通过化学改性的方法在纤维大分子结构中接入或引入亲水基团来实现。这样汗水经浸润、芯吸、传输等作用，迅速传导至织物表面并快速蒸发，从而保持人体皮肤的干爽感。同时，纤维在湿润状态时也不会像棉纤维那样贴在身上，能够始终保持织物与皮肤间舒适的微气候状态，从而达到提高舒适性的目的。所以，这种纤维又被称为“可呼吸的纤维”，应用于吸湿排汗服装中，如图7-3所示。

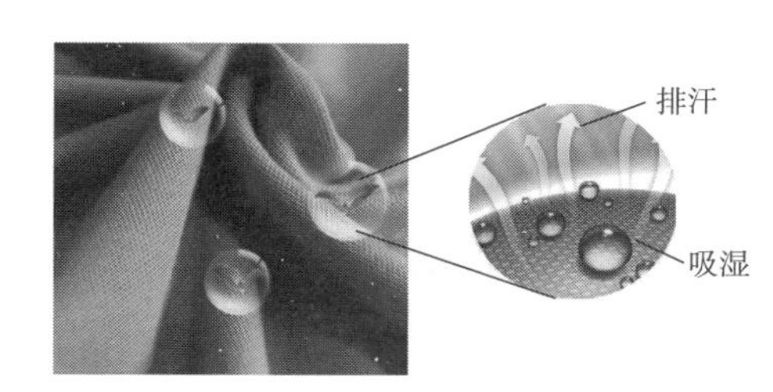

图7-3　吸湿排汗织物

（1）内衣和紧身衣裤：用吸湿排汗材料可以应用于贴身穿着的内衣和紧身衣裤中，如图7-4所示。由于内衣和紧身衣裤紧贴人体的皮肤，人体在新陈代谢过程中会排出汗液等，吸湿排汗服装材料可以解决着装时的闷热和出汗黏身等带来的不适，快速排除紧身衣裤与皮肤表面的水分及湿气，从而使人体感到舒适。

（2）运动服：运动服主要是人们在运动时穿着的服装。在运动时尤其是在体育竞技比赛时，人体大量出汗，如果不能把汗液快速排出，不仅影响人体的舒适性，还会影响竞技比赛的成绩。早期运动服主要采用棉纤维，棉纤维吸湿能力优良，但保水性也非常强，一旦吸湿饱和，干燥速度很慢，从湿润状态到水分平衡所需时间非常长。此外，浸润水分的棉织物重量增加，易黏在人体皮肤上，引起不舒适感。而吸湿排汗纤维制造的织物能快速吸湿并快速排出汗液，且没有黏身感，人体着装运动后，处于干爽舒适状态，还能保持高效的竞技状态，如图7-5所示。

（3）医用防护服：在抗击“新冠”肺炎疫情时期，大量的医用防护服不能解决服装的吸湿排汗问题，医护人员在高温环境下着防护服时，大量汗液无法排出，不仅影响着装的舒适性，还严重影响人体的健康，如图7-6所示。结合抗菌防护的要求，采用吸湿排汗织物，可以解决医用防护服的闷热不透湿的缺点，达到着装舒适和安全的需求。

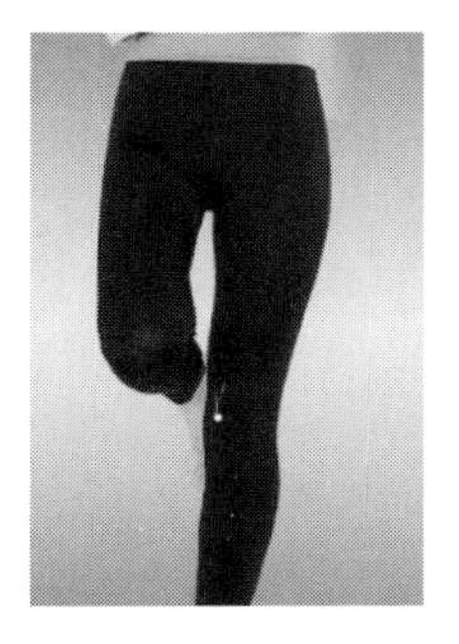
图7-4　吸湿排汗紧身裤

图7-5　吸湿排汗运动服

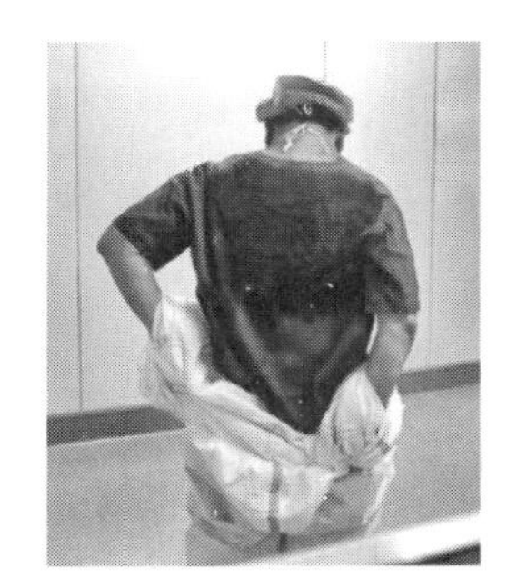
图7-6　医用防护服吸湿排汗问题

第二节
服装材料的安全性应用

一、服装材料的安全性概述

服装材料的安全性是指着装者通过服装及服装材料来防止环境中各种有害物质对人体的侵袭以达到保护人体安全的目的。服装材料的安全防护主要包含以下三个方面。

（一）防外部和内部的污染

服装材料的污染有来自外部及内部之分，外部污染有粉尘、煤烟、灰尘及某些致病的微生物等，服装及服装材料要具备避免这些东西侵入皮肤的功能；内部污染是皮肤表面排出的汗液、分泌的皮脂、脱落的表皮细胞附着在皮肤上所形成的，服装及服装材料需具备吸附这些污物的功能。

（二）防机械外力和有害药品

服装材料防机械外力和有害药品是一般劳动安全防护。为防止机械外力的危害，服装材料需有强韧性；为防止有害药物等的危害，服装材料需有耐药物性，特别是对某些化学药品，要有针对性的防护作用。

（三）特殊防护

服装材料的特殊防护是指在特定的劳动环境中的劳动安全防护。在某些特定的作业环境中，如微波、核发电、光透视、长期进行计算机操作等，其辐射或放射作用对人体产生危害，服装及服装材料应具备必要的反射和屏蔽作用，保证人体健康安全。

二、几种常见服装材料的安全性应用

（一）阻燃服装材料

根据纺织材料的燃烧过程及燃烧的基本条件，采用各种方法和措施来阻止纺织材料的燃烧，即为服装材料的阻燃安全性。服装材料阻燃加工的目的是使服装材料在靠近火焰时能降低其可燃性，减缓蔓延的速度，不形成大面积燃烧。而离开火焰后，能很快自熄，不再燃烧。

阻燃加工的方法通常有三种：一是制造阻燃纤维；二是对织物进行阻燃整理；三是阻燃纤维和阻燃整理相结合，它包括将阻燃纤维制成的织物再进行阻燃整理，或者将阻燃纤维与普通纤维混纺、并捻、交织后的织物再进行阻燃整理。另外，除考虑阻燃性外，还须考虑阻燃制品的毒性和熔融性，以防止对人体的影响及燃烧后熔融物滴落而灼伤皮肤。

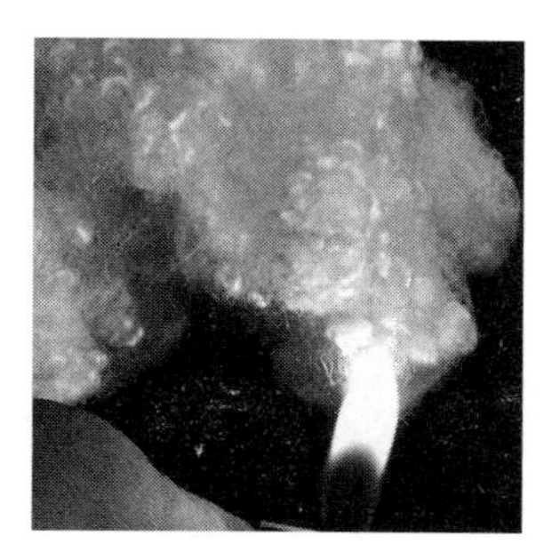

图7-7　阻燃纤维

（1）阻燃纤维：织造阻燃纤维的方法有三种：一是阻燃剂单体与高聚物共聚或接枝；二是在聚合体中加入一定量的阻燃剂，混溶加工制成均相共混纤维或复合纤维（这种方法称为共混法）；三是对纤维进行阻燃后处理。通过这些方法赋予纤维良好的阻燃效果、纺织加工性及服用性能，如图7-7所示。

图7-8　阻燃防护服

（2）阻燃整理：阻燃整理是对织物进行表面处理，从而达到阻燃的目的。其加工形式主要有喷涂法、浸轧、浸渍法、涂层法，较常用的是浸轧法。

阻燃纤维和阻燃织物可以应用于防火或阻燃服装，如小孩和老人的睡衣、消防服、救援服等特殊的工作服装等，如图7-8所示。

（二）防紫外线服装材料

过量的紫外线，会对人体造成很多的副作用，如皮肤变黑、皮肤老化、患皮肤癌等。服装材料中的大多数材料尤其是天然纤维类材料防紫外线的能力都非常低，要使服装材料具有满意的防紫外线效果，必须采用特殊的技术对其进行加工。

实现服装材料防紫外线的功能主要有两种方法，一是生产防紫外线纤维，二是通过后整理技术加工防紫外线织物。

（1）防紫外线纤维：在纺丝过程中加入紫外线吸收剂或紫外线反射剂，可得到防紫外线纤维。这种方法对技术的要求较高。紫外线防护剂在纺织过程中引入纤维，不与皮肤接触，不会引起过敏反应，同时各项牢度良好。例如，抗紫外线涤纶是采用在聚酯纤维中掺入陶瓷紫外线遮挡剂的方法制成的；在锦纶的聚合物中加入少量的锰盐和次磷酸、硼酸锰、硅酸铝等添加剂，也能制得抗紫外线锦纶。

（2）防紫外线织物：采用后处理技术将紫外线防护剂附于织物上，即可制成防紫外线织物。例如，对棉纤维来说，可采用浸渍有机系，如水杨酸系、二苯甲酮系等紫外线吸收

图7-9 防紫外线服装

剂来处理，以获得防紫外线功能。但这样制成的纺织品，其紫外线吸收剂的耐洗涤性很差。

防紫外线服装材料主要可用来制作衬衫、运动服、休闲装、制服、工作服、长筒袜、帽子、窗帘及遮阳伞、帐篷等。其纺织品还有阻挡热的作用，用作夏季服装时更感凉爽，如图7-9所示。

（三）防电磁辐射服装材料

随着电子技术的发展，电子产品越来越广泛地应用于国民生活经济等领域，过量的电磁辐射会对人体产生不同程度的伤害。常用的纺织服装材料对电磁辐射没有任何防护作用，目前防电磁辐射的服装材料主要有防电磁辐射混纺织物和防电磁辐射镀层织物。

（1）防电磁辐射混纺织物：利用金属纤维与其他纤维混纺成纱，再织成布，制成具有良好防辐射效果的织物。其中所用的金属纤维既可以是纯粹由无机金属材料制成的纤维，如不锈钢纤维；还可以是外包金属的镀金属纤维，如镀铝、镀锌、镀铜、镀镍、镀银的聚酯纤维、玻璃纤维等。目前还采用具有吸波和导电性能优异的新材料，如石墨烯、金属烯等超纤维材料，由这种纤维制成的防辐射织物，具有防辐射性能好、质轻、柔韧性好等优点，是一种比较理想的防电磁辐射面料。

（2）防电磁辐射镀层织物：用整理技术使织物金属化，可以在涂层整理剂中添加一定的金属粉末，对织物进行涂层整理，通常用铝粉、银粉等金属粉末，织物表面镀上一层金属。也可以在织物表面进行导电高聚物整理，使织物表面形成导电性能，使材料具有较强的屏蔽作用。

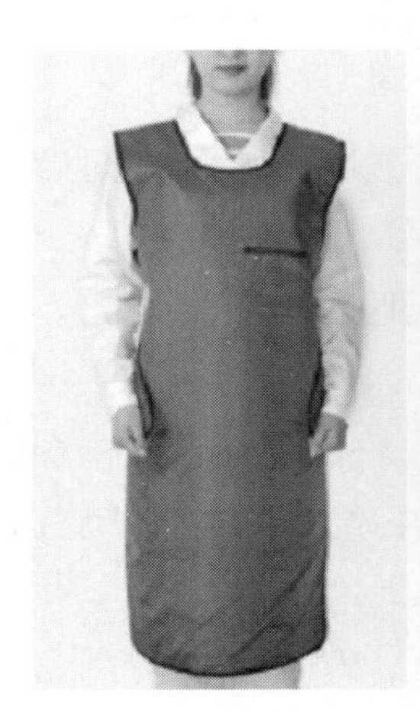

图7-10 防电磁辐射服装

防电磁辐射服装材料可以应用于孕妇装、童装等服装中，也可以应用于医疗、军事、国防和特殊领域的工作服中，如图7-10所示。

（四）防弹服装材料

服装材料的防弹安全性是指使人体免受子弹、弹片等发射体伤害，防弹服装是军队、警察的必要装备之一。防弹服装材料是利用材料在受到子弹或弹片冲击时能够将其动能吸收的防弹原理。

这种能量吸收能力受多种因素的影响，如材料的性质，包括纤维及使用的基体；织物的类型、织物的结构及织物的织造密度等。

目前采用轻质陶瓷纤维与玻璃钢等复合材料及“蜘蛛丝”等特殊材料制成的防弹衣，具有抗连续冲击、抗碎裂扩展等特性，并能较有效地防御子弹近距离直射。凯芙拉（Kevlar）纤维密度低且具有较强的韧性，在相同的情况下，抗弹性能比其他纤维高出2~3倍，同时具有较好的穿着舒适性，适用于个人防弹装备。

除了防弹性能之外，防弹衣的舒适性和隐蔽性也需要重视。研究人员开发了一种隐式防弹衣，其外表类似普通衬衣，可根据穿着者的要求调整尺寸。其外层由普通的服装面料制成，前后身内分别有夹层，夹层内放置了凯芙拉防弹缓冲垫或非织造布毡，如Spectra Fiber材料。这种防弹衣的最大优点是穿着舒适，防弹效果好，且可拆卸清洗，如图7-11所示。

图7-11 防弹服装

第三节
服装材料的保健性应用

一、服装材料的保健性概述

服装材料的保健性是以保健、预防疾病为重点，为人类提供新型卫生、保健服务。卫生、保健的服装材料作为提高人们生活品质，改善人们生活质量的服装产品，越来越受到人们的重视。目前卫生保健的服装材料呈现多样化的发展趋势，各类服装材料根据卫生保健的需求应运而生，这类服装材料功能独特，具有广阔的应用前景。

二、几种常见服装材料的保健性应用

（一）甲壳素保健服装材料

甲壳素是从虾蟹等甲壳动物的外壳及真菌、藻类等低等植物的细胞壁中提取的一种带正电荷的动物纤维素。由于甲壳素的分子结构独特，具有优良的吸水性，同时还具有一定的生物抗菌性，对人体有着非常良好的保健作用，所以被欧美科学家誉为人体的第六生命要素。近年来，世界各国都在大力开发和利用这一丰富的自然资源。

甲壳素保健纺织品的加工一般有几种途径：一是将甲壳素混入高湿模量黏胶纤维，经纺丝制得甲壳素黏胶纤维；二是利用甲壳素和它的衍生物壳聚糖所具有的流延性及成丝性的特点，直接制取纯甲壳素纤维；三是利用甲壳素做抗菌整理剂、涂层等，与纺织品结合制得甲壳素保健纺织品。

甲壳素纤维的用途十分广泛。在医疗领域，可用于手术缝合线，它在人体内可被吸收，在体外可被生物降解；可用来制作烧伤、烫伤用纱布和非织造布等，还可用来制作人造皮肤。在工业领域可作吸收放射线的罩布、超级话筒布、特殊抗沾污罩布等。在服用方面，可用于开发各种抗菌防臭保健纺织品，如童装、裤袜、尿布、婴儿服、男女内衣、衬衫、卫生餐巾、防脚癣袜、病号服、手术袍、床上用品，以及独特的抗沾污非织造布等产品，如图7-12所示。

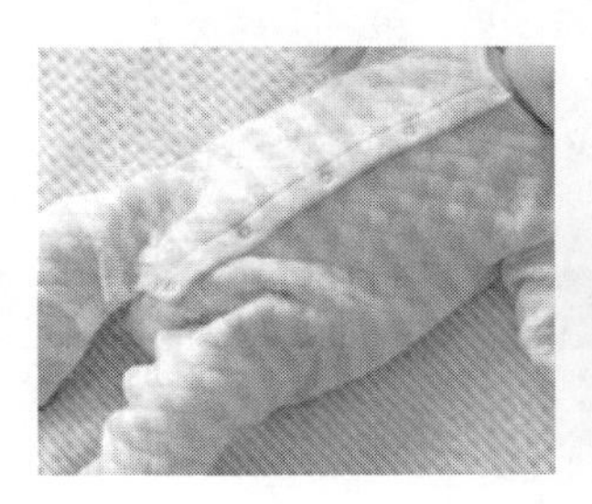
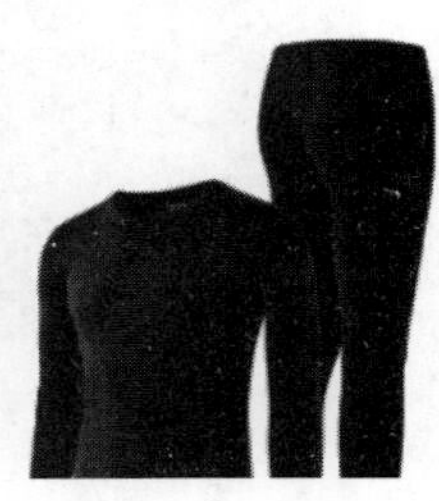

图7-12 甲壳素保健服装

（二）远红外保健服装材料

远红外保健服装材料是将远红外辐射率较高的物质附加在纺织材料上形成的远红外保健功能性纺织品。远红外的绝大部分能量被浅层皮肤吸收，远红外服装材料可以治疗皮肤病、末梢神经系统疾病。同时被浅层皮肤吸收的远红外热量，还可以通过介质传导和血液循环，传送到深部组织和更远的地方，达到治疗深部疾病的目的。

远红外保健服装材料关键技术就在于优选高远红外线发射率的各种矿物质，进而将这些矿物质引入服装材料，使材料具有保温性好，促进血液循环、促进新陈代谢、消除疲劳等保健作用，而又无副作用，更好地满足人们对于保暖及保健性能的要求。

远红外陶瓷粉是制作远红外保健品的主要原料，将远红外陶瓷粉末引入纺织品有两种方法：一种方法是将陶瓷粉混合在纺丝液中制得含有远红外陶瓷粉的合成纤维，也就是所谓的远红外纤维。目前主要是在涤纶和丙纶纤维中采用这种方法。另一种方法是采用涂料印花、浸轧等整理工艺将远红外陶瓷粉附在织物表面。通过以上两种方法制作的远红外纺织品，手感、外观好，使用、洗涤中远红外陶瓷粉不易脱落，但所用涤纶、丙纶本身吸湿性差，穿着不舒适；后整理得到的远红外纺织品对纺织品基质没有要求，可采用全棉、全毛等天然纤维织物，符合大众贴身穿着使用的习惯，加工方便、品种多，但不足之处是手感不够理想，陶瓷粉易脱落。

远红外保健服装材料主要应用于保暖、理疗服装等，如内衣、保健衣、内胆、腰带、护膝、手术康复服等，如图7-13所示。

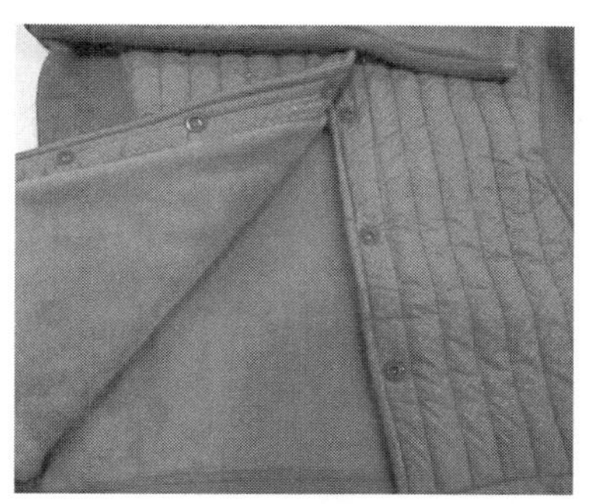

图7-13　远红外保健服装

（三）抗菌防臭服装材料的应用

抗菌服装材料就是具有抗菌防臭功能的服装材料，也称抗微生物服装材料。它采用高新技术将抗菌因子牢固地与纺织材料纤维分子结合，能有效地抑制来自各方附着在纺织材料表面上的细菌。

抗菌不同于灭菌和消毒，灭菌是指能够完全杀灭所有微生物，消毒的意思是使病原菌死亡，从而失去感染能力。而抗菌是以人们生活环境中生存的细菌为对象，能够长期保持人们生活环境在微生物学方面的卫生性，抗菌物质可在该织物上停留较长时间，作用效果可持续数年甚至数十年。它可能是杀菌，可能是抑菌，也可能是杀菌及抑菌两种机制同时存在，或抗菌能力在杀菌水平之下、抑菌水平之上。因此，抗菌可通俗地理解为：控制微生物的活动和繁殖，或将其逐步杀灭，创造一个清洁的环境。

在服装材料抗菌处理中，要根据不同环境采用不同的抗菌剂量。例如，对内衣进行抗菌防臭处理时，由于内衣与皮肤接触，为了避免抗菌剂干扰皮肤常驻菌，因此常用抑菌剂以抑制细菌、霉菌在内衣纤维中的繁殖，保护或不破坏皮肤常驻菌的防护作用。

抗菌服装材料繁多，它的制造方法主要有以下几种：

（1）抗菌后整理：抗菌后整理就是将纤维、纱线、织物或成衣通过某种媒介与抗菌物质结合以达到抗菌效果。用这种方法生产的抗菌制品耐洗性差、耐热性低、易挥发、易分解，抗菌效果不持久。

（2）抗菌剂与高聚物混合纺丝：抗菌剂分为有机抗菌剂和无机抗菌剂。用这种方法制得的抗菌纤维的抗菌效果比后整理技术制得的抗菌纤维更加持久，但也有它的不足，如有机抗菌剂耐温性差，具有一定的挥发性，长期使用会有溶出、析出等现象，容易对皮肤和眼睛等造成刺激和腐蚀；无机抗菌剂，如银、锌、铜离子等复合其他阳离子纺丝，制得的纤维容易变色，并且由于无机物添加量比较大，降低了纤维的可纺性、可染性和纤维的强度。随着纳米技术的发展，采用纳米级抗菌剂与高聚物混合纺丝，由于纳米级抗菌添加剂的微粒子粒径的细化，使经过化学改性的抗菌剂与成纤聚合物共混纺丝，改善了纤维的可纺性，其抗菌效果大大增强。

（3）纤维的化学改性：纤维的化学改性是指在聚合时或纺丝后使抗菌剂与聚合物以化

学方法结合在一起，通过聚合物的转化或接枝共聚，使纤维获得抗菌效果。这种方法获得的抗菌纤维具有效果稳定、持久的特点。

抗菌材料可以应用于袜子、内衣、运动服、家居服、孕妇服等，也可以应用于医疗保健服装，如医护服装、手术服、医用防护服等，如图7-14所示。

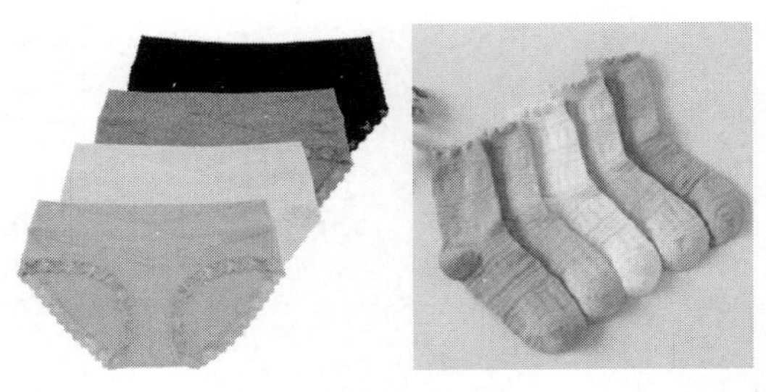

图7-14 抗菌内衣、袜子

（四）防螨服装材料

螨虫是诱发哮喘和过敏症的罪魁祸首。由于尘螨喜欢生活在温暖潮湿的地方，靠人体脱落的死皮及汗水维生，而且繁殖力特别强，所以螨虫大量存在于寝具、服装中。

防螨服装材料主要通过防螨整理技术，根据防螨作用的不同，防螨处理工艺及防螨整理剂也各不相同。对于棉、毛等天然纤维，在整理工序中用吸尽法或浸轧法将防螨剂施加到纺织材料上，然后烘干获得防螨织物，有的防螨剂还可与其他染整助剂同时施加，应用及质量控制均很方便。合成纤维可以在其纺丝阶段加入防螨整理剂，获得防螨纤维。也可以将防螨化学纤维与天然纤维混纺，以兼顾天然纤维的舒适和防螨化学纤维的防螨性能。整理技术主要在于防螨整理剂的选择和整理剂的配制，可以利用微胶囊技术，将防螨剂装入微胶囊，通过树脂等成膜材料与服装材料粘接来获得具有耐久性的防螨效果。

防螨服装材料可以应用于内衣、睡衣、家居服等，如图7-15所示。

（五）微元生化服装材料

微元生化服装材料是一种能够改善人体微循环，对人体多种疾病具有预防效果的服装材料。它是将含有多种微量元素的无机材料通过高技术复合，制成超细微粒再添加到化学纤维中而形成的微元生化纤维。由该纤维与棉混纺的织物制成的服装，穿着时可以改善人体的微循环，并对冠心病、心脑血管疾病等有较好的预防和辅助治疗作用，同时对风湿性关节炎、前列腺炎、肩周炎等有消炎作用。

微元生化服装材料可以应用于护膝、护腕、腰带、内衣、背心等医用治疗服装和保健服装，如图7-16所示。

（六）磁疗服装材料

将具有一定磁场强度的磁性纤维编织在织物中，使织物带有磁性，利用磁力线的磁场作用与人体磁场相吻合，达到治疗风湿病、高血压等疾病的目的，也起到一定的镇痛、消炎消肿作用。

磁疗服装材料主要有磁性纺织品和磁性纤维，磁性纺织品是以磁粒、磁片为载体，把磁性材料镶缀在织物上，或用含有磁粉的树脂对织物进行涂层处理，以及把磁粉掺加到面料中。磁性纤维是通过共混纺丝法使磁性材料与纤维结合而获得的，如磁性丙纶纤维，或者以纤维为基体，通过化学和物理改性法而获得。

磁疗服装材料可以应用于各种款式的保健服装和保健制品，如内衣、背心、领带、各种理疗服、服饰品等，对治疗某些疾病有一定辅助的疗效，如图7-17所示。

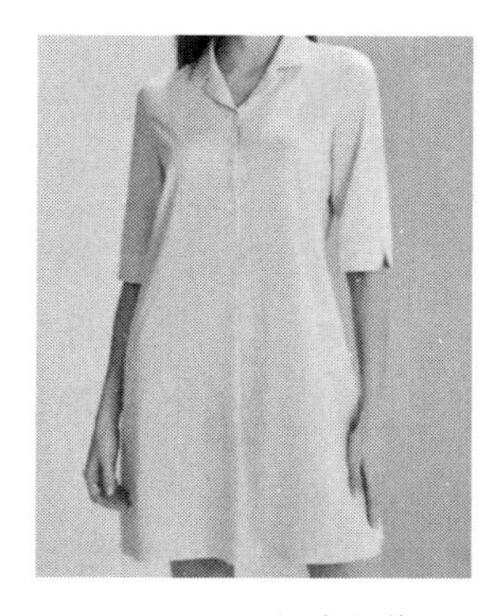

图7-15 防螨服装

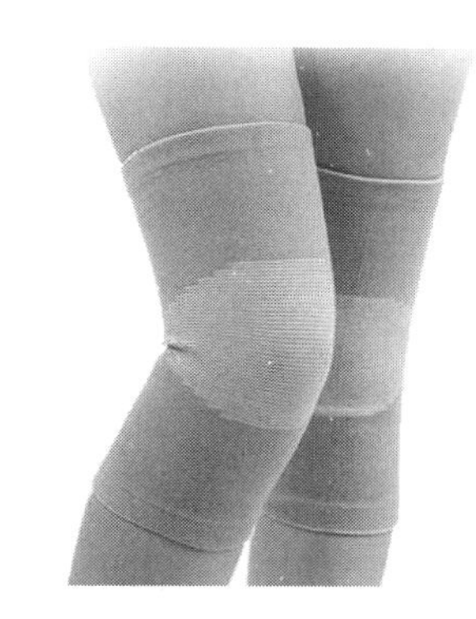

图7-16 微元生化服装材料

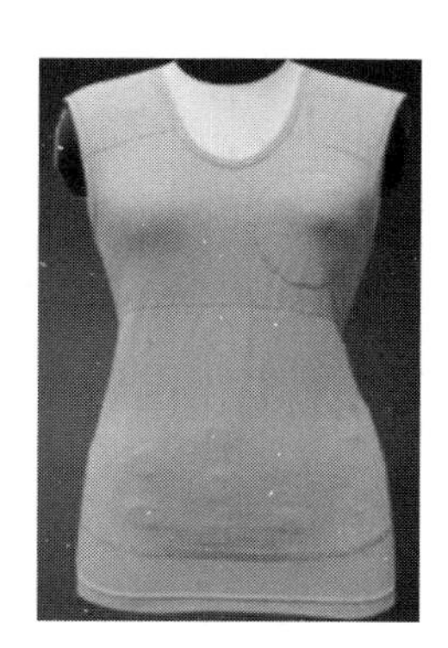

图7-17 磁疗服装

第四节 服装材料的智能性应用

一、服装材料的智能性概述

服装材料的智能性是指服装材料对环境具有感知、可响应且具有功能发现的能力。所以，智能服装材料是指具备传感、控制和驱动三个基本要素，能通过自身的感知进行信息处理、发出指令，并执行完成动作，从而实现自身检测、自诊断、自监控、自校正、自修复和自适应等多种功能的材料。

（一）智能服装材料的分类

（1）感知材料：感知材料是对外界或内部的刺激强度，如应力、应变、光、电磁、热、湿、化学物质、生物物质和辐射等有感知功能的材料，可以用来制成各种传感器。

（2）机敏材料：机敏材料是对外界环境条件或内部状态发生变化时做出响应或者驱动的材料，可以用来做成各种执行器，兼具感知和驱动功能的材料。机敏材料自身不具备信息处理和反馈机制，不具备顺应环境的自适应性。

通常一种单一的材料要具备多种功能是很困难的，因而需要由多种材料复合，构成一个智能材料系统。

（二）智能服装材料的功能

（1）信息感知：能接收信号、积累信息，并能识别和区分传感网络得到的各种信息，进行分析和解释。

（2）学习预见：能通过收集积累以往经验，对外能刺激做出更适当的反应，并可预见未来，从而采取适当的行动。

（3）自动输出：通过传感神经网络，对系统的输入和输出信息进行比较，并将结果提供给控制系统，从而获得需要的各种功能。

（4）响应性：能根据环境或内部条件变化而适时地动态调节自身并做出反应。

（5）自维修：通过自繁殖或自生长及原位复合等再生机制，来修补某些局部破坏。

（6）自诊断：通过比较，能对故障及判断反馈等问题进行自诊断并自动校正。

（7）自动平衡：对动态的外部环境条件，能自动不断地调整自身内部，从而改变自己的行为。

（8）自适应：能以一种优化的方式对环境变化做出响应并自动地适应动态平衡。

二、几种常见服装材料的智能性应用

（一）变色服装材料

变色服装材料，可以使服装在不同的环境中表现出不同的颜色，使服装材料在穿用过程中不断变幻色泽，令人耳目一新，从而满足了时尚着装者追求新奇、体现自我，以及在特殊场合的着装要求。

（1）热敏变色服装材料：热敏变色服装材料是指材料表面颜色随温度变化而变化的材料。当周围环境温度变化时，服装材料可以随着温度的高低变化，顺序出现颜色的变化。

热敏变色服装材料主要利用微胶囊技术、涂层技术和液晶材料制造而成。其原理是在面料内附着一些直径为2μm左右的微胶囊，内贮因温度或光线而变色的液晶材料和染料。无数微胶囊分散于液态树脂黏合剂或印染浆中，利用常规的方法将它们涂敷于纤维或织物上，当环境温度变化时，便会出现变色现象。

例如，将胆固醇壬酸酯（液晶）和氧化胆固醇（非液晶）混合溶于石油醚中，在60℃处理5min，使溶剂蒸发，再在80℃处理2min，即可获得热敏液晶材料。将它分散在聚氨酯的初缩体中，涂在纤维或织物上，28℃时就会有变色反应。胆固醇丁氧基酚基碳酸酯混合在矿物油里，在30~36℃时有色相变化。胆固醇壬酸酯、胆固醇油酸酯和氧化胆固醇的混合物涂在聚酯纤维织物上，从27~35℃时颜色将从黑变到棕，再变为暗紫色。如果在织物上的液晶材料色相不够浓艳，在其中加入不溶性的染料和涂料即可加强。但这些染料和涂料须在光学反射特征上与液晶材料类似。胆固醇油酰基碳酸酯、胆固醇壬酸酯、胆固醇丁酸酯和胆固醇亚油酸酯与品红在氯仿里混合，再涂在织物上，当温度为27~35℃时，此液晶材料能分别显示出玫瑰红、大红、橙色、黄色、蓝色，而且这些变色具有可逆性。

随着液晶材料的不同，便会产生不同的变色效果，这些变色服装材料可用于制作时装、泳装、舞台装等。

（2）光敏变色服装材料：光敏变色服装材料主要是光致变色纤维，是指在光的刺激下纤维发生颜色和导电性可逆变化的纤维，主要有光致变色纤维和光导纤维两种。它的制造原理是根据外界的光照度、紫外线受光量的多少，使纤维色泽发生可逆性的变化来实现的。

光致变色纤维是在太阳光或紫外光等的照射下颜色会发生变化的纤维。例如，日本研制的新型防伪纤维，其自身颜色会发生变化，是因为在这种聚酯纤维中加入了特殊的发色剂，只要激光一照，发色剂就会发生变化，纤维的颜色也就随之变化了。目前已试验出可以变为白色和褐色的此种新型纤维。

利用微胶囊技术将变色材料光敏液晶涂敷在纤维或织物上，则光线的明暗变化便会使材料产生变色现象。例如，有一种光敏变色材料开始是无色的，但是在外界光线的紫外线波长由350nm变为400nm的过程中，其颜色可以从淡蓝色逐渐变化到深蓝色。

还可以采用在纺丝时将具有光敏变化性的化合物引入纤维的方法，或采用先合成能变色的聚合物再进行纺丝的方法制成变色纤维。例如，将能在可见光下发生氧化还原反应的、色泽变化可逆的硫堇衍生物导入聚合物，然后纺成纤维。该纤维制品不仅对光线十分敏感，而且温度变化也能引起颜色的变化，当光线照射时，颜色可由青色转变成无色。

光敏变色服装材料可以应用于时装、舞台装等，还可以用作部队士兵的伪装服等。

（二）温控服装材料

温控服装材料是一种有双向温度调节作用的服装材料，它是利用具有热活性的储能材料在相变过程中吸热和放热的物理现象，营造一个相对稳定的微气候环境，以达到改善服装舒适性的目的。当气温升高时，服装材料进行大量吸热，当气温降低时，服装材料进行放热，使服装处于人体需要温度范围或人体舒适的温度范围。

温控服装材料主要由温度相变材料、塑料晶体化合物处理的纤维等构成。相变材料是组成蓄热调温服装材料的重要成分，可以由不同相变温度的材料组成，相变材料在自身材料温度不变的情况下，根据外界环境温度的变化，通过材料发生相态变化时吸收或释放大量的潜热（当环境温度升高时，吸收储存相变热量，使相变材料由固态变成液态或气态；当环境温度降低时，相变材料由液态或气态变成固态，释放相变热），从而改变服装材料的温度，起到温度控制的作用。晶体化合物处理的纤维，是通过纤维内的晶体结构发生改变，完成服装材料的热量吸收和释放。目前通过一些新型材料如碳纤维、石墨烯等纤维，利用自发热原理，结合热敏感应器，计算机控制元件等材料，实现服装温度的智能控制和调节。

温控服装材料可以应用于户外服装、内衣裤、毛衣、衬衣、帽子、手套等，也可以应用于军用、医疗服装。

（三）智能生命健康监测服装材料

智能生命健康监测服装材料是由多种生理特征传感器、导线织物、柔性电路板和柔性显示器等材料组成，并有机地整合、应用于各类服装中。这种服装材料能将穿着者的身体状况通过随身携带的微型电脑经互联网随时传给医生。例如，在服装的领口、腋下、胸骨至腹部位置设计传感器，与佩戴在腰带上的微型电脑连接，将穿着者的心跳、呼吸、心电图及胸、腹腔容积变化等指标，通过微型电脑经互联网传至分析中心，再由分析中心将结果通知用户的医生，如图7-18所示。由于智能生命健康监测服装既可像普通衣物那样进行洗涤，又可使医生及时了解病人的体能状况，尤其对防止心绞痛、睡眠性呼吸暂停等突发性衰竭比较有效，因此受到医疗界的高度评价。

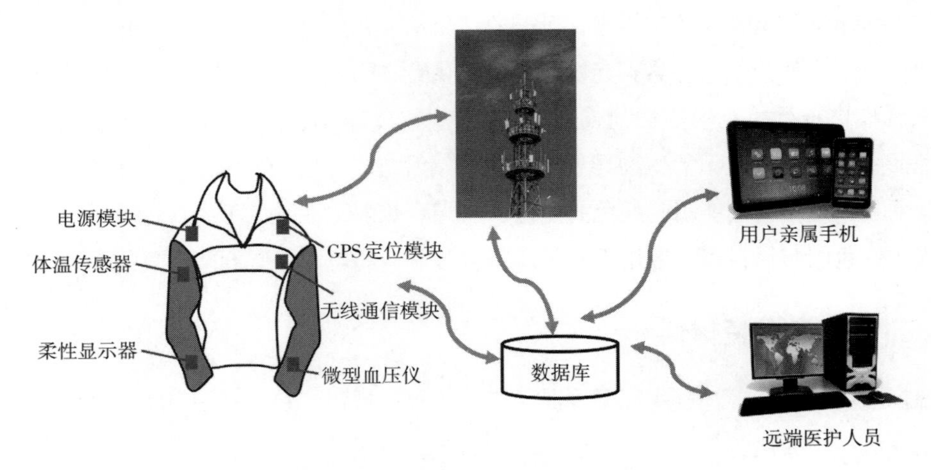

图7-18 智能生命健康监测服装

第八章

服装材料的管理应用

课题名称：服装材料的管理应用　　课题时间：4学时

课题内容：

1. 服装材料的去污管理
2. 服装材料的热定形管理
3. 服装材料的保养管理
4. 服装材料的回收管理
5. 服装材料的管理标识与应用

教学目的：

1. 使学生能系统地掌握服装及材料的去污、定形、保养、回收等管理原则及方法，培养学生根据服装设计、生产、贸易、消费、可持续发展等环节的要求，独立地分析和解决与服装材料管理相关的复杂问题的能力。
2. 通过教学内容和教学模式设计，培养学生创新精神和工程伦理意识，将环保意识和可持续发展的内涵贯穿到服装材料功能应用实践中。

教学方式：理论授课、案例分析、多媒体演示、应用实践

教学要求：

1. 了解服装材料管理的概念及分类
2. 掌握服装材料管理的原理及方法

课前（后）准备：

1. 服装材料与污垢结合的方式主要有哪些？如何进行服装材料的去污？
2. 服装加工中的热定形问题有哪些？如何解决？
3. 服装保管中常见的问题有哪些？如何解决？
4. 从环境保护及可持续发展角度，调研实际服装的废弃与回收现状，总结回收服装的可行方案。

第一节

服装材料的去污管理

一、服装材料的污垢概述

服装材料上的污垢是指吸附于服装材料表面和内部、不受人们欢迎，可改变清洁表面外观及质感特性的物质。

（一）污垢的分类

1. 固体类污垢

固体类污垢是指那些由空气中的灰尘、沙土、煤灰、纤毛等，以及食物中的糖、盐、淀粉、食物碎屑等固体类形状的污垢，如图8-1所示。这类污垢的颗粒很小，由于重力和风的作用与服装材料接触，它们会机械地挂在或散落在服装材料上而黏附在面料的空隙、服装的褶裥等处，或由于服装材料表面的静电作用而吸附在服装材料上。

图8-1 固体类污垢

2. 液体类污垢

液体类污垢是指那些来自人体排泄的汗液、尿液、血液，以及外界环境中的牛奶、动植物的油脂、矿物油、机械润滑油等污垢，如图8-2所示。这些污垢有的是借助分子之间的作用力而附着于纤维上，如人体的油脂与衣料的结合；有的是通过静电作用吸附在服装上，如一些带负电荷的纤维在水中通过钙、镁离子与带正电荷的污垢进行强烈结合；有的是与服装材料纤维分子上的某些基团，通过一定的化学键结合起来而附着在服装材料表面或服装材料里面。

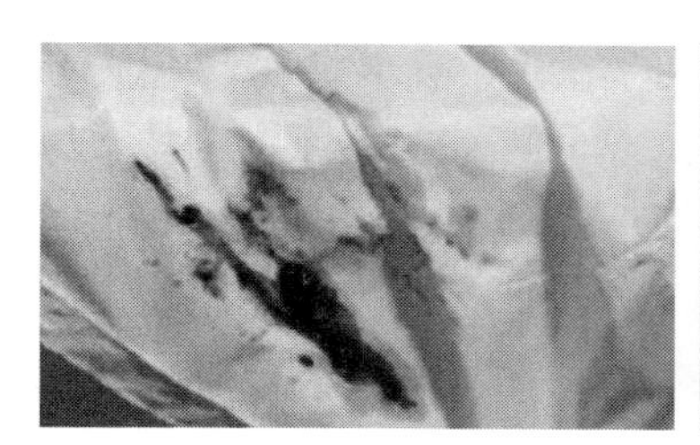

图8-2　液体类污垢

3. 气体类污垢

气体类污垢主要来自人体内部排泄的气体、新陈代谢物反应后产生的气体，以及外界环境中排泄的气体等。这些污垢不像固体类污垢、液体类污垢那样与服装材料发生物理化学作用，但它们会填充在服装材料的空隙中，使服装材料间的环境受到严重污染。

4. 微生物类污垢

微生物类污垢是指那些来自人体内部排泄物、服装材料，以及外界环境产生的各种细菌、病毒、蛀虫等污垢。这类污垢往往看不见、摸不着，但对服装材料及人体有很大的伤害，要去除这类污垢除了洗涤剂以外，还要借助其他消毒剂或设施来处理。

各类污垢往往不是单独黏附在服装材料上的，大多数情况下是以混合状态作用在服装材料表面或材料中，而这些混合污垢与服装材料之间的作用也是相当复杂的，这给服装材料的实际去污带来一定的困难。

（二）服装材料与污垢的结合形式

污垢在服装材料表面附着的方式有多种，这是由于污垢与物体间存在多种结合力，造成污垢与服装材料的黏附，其结合力主要有以下几种。

1. 机械结合力

机械结合力主要表现在固体尘土的黏附现象上。例如，纤维与污垢直接接触或摩擦而机械地黏附在一起，甚至钻入织物的空隙中。这种附着不牢固，污垢比较容易去除。但污垢的粒子小到一定程度时，就很难去除。

2. 静电结合力

当服装材料与污垢带有不同的电荷时，则通过静电结合力吸附在服装上。例如，纤维素纤维在中性或碱性溶液中带有负电，炭黑、氧化铁之类的污垢带正电，带有负电的纤维对这类污垢就表现出很强的静电结合力。合成纤维由于吸湿能力较差，较容易在表面堆积电荷，形成静电，所以这类服装材料的表面容易吸附各种污垢。静电结合力比机械结合力更强，要去除以这类结合方式吸附在服装材料上的污垢相对较难。

3. 化学结合力

一些极性污垢通过氢键或离子键与纤维分子中的基团进行化学结合，从而黏附在纤维上。这种污垢与纤维结合比较牢固，用通常的洗涤方法很难去除，需要用特殊的化学方式使之分解，然后才能去除。由于服装材料本身性质也各不相同，它们与污垢进行化学结合的方式也会不同，去除的方法也不同。

二、服装材料的去污原理及去污剂

（一）去污原理

服装材料的去污过程是比较复杂的，是在污垢、服装材料和溶剂之间发生一系列界面现象和作用的结果。在整个服装去污体系中，服装材料的性质、污垢的类型及洗涤剂的种类三者都是影响去污最终效果的重要因素。所以，服装材料的去污原理主要包含以下几方面：

（1）洗涤剂溶液对服装材料和污垢的润湿和二者之间界面的渗透。

（2）表面活性剂使油性污垢乳化、增溶和对固体污垢进行分散，使污垢与服装材料分离并分散或乳化于水中。

（3）防止已被乳化的油质污垢和已被分散的固体污垢重新再沉积于服装材料的表面。

（4）通过漂洗或机械外力作用，将悬浮在介质中的污垢与残存的洗液一起排出。

（二）去污剂

去污剂是指那些能够去除服装及各种纺织品污垢的物质，主要包含天然去污剂和合成去污剂。天然去污剂是指那些在自然界存在的具有一定去污性能的物质，如皂荚、菜籽饼等。合成去污剂是指那些用合成的方式加工生产的各种洗涤剂，它一般由多种成分组成，其中主要成分为表面活性剂、助洗剂等。

1. 表面活性剂

表面活性剂是一类能显著降低溶剂表面张力的物质，能起到乳化、分散、增溶、洗涤、润湿、发泡、消泡、保湿、润滑、杀菌、柔软、拒水、抗静电、防腐蚀等一系列作用。表面活性剂同时具有亲水和亲油的性质，它由极性亲水基和非极性亲油基两部分构成。前者使分子引入水，后者使分子离开水引入油，这两种基团分别位于分子的两端，造成分子的不对称，因此表面活性剂分子是一种亲水又亲油的分子。利用表面活性剂这种既亲水又亲油的特点，服装材料上的各种污垢就很容易被去除。

2. 助洗剂

助洗剂可分为无机助洗剂和有机助洗剂，主要功能是与高价阳离子结合，起整合作用，软化洗涤硬水；对同体污垢有抗凝聚作用与分散作用；起碱性缓冲作用；防止污垢再沉积。现在增稠剂、抑菌剂、漂白剂、酶制剂、增白剂等也被列入洗涤助剂范畴。

3. 常用去污剂

（1）肥皂：肥皂是指至少含有8个碳原子的脂肪酸或混合脂肪酸的碱性盐类（无机或有机）的总称。这种碱性盐类溶解于水后能发生可逆的水解反应，呈碱性。肥皂是最早的脂肪酸钠混合物洗涤剂，具有良好的去污性，其生物降解性，以及对环境、对生态的安全性是其他合成洗涤剂所不及的。但是肥皂在硬水中易生成钙皂而沉积在基质上，使肥皂发泡力、去污力降低，失去了应有的效用和价值。

（2）重垢型洗涤剂：重垢型洗涤剂是产量较大的一类粉状洗涤剂，我国50%以上的洗衣粉都属此类。重垢型洗衣粉具有使用方便、去污力强、耐硬水、不损伤服装材料和皮肤等特点。它是由表面活性剂、助剂、有机整合剂、抗再沉积剂、起泡剂、荧光增白剂、防结块剂、酶和香精等配制而成。

（3）轻垢型洗涤剂：轻垢型洗涤剂用来洗涤细软织物，如羊毛、麻纺、丝绸等织物。轻垢洗涤剂配方的特点是表面活性剂含量为12%~20%，所添加的助剂含量为15%~20%，其余成分均为硫酸钠等助剂，以保证粉体pH在中性或微碱性范围，从而减轻对服装纤维的深度损伤及对人体皮肤的刺激。

（4）干洗剂：干洗剂由加入溶剂中的表面活性剂、各种助剂和少量水组成。其中溶剂主要是石油系溶剂及卤代烃。石油系溶剂是非极性有机物，对亲水性污垢几乎没有去污能力，易着火，不安全，但来源广泛，价格便宜。现在广泛使用卤代烷烃作为溶剂，如三氯乙烯、四氯乙烯、三氯乙烷、三氯三氟乙烷等。它们溶解能力适当，溶解范围广泛，使用安全，易回收，但价格较高，对人体有一定的毒害作用。

三、服装材料的去污方法

（一）水洗去污

水洗去污方式是以水为洗涤媒介，加上一定的洗涤剂及作用力来去除服装材料上污垢的过程，具有去污能力强、效果好、操作简单、经济实惠等特点。但是有的服装材料在水及机械外力的作用下，易变形、缩水、毡化、褪色或渗色等，所以不是所有服装材料都适合水洗。

1. 水洗去污条件

（1）洗涤方式：洗涤方式包括手洗和机洗两类。手洗是指用手搓的方式来洗涤服装，也可借助一些手洗工具。机洗一般采用洗衣机来完成服装的洗涤，所用的设备较多，比手洗要复杂，一般对服装的作用力比较大。

（2）洗涤温度：洗涤温度越高，洗涤效果越好，在不损伤服装材料的前提下，各种服装可按其耐洗温度的上限进行洗涤。

（3）洗涤剂浓度：随着洗涤液中洗涤剂浓度的提高，洗涤效果也会提高，但若超过一定限度，反而会使洗涤效率下降。

（4）洗涤时间：由于污垢要逐步脱离衣服而分散在洗涤液中，所以服装洗涤是需要一定的时间，因此无论手洗还是机洗都要有充足的去污时间。

（5）洗涤用水：一般硬水不适合用来洗涤衣服，其易与洗涤剂发生作用而沉淀，影响洗涤效果。洗涤服装的理想用水是软水，但自然界中的软水很少，只能用一些软化的方法把自然界的硬水变成软水。

2. 水洗去污步骤

（1）服装分类与甄别：在洗涤前首先要对服装进行一定的分类，这对提高服装的洗涤效果及保障人体着装及服装本身的安全有一定的必要性。服装分类时要根据服装材料、服装款式、服装色彩、服装部位、服装污染程度、着装人体等的不同来进行分类。

（2）污垢识别与预处理：服装分类后，要对服装的污染程度做检查与识别，对有些特殊的污垢要采取特殊的处理方法，尤其对局部污染严重的服装要进行预去渍，这样会提高最终的洗涤效果。常见污渍的去污方法如表8-1所示。

（3）洗涤剂与机械外力：污垢预处理后，将服装放入水中进行浸泡，其目的是使衣物上的污垢与织物纤维间的结合力遭到破坏，给下一步洗涤创造条件。浸泡后的服装加入一定浓度的洗涤剂后，使用一定的机械外力，可以帮助污垢顺利脱离服装材料。

（4）漂洗与脱水：漂洗的目的是使衣物与洗涤剂最终分离。适当提高漂洗用水的温度，能够提高洗涤效果，漂洗可与脱水多次交替进行。脱水分机械脱水和手工脱水，机械脱水是利用脱水机高速旋转的滚筒的离心力使滚筒内的含水服装水分降低，但是过高速度的机械脱水会使服装变形，特别是当服装相互缠绕在一起时更为明显。手工脱水是指在人手外力的作用下降低水分的方法。

（5）干燥：干燥是指把经过脱水的服装中剩余水分去除的过程，包括烘干和自然干燥。烘干是采用一定的烘干设备用加热方式使服装干燥。自然干燥是利用空气的流动把服装上的水分带走，以达到干燥服装的目的。

表8-1　常见污渍的去污方法

污渍	去污方法
油渍	可用专用去油去污剂或汽油、松香水等擦洗，面积大的油渍要采用浸泡法并揉搓，面积小的可用软毛刷或干净软布蘸去污剂揩拭处理过后，再用洗涤液去除残痕
果汁渍	新沾上的水果渍，可马上浸入食盐水内揉洗，如有痕迹，再用冲淡 20 倍的氨水洗，最后用洗涤剂洗。浓重的果汁渍可直接用冲淡的氨水加肥皂清洗。丝绸衣料可用酒精或柠檬酸搓洗。呢绒类可用专用洗涤剂清洗。白色棉织品还可用 5% 次氯酸钠漂白，然后漂洗干净
血渍	要在冷水内进行，先浸泡，然后用肥皂反复搓洗。白色棉织品如处理后仍留有残痕，可用漂白剂处理。还可以用温的加酶洗衣粉洗涤血渍
奶渍	新沾奶渍可泡入冷水中 5~10min，然后用肥皂洗涤。陈渍可用专用洗涤剂去除，也可用汽油涂擦后，再在 2% 氨水中轻轻揉搓去除
蓝墨水渍	新渍立即浸于冷水内，用肥皂反复轻轻揉搓去除。陈渍用 2% 的草酸液浸洗，浸洗温度可为 40~60℃，最后用洗涤液洗净
红墨水渍	冷水浸泡后，用肥皂反复揉搓，然后用高锰酸钾液洗掉残迹。也可用 10% 的酒精反复搓洗
墨渍	新渍可先用温水加洗涤剂洗涤，然后在残痕上涂糯米饭粒，轻轻揉搓后去除残迹。陈渍可先用温水加洗涤剂洗涤，然后在残痕上用酒精、肥皂和牙膏以 1 ： 2 ： 2 比例制成的糊状物涂洗，反复揉搓去除，或用 4% 的大苏打溶液来刷洗
圆珠笔油渍	先用冷水浸泡，然后用肥皂加牙膏反复揉搓，如有残痕，再用酒精涂洗，也可用苯或四氯化碳擦洗
酱油渍	新渍采用冷水加洗涤剂清洗，陈渍可用温水加洗涤剂与 2% 的氨水或硼砂洗涤。丝毛衣料也可用 10% 的柠檬酸洗涤
油漆与柏油渍	可将污渍处浸于乙醚与松节油的混合液中，污渍软化后，揉搓几下，再用苯或汽油洗涤，最后用温水加洗涤剂去除残痕
汗渍	可先将污渍处浸于较浓的食盐水中浸泡约 3h，然后用洗涤剂或肥皂洗涤，也可用 5% 的醋酸溶液和 5% 的氨水轮流擦洗，最后用冷水漂洗干净
口红渍	较轻的口红渍可先用小刷子蘸汽油轻轻擦洗，去除油脂后再用温水加洗涤剂洗净。较重的口红渍可先在汽油中浸泡揉洗最后用洗涤剂洗净
铁锈渍	用 3%~5% 的草酸溶液或用去铁锈药水来搓洗，最后用肥皂洗净
霉斑渍	新霉斑先用刷子刷去，再用酒精擦余下的斑迹，陈霉斑先在斑迹上涂抹或浸在稀碱水或稀氨水中 25min，用肥皂或洗衣粉洗涤。呢绒、丝绸衣服，用 10% 的柠檬酸溶液来搓洗，也可以用酒精来搓洗，最后用洗涤剂洗净
蜡烛油渍	用卫生纸盖在油迹上，用温度低的熨斗熨烫，蜡烛油会被卫生纸吸去，再用温热涤剂液搓洗
茶渍、咖啡渍、可乐渍等	棉类服装用浓食盐水浸泡后搓洗，也可用稀氨水来浸泡和搓洗；呢绒、丝绸衣服，先用洗涤剂浸泡 15min 后再搓洗；陈渍也可用冷水浸泡 1h，然后将温水和鸡蛋黄调和，涂抹在污迹部位，再进行搓洗

（二）干洗去污

干洗去污是对于一些不利于水洗的服装材料，通过干洗剂在干洗机中洗涤去污的方式。

1. 干洗去污条件

（1）服装重量：滚筒中洗衣量的多少会影响服装的摩擦力及服装的回落高度，从而影响服装的洗涤效果。如果滚筒内装衣量少，则服装回落高度大，但服装间的摩擦力不足，服装大多浮在溶剂上，而浮着的衣物得不到和其他服装之间的摩擦，从而影响干洗效果；如衣量多，衣物的回落高度较小，而衣物活动空间太小，同样得不到足够的摩擦力，也容易形成衣团，除了外层衣物外，其他地方所受到的机械作用也小，甚至没有。

（2）洗涤速度：一般以滚筒每分钟的转速计算，它决定了衣物被从溶剂中抛出来又落回去的速率。高速旋转的滚筒，由于其惯性大，能使衣物贴紧在筒壁上并直到接近溶剂液面时才掉下来。慢速的滚筒，其惯性小，衣物一离开溶剂就掉下来，这种情况也不理想。

（3）溶剂重量：溶剂越重，则滚筒旋转时落在衣物上的机械作用也越大。因此，使用四氯乙烯的机器洗涤运转时间比用石油类溶剂的机器省一半。

（4）脱液速度与时间：一般干洗机设计的转速为400~900r/min，滚筒直径越大，其产生的离心力就越大。脱液的时间应根据衣物厚薄、服装牢度的大小进行选择，对于较厚、强度较高的服装，脱液时间可长些，反之脱液的时间可短些，因为衣物的拉伤程度会随着脱液时间的增加而增加。

（5）烘干温度与时间：过高的烘干温度会损坏衣物，同时带来色斑、焦糊等问题。烘干时间的长短则要取决于烘干温度和衣物量的多少。冷却是将经烘干处理的蒸汽冷却，从而得到正常温度的溶剂，达到回收的目的，同时被洗的衣物也在空气的循环中得到冷却，消除服装上残留的气味。

2. 干洗去污步骤

（1）服装分类与甄别：由于受到干洗剂和干洗条件的影响，先要进行服装及服装材料的分类，甄别对干洗剂和干洗工艺有影响的服装材料。

（2）预处理：经过分类的服装，对于重污垢的服装或服装区域，用助剂将污染严重的污垢和不溶于干洗溶剂的污渍进行预先的处理。对于不适合干洗的部分服装材料进行拆分等预处理，如纽扣、领子的拆除等。

（3）主洗涤：将预处理过的服装根据干洗的洗涤工艺进行干洗溶剂、洗涤温度、洗涤速度等设置，在专用的干洗设备中进行全面洗涤、甩干和烘干。

（4）后整理：洗涤后，去除衣物中残留的干洗溶剂和熨烫定形，对经过拆除服装材料进行重新加工和整理。

第二节

服装材料的热定形管理

一、服装材料的热定形概述

由于各种服装材料的特性各不相同，在服装材料的应用及服装成品的服用及管理中，为保持服装造型及更好地体现服装的使用价值与功能，需要进行一系列的定形整理。

（一）热定形的作用

（1）使服装材料得到一定的预缩，并可以去除服装材料上的各种皱痕。

（2）使服装材料外形平整，线条顺直，形态尺寸稳定。

（3）利用服装材料的可塑性，适当改变服装材料的伸缩度，塑造服装的立体造型，以适应人体体型与活动状况的要求，达到保持服装造型及服用性能的目的。

（二）热定形的条件

（1）温度：服装材料的热塑定形和热塑变形，必须通过热的作用才能实现。织物在低温时，纤维分子结构比较稳定，其分子链的相对运动比较困难。但在高温条件下，分子链的相对运动就要容易得多，此时的织物变得柔软，如及时地按要求使其变形并加以冷却，则织物就会被固定在新的形态上。由于服装材料耐热性能不同，所能承受的温度也不同。服装材料的厚薄也会影响服装的热定形效果，厚的材料熨烫温度可适当高些，而薄的则温度可适当低些。

服装材料中常见织物的熨烫温度如表8-2所示。

表8-2　常用织物的熨烫温度

织物种类	熨烫温度（℃）	织物种类	熨烫温度（℃）
棉织物	150~160	腈纶织物	140~150
麻织物	150~160	锦纶织物	120~140
毛织物	150~170	维纶织物	120~130
黏胶纤维织物	150~160	丙纶织物	90~100
涤纶织物	150~170	氯纶织物	50~60（不宜熨烫）

（2）湿度：服装材料遇水后，由于水分子进入纤维内部改变了纤维分子间的结合状态，纤维就会被润湿、膨胀、伸展，这时的材料就易变形，此时进行热定形，可加速纤维内的热渗透，使织物的塑性变形增加，因而有利于服装材料的定形。但是湿度太大或太小都不利于服装面料的定形，湿度在一定范围内服装热定形效果最好，因此，掌握给湿量的大小，对于服装材料的热定形是十分重要的。

（3）压力：大多数纤维都有一个明显的屈服应力点，如果外力大小超过这一点，就会使织物产生变形。随热定形压力的增加，服装的定形保持率、平整度、褶裥保持率也随之提高，但当压力过大时，服装面料则会产生极光。热定形压力应按服装的材料、造型、褶裥等要求而定，如对于裤缝线、褶裥裙的折痕和上浆衣料，热定形压力可大些；而对于灯芯绒面料，压力则要小些或在反面熨烫；对于长毛绒等衣料则应用汽蒸定形而不宜直接熨烫，以免使绒毛倒伏或产生极光而影响质量。

（4）时间：由于织物的导热性差，即使是很薄的织物，上下面的受热也有一定的时间差，因此热定形时都要有一定的延续时间，才能达到定形的目的。

（5）冷却方式：温度、湿度、压力等都可使织物达到变形，但定形不是在加热过程中产生，而是在冷却中实现的。热定形后的冷却方式，则因服装材料性能及热定形方式的不同而不同，一般使用的有自然冷却、冷压冷却及抽湿冷却等。

二、服装材料的热定形原理

1. 热定形原理

通过热湿结合的方法，使纤维大分子间的作用力减小，分子链段可以自由转动，纤维的变形能力增大，而刚度则发生明显的降低，在一定外力作用下强迫其变形，以使纤维内部的分子链在新的位置上重新得到建立。冷却和解除外力作用后，纤维及织物的形状会在新的分子排列状态下稳定下来，这就是热定形的基本机理。

2. 热定形的过程

（1）服装材料通过加热柔性化。

（2）柔性材料在外力作用下变形。

（3）变形后冷却使新形态得以稳定。

在这三个基本过程中，纤维的柔性化是使织物改变形态的首要条件，所以服装材料的变形都基于纺织材料的柔性化。对织物所施加的外力则是产生变形的主要手段，它加速了变形的过程，并能塑造服装材料的形态。在服装材料达到了预定要求的变形时给予冷却则是个关键。热定形的这三个基本过程是有机联系的，对时间的配合有着很严格的要求。

三、服装材料的热定形方法

1. 手工熨烫

手工熨烫是采用传统手工工艺过程对服装进行热定形，使服装达到定形的效果。手工熨烫中通常使用一些熨烫工具，如电熨斗、烫枕、铁凳、喷水壶、水盆和刷子、烫布及烫垫呢等。

手工熨烫的工艺形式大致有归、拔、推、缩褶、打裥、折边、分缝、烫直、烫弯、烫薄和烫平等。在熨烫工艺中依靠各种熨烫手法来制造衣片的主体起伏状态，如图8-3所示。为了使衣服定形效果良好，且长久不变形，要求手工熨烫的温度、湿度、压力、时间应与衣料的性能相配合，以及手法能灵活运用。

图8-3 手工熨烫

2. 机械式熨烫

机械式熨烫就是通过机械设备来提供熨烫所需的温度、湿度、压力、冷却方式，以及符合人体各个部位的烫模完成熨烫定形的全过程，如图8-4所示。由于手工熨烫是靠电熨斗的底面直接使织物受热的，这样往往会使织物受热不均匀，容易烫坏织物和产生极光。机械式熨烫机则可克服电熨斗所产生的弊病，不仅能够保证质量，更重要的是大大提高了生产效率，减轻了工人的劳动强度。

机械式熨烫设备有手动式熨烫设备和全自动熨烫设备，以蒸汽熨烫机为主。在机械熨烫工艺中，需要根据加工产品的种类及特点，选择合理的工艺，工艺合理与否，会直接影响加工产品的产量和质量。熨烫工艺因加工对象的不同而不同，对于同一加工对象，其流程也可以各不相同。熨烫工艺参数的选择与面料性质、熨烫部位及设备特点有关，合理地调节熨烫工艺参数是提高产品质量的重要因素。

图8-4 机械式熨烫

第三节
服装材料的保养管理

一、服装材料的保养概述

服装材料在生产流通和使用过程中，妥善保养与保管是非常重要的，它可以有效地提高服装的使用寿命。由于各类服装制品的组成不同，加工方法不同，所以应选择的保养管理环境也不同，因此必须在熟悉各类服装制品性能特点的基础上，采用科学的保养方法，以维护其内在的品质和外观形态，避免保管过程中受到不应有的损害，或变质。

服装材料在贮存及使用过程中，因受各种大气因素的综合作用，材料的性能逐渐恶化，如变色、变硬、变脆、失去光泽、透明度下降等，以致丧失使用价值，这种现象称为“老化”。

（1）变色：服装变色产生的原因主要是空气的氧化作用使面料发黄褪色，此外则是在生产过程中，面料中含有的整理剂、染料及油剂等残留物质的作用。变色可使面料失去应有的光泽，颜色黯淡，使服装的服用效果受损。

（2）发霉：服装中的汗液、浆料及染料等残留物，在湿、热环境中会对服装的保管产生不良的作用。保养环境的湿度过高，或受外界潮气的影响，面料纤维就会吸取水分和散发热量，从而为霉菌、细菌等微生物创造繁殖生长的有利条件。这些微生物在生长繁殖过程中，需要吸取一定的养料，并分泌出酶类。由于酶的作用，破坏了纤维，使面料强度下降，丧失了应有的坚牢度。同时，服装材料在生产、加工过程中，所用的浆料不良，不加防腐剂或防腐剂效力不足等，均可使服装材料产生霉烂现象。

（3）发脆：发脆是服装制品在保养过程中常常出现的变质情况。发脆的原因，除了由于面料所用染料及印染加工操作不当所带来的发脆变质因素外，还包括在保养过程中：阳光直接暴晒及长时间闷热；库房过于潮湿，储存环境日久通风不良；长期受日光、风吹、潮湿的影响；接触腐蚀物等。发脆可使面料强度显著下降，面料色泽黯淡，缺少光泽，严重者用手一拉即断，失去使用价值。

（4）虫蛀：服装虫蛀的主要原因是，织成布料的纤维中含有纤维素蛋白质和少量的脂肪，成为蛀虫的食料，从而使蛀虫繁殖。例如，羊毛、蚕丝等动物纤维中含有蛋白质和脂肪；棉、麻等植物纤维和化学纤维中的黏胶纤维中含有纤维素；化学纤维和天然纤维的混纺衣料中，都含有一定比例的羊毛和棉花。这就具备了被虫蛀的条件。

二、服装材料的保养方法

服装及材料在保养过程中，要保持服装原有的服用性能，还要保证其质量及原有的风格、造型、色彩等外观，同时还不能携带任何环境中的有害物质。因此，服装及材料在储存前，一定要洗净、晾干，最好熨烫一次，以达到杀虫灭菌的目的。存放服装的箱柜，要放在干燥的地方。每逢多雨季节，要注意箱柜内的温湿度，观察衣服有无发霉变质现象，必要时要将箱柜内衣服晾晒一次，使衣服经常保持干燥状态。

在收藏易虫蛀的服装时，在箱柜内放上适量的樟脑丸和卫生球。樟脑丸的主要成分是樟脑，有很强的樟木味和辛辣味；卫生球的主要成分是萘，萘是从石油或煤焦油里提炼出来的。樟脑丸和卫生球皆有很大的挥发性，放在衣箱里，由于挥发作用，使箱内空气中的樟脑和萘达到一定的浓度时，就能使蛀虫窒息而亡。樟脑丸和卫生球是有机溶剂，用量过多，并与衣服直接接触时，会损伤纤维降低服装穿用寿命。尤其是萘素，还含有一定量的杂质，会沾污服装，如卫生球直接接触白色衣服，不仅会使衣服发黄，还会有黑色污渍，这种黑色污渍就是萘素中的杂质。所以，樟脑丸或卫生球要用白纸或白纱布包好，放在衣柜的四周；或用小布袋装起，悬挂在衣柜的四周，箱柜要紧闭，每隔半年补充一次。

第四节
服装材料的回收管理

一、服装材料的回收概述

服装材料在生产过程中产生的大量下脚短纤维、废纱、回丝等，服装裁剪过程中产生的大量边角料等，还有服装成品在反复的穿着、洗涤过程中，因日积月累的物理疲劳、外观风格破坏、内在性能损伤，流行过时等产生的服装垃圾等，都形成了大量的废弃品（图8-5）。

对于服装及服装材料废弃品的处理，过去基本采用堆积、填埋、焚毁、降级循环等方法，但缺点是这些服装材料废料的堆积将会占用土地，而且容易造成坍塌，堆积的废料暴露在空气中，聚积灰尘、杂质会影响环境卫生。在雨水的作用下，服装废料上的染料及其他有害成分将浸出并渗入地下，会污染地下水。填埋处理在地表之下进行，虽然不会影响

图8-5 服装材料的废弃

地面环境，但经过填埋处理的场地在城市中几乎不可再利用，所以将有一笔额外开销。由于化学纤维不易分解，化学纤维废料的填埋会使土壤板结硬化。同样，废料上的有害物质会随水渗入土壤、透入地下，污染土壤和地下水。而焚毁将产生大量的灰尘与温室气体二氧化碳，污染大气，影响环境卫生，焚烧后的化学纤维残留物更不易处理。降级循环法是将部分服装纺织废料卖给废品收购站，其中的天然纤维下脚料可以被制成品质较低的产品，这将使回收废料的性能及品级明显降低，造成能源的浪费，而且这种产品市场已经饱和、销路停滞。

所以，一般的处理方法并不能彻底解决问题，还会带来污染问题。从服装处理生态学的角度来看，人们不仅要考虑如何简便地处理服装废弃品，还要考虑服装上的染料和各种助剂、服装废料各组分，尤其是化学纤维，在处理过程中对环境产生的影响，并采取有效方法减轻这种影响。对服装及服装材料的回收再利用水平的高低，间接反映了一个国家的科技发展水平。

二、服装材料的回收方法

（一）机械回收法

机械回收法是指对废旧服装及材料进行直接回收利用，或进行初步的机械加工后再被重新利用，或是得到一些初级原材料的回收再利用方法。

（1）直接利用：直接利用是将仍然完好无损的服装传给其他穿着者。这种方法在世界上较富裕的地区不如从前那样常见，但仍有一定比例的服装以这种方式处理，一些学校和俱乐部经常安排二手多余衣服的销售，作为筹集资金的一种手段。

（2）机械加工后再被利用：这种回收方法是将回收的纺织品经过破碎、开松等处理制备得到散纤维，再应用到生产纺织制品或非织造布中，或仅将回收的废旧纺织品切割后用于生产低附加值的产品，如图8-6所示。该方法对废旧纺织品利用率高，适用范围广，投资少，工艺简单，是目前应用较广的废旧纺织品循环再生手段。机械法开松过程其实是纺织工程的逆向操作，生产过程为克服织物纤维间的摩擦力实现顺利开松，需要较强的机械力作用，会造成纤维断裂，难以得到长度较长的纤维。

图8-6　废旧服装再利用

（二）物理回收法

物理回收法主要应用于化学合成纤维含量较高的废旧纺织品处理，通过高温熔融、溶剂溶解等物理手段实现纤维分离回收再利用。在高温熔融回收过程中，由于受到热降解、水解等影响，化学纤维回收纺丝后特性黏度通常会降低10%，以废旧纺织品为原料生产时再生丝强度很难满足纺丝要求。再生过程除杂手段有限，产品一般需要降档使用，经过再生的纤维，无法再度循环回收，经济效益低。可以在熔融纺丝过程中添加特性黏度较高的瓶用聚酯混合熔融，或在熔融挤出时添加扩链剂来提高再生聚酯长丝的分子质量，以提高再生纤维品质。

（三）化学回收法

化学回收法再生技术主要针对废旧聚酯纺织品，通过化学方法将纤维分子分解成低聚物、酯单体甚至原料单体后，再加以利用。目前对化学回收法研究较多，针对不同材料的废旧纺织品开发了不同的化学回收法。化学回收法能够最大程度利用废旧纺织品，生产过程伴随除杂提纯，所得产品品质好，附加值高，循环过程能够实现资源闭环，对环境友好，是目前研究的主流方向。然而该方法涉及工序多，流程复杂，技术难度大，且投资成本高，目前工业化进程较慢。

（四）能量回收法

能量回收法是将废旧服装材料作为燃料，通过燃烧将热能转化为电能、热能等加以利用的方法。利用焚烧法可以从服装及材料的废弃物中获得一定的能量，与石油、木质燃料相比可以降低成本80%和70%。从而缓解因存放垃圾场地受到控制而带来的压力，实际上焚烧一直是处理高聚物废弃物的一种重要方法。焚烧法在聚氨酯的回收利用中占有重要的地位，特别对那些不能用其他方法回收利用的服装废弃物，焚烧可以说是一种比较好的方法，但是如果在焚烧过程中燃烧不完全的话，将会有有毒气体生成，对大气造成一定的污染。

第五节

服装材料的管理标识与应用

一、服装材料的管理标识

为了让生产者、消费者能够方便准确地掌握和运用服装材料的管理方法，各国都规定了一些统一的标志符号以便确认与识别。这不仅维护了服装厂家的产品质量和信誉，同时也维护了消费者的利益。

国际上通常使用文字和图形符号来表示服装管理的区别，一般这些标志都是织造或印刷在一定织物上，然后缝制在服装的侧缝或其他部位，以便识别。

服装管理的图形标志主要有服装的洗涤、漂白、干燥、晾晒、熨烫、折叠几个部分。服装洗涤通常用洗涤槽来表示，洗涤槽中的数字表示洗涤时的最高水温，洗涤槽下如有一横线，表示机械作用缓和，小心甩干或拧干；洗涤槽下无横线，表示机械常规作用与常规甩干或拧干。如果服装干洗，使用各种溶剂去除服装的污渍，一般用圆形来表示，F表示可以用石油类或氟素干洗溶剂；P表示石油类、四氯乙烯干洗溶剂；A表示所有干洗溶剂，加横线表示干洗时要小心处理。如果在水洗之前、水洗过程中或水洗之后使用含氯的漂白剂，一般用三角形来表示。在水洗后，可以采用烘干、甩干、拧干、直接滴干、平铺晾干等方式，一般用正方形或悬挂的衣服来表示。服装熨烫管理时，通常用熨斗来表示，其中用一些数字和符号来表示熨烫温度的区别。

我国服装常用的管理标记如表8-3所示。

表8-3 我国服装常用的管理标记

项目	管理标记及说明			
洗涤标记	轻柔手洗	不能水洗	40 最高水温40℃	40 最高水温40℃，洗涤强度弱
	禁止干洗	A 适合所有干洗溶剂	F 适合石油类或氟素干洗溶剂，干洗处理要小心	P 适合四氯乙烯、石油类干洗溶剂，干洗处理要小心

续表

项目	管理标记及说明			
洗涤标记	禁止使用洗衣机洗涤	弱 可以用洗衣机洗，但必须用弱档洗	中性 30 最高温度30℃，机洗用弱水，用中性洗涤剂	
干燥标志	允许低温设置下翻转干燥	允许常规循环翻转干燥	允许滚筒式干衣机内处理	禁止放入滚筒式干衣机内处理
	允许拧干	禁止拧干	平摊干燥	阴干
	滴干	悬挂晾干		
漂白标志	不能用含氯成分的漂白剂	C1 允许氯漂		
熨烫标志	允许熨烫	熨烫温度不能超过110℃	熨烫温度不能超过150℃	熨烫温度不能超过200℃
	须蒸汽熨烫	不能蒸汽熨烫	禁止熨烫	须垫层布熨烫

二、服装材料的管理应用

（一）棉类服装材料

1. 洗涤管理

洗涤最佳水温为40~50℃，贴身内衣不可用热水浸泡，因为会出现黄色汗斑。洗涤剂尽量选择碱性的。洗衣机洗涤时要选择轻柔档，甩干时间不可过长。漂洗后的衣服，要立即晾晒，晾晒时，花色布、印染布等为保持棉布的色泽，不宜直接晾晒在强烈的太阳光下。

2. 熨烫管理

熨烫温度可选150~160℃，对含浆量大的白色或浅色织物，熨烫温度一般不超过130℃。斜纹或较厚实的棉布在熨烫前需洒水或喷水，含水量为15%~20%，用温度为180~200℃的熨斗先在反面熨烫。在熨烫棉质起绒衣料时，正面应垫湿布，湿布的含水量应为80%~90%，熨斗熨烫湿布的温度为200~230℃。

3. 储存管理

存放之前应使服装晒干，储存环境应干燥，深浅颜色应分开存放，以防沾色。

棉类服装管理标识及含义如表8-4所示。

表8-4　棉类服装管理标识及含义

标识	50		
含义	最高水温50℃常规洗涤	不可氯漂	最高150℃反面熨烫

（二）麻类服装材料

1. 洗涤管理

洗涤温度选择40℃为宜，洗涤时切忌使用硬刷和用力揉搓。用洗衣机洗涤时，要轻洗，洗涤时间不宜太长，以10~15min为宜。应在通风阴凉处晾晒衣服，不宜在阳光下暴晒，以免衣料褪色。

2. 熨烫管理

熨烫时，在面料上均匀地喷水或洒水，水量应控制在20%~25%，熨斗可直接熨烫正面，熨斗温度以160~180℃为宜。反面熨烫时，温度为175~195℃。

3. 储存管理

可以采用与棉类服装管理相同的方法处理。

麻类服装管理标识及含义如表8-5所示。

表8-5 麻类服装管理标识及含义

标识					
含义	最高水温50℃小心洗涤	不可氯漂	最高200℃，反面熨烫	干洗剂干洗，四氯乙烯	不可拧干

（三）毛类服装材料

1. 洗涤管理

毛类服装材料品种繁多，有的可水洗，有些宜干洗。呢绒面料尽量采用干洗方法，以最大限度地保持其外形的稳定性，毛衫等内衣则可采用水洗，以求达到最佳的去污效果。水洗时要用中性洗涤剂，洗涤浸泡时间不可过长，洗涤温度控制在40℃左右。手洗时用力要均匀适中，洗后不要用力拧绞。用洗衣机洗涤时，应轻洗轻放，洗涤时间不可过长，脱水应选择短时间为宜，脱至无滴水即可。应在阴凉通风处晾晒，不要在强日光下暴晒。

2. 熨烫管理

纯毛织物一般都要加湿熨烫，并要增加熨烫的持续时间，表面不宜与熨斗直接接触，而要隔布熨烫。纯毛织物的熨烫温度，可选150~170℃。

3. 存储管理

呢绒服装制品应悬挂放在干燥处为宜，衣服反面朝外，以防褪色风化，出现风印。毛绒或毛绒衣裤混杂存放时，应用干净的布或纸包好，以免绒毛沾污其他衣料，注意通风，放置樟脑丸应用纸包好。

毛类服装管理标识及含义如表8-6所示。

表8-6 毛类服装管理标识及含义

项目	标识及含义				
水洗类	最高水温40℃小心手洗	不可氯漂	蒸汽熨烫	不可烘干	不可拧干
干洗类	不可水洗	不可氯漂	蒸汽熨烫	小心干洗，四氯乙烯	

（四）丝类服装材料

1. 洗涤管理

洗涤时，浸泡时间不宜过长，选择中性洗涤剂进行洗涤，洗涤液浓度稍低。轻揉轻洗，洗涤液温度以微温或室温为好，洗涤完毕，轻轻压挤水分，切忌拧绞。对于组织结构复杂的大提花真丝面料，最好选择干洗，即使水洗，也应轻洗轻放。在通风阴凉处晾干衣服，不宜在阳光下暴晒，更不宜烘干。

2. 熨烫管理

桑蚕丝类服装材料在熨烫前必须均匀地喷水或洒水，含水量控制在25%~35%，熨斗可直接熨烫衣料的反面，熨斗温度应以165~185℃为宜。柞蚕丝类服装材料不能直接喷水熨烫，否则会影响外观。若必须加湿熨烫，为避免出现水印，则应尽量在被熨烫部位的反面进行，先盖一层干布，再加盖一层拧得很干的湿布，熨斗在湿布上烫一下后，迅速将湿布去掉，接着趁热在干布上熨烫。

3. 储存管理

保持服装洁净，充分晾干，储藏柜的温湿度要适宜，尽量避光，同时要预防蛀虫，可以使用防蛀药物。

丝类服装管理标识及含义如表8-7所示。

表8-7 丝类服装管理标识及含义

标识						
含义	最高水温40℃ 小心手洗	不可氯漂	最高熨烫温度 150℃，反面熨烫	四氯乙烯干洗剂 干洗	不可拧干	缓慢阴干

（五）黏胶纤维类服装材料

1. 洗涤管理

可用中性洗涤剂或低碱洗涤剂进行洗涤。水洗时要随洗随浸，不可长时间浸泡。洗涤时应轻洗，洗涤温度应控制在45℃以内，洗后切忌拧绞。在阴凉通风处晾晒，不可在阳光下晾晒。

2. 熨烫管理

熨烫温度可选150~160℃。熨烫时尽量避免给湿，以免织物出现收缩及起皱不平等现象。

3. 存储管理

收藏前要洗净、干透，人造棉、人造丝服装及其材料以平放为好，不宜长期吊挂存放，以免因悬垂而伸长。

黏胶纤维类服装管理标识及含义如表8-8所示。

表8-8 黏胶纤维类服装管理标识及含义

标识	40			
含义	最高水温40℃小心洗涤	不可氯漂	垫布熨烫	不可拧干

（六）锦纶纤维类服装材料

1. 洗涤管理

内衣使用肥皂和洗衣粉洗涤均可。厚型织品也可用刷子轻刷，洗净轻轻拧干后拉挺，使其平整，晾在通风处阴干，不要在日光下暴晒。

2. 熨烫管理

薄型锦纶面料熨烫前要喷水，含水量为15%~20%，熨斗温度为125~145℃，可以直接在反面熨烫。浅色衣料可直接从正面轻轻熨烫，深色衣料则必须垫上干布从正面熨烫，以免出现极光。厚型锦纶面料熨烫时正面必须垫湿布，湿布含水量为80%~90%，熨斗在湿布上的温度为190~220℃，将湿布含水量烫至10%~20%。

3. 储存管理

储存前应将衣服洗净，充分晾干。

锦纶纤维类服装管理标识及含义如表8-9所示。

表8-9 锦纶纤维类服装管理标识及含义

标识				
含义	最高水温40℃常规洗涤	不可氯漂	垫布熨烫	缓慢阴干

（七）涤纶纤维类服装材料

1. 洗涤管理

可选择一般的合成洗涤剂洗涤，洗涤温度一般为30~45℃，浸渍时间不宜过长，一般都要做到随浸随洗。

2. 熨烫管理

纯涤纶纤维弹力呢在熨烫时正面必须垫湿布，湿布含水量为70%~80%，熨斗在湿布上的温度为190~220℃。涤纶绸类、绉类面料熨烫时要喷水，含水量为10%~20%，熨斗可直接熨烫反面，温度为150~170℃。涤纶长丝交织面料，熨烫前应喷水，含水量为15%~20%，熨斗从反面直接熨烫，熨烫温度为140~160℃。

涤纶纤维类服装管理标识及含义如表8-10所示。

表8-10 涤纶纤维类服装管理标识及含义

标识				
含义	最高水温40℃常规洗涤	不可氯漂	垫布熨烫	不可烘干

（八）腈纶纤维类服装材料

1. 洗涤管理

最好用中性洗涤剂，不宜用碱性太强的洗涤剂，水温最好为40~50℃，洗涤时不要用力搓。纯腈纶面料可在阳光下晾晒，混纺面料及其他合成纤维面料宜在阴凉通风处晾干。

2. 熨烫管理

熨烫时正面要垫湿布，湿布含水量为65%~75%；熨斗在湿布上的温度为180~210℃。

腈纶纤维类服装管理标识及含义如表8-11所示。

表8-11　腈纶纤维类服装管理标识及含义

标识	40		
含义	最高水温40℃常规洗涤	不可氯漂	蒸汽熨烫

（九）裘皮与皮革类服装材料

1. 洗涤管理

天然毛皮与皮革类服装采用干洗方法处理。原皮服装要经常擦洗打油保持革面的弹性和柔软度，不可在强光下暴晒或火烤。皮革服装最忌与酸性、碱性和油类物质接触，也要避免摩擦，以防脱色起毛。受过潮和雨淋的皮革服装不要在太阳下暴晒，应及时在阴凉处晾干。

2. 熨烫管理

熨烫时，在服装表面铺垫一张光面牛皮纸，下面垫上熨烫包（不能用软包），温度调节到75℃左右。熨烫后的皮衣还要用绵羊油进行护理。

3. 储存管理

裘皮服装在收藏前要毛朝外晾晒2~3h，这可以使毛皮干透，并起到杀菌消毒的作用。在通风处晾凉后叠起，在夹层中放入包好的樟脑丸，并用棉布将衣物包裹好放入箱内。切勿使用胶袋衣套罩住貂皮大衣，最好用真丝衣套覆罩存放；在夏季最好把皮草放置于冷藏库中，避免高温潮湿和虫蚁对皮草服装造成损伤。皮革存放时，为了不影响光泽，不要放樟脑丸。

裘皮与皮革类服装管理标识及含义如表8-12所示。

表8-12　裘皮与皮革类服装管理标识及含义

标识				
含义	不能水洗	不可氯漂	低温熨烫	不可暴晒

（十）人造毛皮与皮革类服装材料

人造毛皮洗涤前浸泡3~5分钟，然后把水挤干放入30~40℃的优质洗衣液中，用手工轻轻揉洗，漂洗完后抖平晾起。人造皮革用软棕刷蘸优质洗衣剂轻轻刷洗，洗衣温度以30℃为宜，漂洗干净后用衣架晾在通风处。

人造毛皮与皮革类服装管理标识及含义如表8-13所示。

表8-13 人造毛皮与皮革类服装管理标识及含义

标识				
含义	最高水温40℃小心手洗	不可氯漂	不可熨烫	悬挂晾干

第九章 服装材料基础实验

课题名称：服装材料基础实验　　课题时间：8学时

课题内容：

1. 服装用纤维实验
2. 服装用纱线实验
3. 服装用织物实验
4. 服装用毛皮、皮革实验

教学目的：

1. 使学生在掌握服装材料基础知识的基础上，掌握纤维、纱线、织物及毛皮皮革实验原理的理论和方法，现代仪器操作方法，以及实验数据获取和数据分析方法。
2. 通过实验培养学生的创新意识和合作意识，培养独立思考与实践动手能力，将服装人的使命和责任内涵贯穿到服装材料实验与实践中。

教学方式：多媒体授课，实验演示，实验操作

教学要求：

1. 了解服装用纤维、纱线、织物、毛皮皮革的识别原理
2. 掌握服装用纤维、纱线、织物、毛皮、皮革的识别方法与操作步骤

课前（后）准备：

1. 查阅服装材料基础实验相关的实验标准。
2. 整理实验数据，计算实验结果，分析实验结果影响因素。
3. 书写实验报告。

第一节

服装用纤维实验

一、纤维种类鉴别

（一）实验的目的和要求

根据服装用纤维的外观形态特征和内在性质，采用物理或化学方法，认识并区别各种未知纤维。

（二）实验仪器和试样

1. 实验仪器

普通生物显微镜、纤维切片器、载玻片、盖玻片、酒精灯、镊子、玻璃皿、熔点仪、偏光显微镜、红外光谱仪等。

2. 化学试剂

盐酸、硫酸、间甲酚、氢氧化钠、二甲苯甲酰胺、二甲苯、碘—碘化钾溶液、丙酮、二氯甲烷、溴化钾粉末、分析纯等。

3. 试样

各种未知纤维、纱线或织物。

（三）实验基本知识

在服装的品质内容中，当纤维成分及其含量标注不清楚或与实测结果存在较大差异时，都会严重影响服装性能和使用寿命。GB/T 29862—2013 中明确规定："每件产品应附着纤维含量标签，标明各组分纤维的名称及其含量。"

纤维鉴别就是利用纤维的外观形态或内在性质差异，采用各种方法把它们区分开来。各种天然纤维的形态差别较为明显，而同一种类纤维的形态基本上保持一定。因此，鉴别天然纤维主要是根据纤维的外观形态特征。化学纤维特别是合成纤维的外观形态基本相似，其截面多数为圆形，但随着异形纤维的发展，同一种类的化学纤维可制成不同的截面形态，这就很难从形态特征上分清纤维种类，因而必须结合其他方法进行鉴别。化学纤维主要根据纤维物理和化学性质的差异来进行鉴别。

（四）实验方法和程序

1. 手感目测法

手感目测法是依靠人眼看、手摸、耳听来鉴别服装用纤维材料的一种方法。需要熟悉常用纤维的外观形态、长度、细度、色泽等，感知常用纤维的触感、弹性、刚柔性，了解织物摩擦发出的特殊声音。常用纤维的感官特征如表9-1所示。

表9-1 常用纤维的感官特征

纤维种类		感官特征
天然纤维	棉	外观：纤维短而细且长短不一，长度为25~31mm，有棉结杂质，无光泽 手感：柔软，弹性差，湿强大于干强，伸长度小
	麻	外观：纤维粗硬，呈束纤维状，长短不一，平直，长度为60~250mm 手感：粗硬，有冷凉感，弹性差，强度大，湿强大于干强，伸长度小
	羊毛	外观：纤维长短不一，长度为50~75mm，有天然卷曲，光泽柔和 手感：柔软，蓬松温暖，弹性好，伸长度较大
	羊绒	外观：纤维细而短，较羊毛短 手感：轻柔温暖，光泽柔和，强度、弹性、伸长度较羊毛好
	兔毛	外观：纤维较长，卷曲少 手感：质轻柔软，蓬松温暖，表面光滑，强度低
	马海毛	外观：纤维长而硬，光泽明亮 手感：表面光滑，卷曲不明显，强度高
	蚕丝	外观：细、滑、直，光泽明亮，是天然纤维中唯一的长丝 手感：柔软有弹性，有凉爽感，强度较好，伸长度适中
化学纤维	黏胶纤维	外观：光泽明亮稍有刺目感，消光后柔和，短纤维长度整齐 手感：柔软无弹性，质地较重，强度较低，湿强比干强小得多，伸长度适中
	涤纶	外观：短纤维整齐度好，纤维端部平齐 手感：弹性好，不折不皱，手感挺滑
	锦纶	手感：粗糙，纤维强度高，回复伸长率大，不易拉断，弹性较人造丝、蚕丝好
	腈纶	手感：蓬松，柔软，干燥，弹力较低，色泽不柔和
	维纶	手感：近似棉花，但不如棉花柔软，弹性较差，易折易皱，手感较硬，色泽不鲜艳
	氨纶	手感：弹性和伸长度最大
	丙纶	手感：硬，弹性差，最轻

2. 显微镜观察法

显微镜观察法是利用显微镜观察纤维的纵向和横向截面形态特征来鉴别各种纤维。这是广泛采用的一种方法，它既能鉴别单一成分的纤维，也可用于多种成分的混纺面料的鉴别。

（1）纤维纵向观察：

①将纤维并向排齐（若为纱线则剪取一小段退去捻度，若为织物则分别抽取织物经纱与纬纱并退去捻度，抽取纤维）置于载玻片上，滴上一滴甘油，盖上盖玻片。

②将放有试样的载玻片放在载物台夹持器内，按步骤调节显微镜至清晰图像。

③将在显微镜下观察到的纤维纵向形态拍照或描绘，取下试样，用滤纸擦去甘油，继续装上另一种纤维试样进行观察。

④对照各种纤维纵向的特征或标准照片，判断未知纤维的类别。

（2）纤维截面观察：

通常用哈氏切片器切片后观察，哈氏切片器的结构如图9-1所示。

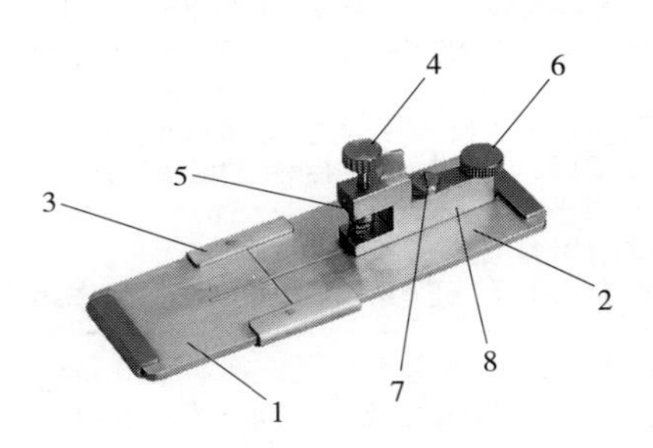

图9-1 哈氏切片器（Y172型纤维切片器）的结构

1—金属左底板（可抽出） 2—金属右底板 3—侧支架 4—匀给螺栓（进样推杆调节） 5—匀给刀（纤维进样推杆） 6—定位螺帽 7—固定螺栓 8—切片匀给架

①将切片器上的匀给螺栓4逆时针方向旋转，使螺栓下端升离狭缝，提起销子，将切片匀给架8旋转到底板垂直位置，将金属左底板1从金属右底板2中抽出。

②把整理好的一束纤维试样嵌入金属右底板2中间的凹槽中，再把金属左底板1插入金属右底板2，压紧试样，纤维数量以稍用力拉纤维束时能移动为宜。

③用刀片切去露在底板正反两面的纤维，正反两面涂上一层火棉胶，干燥3~5分钟后，用刀片切去表面的火棉胶，将切片匀给架恢复到原来的位置并用定位螺帽6将其固定。此时匀给螺栓的螺杆下端匀给刀5正对准底板中间的狭缝。

④旋转匀给螺栓，使螺杆下端匀给刀片与纤维试样接触，再顺螺栓方向旋转螺丝上刻度2~3格，使试样稍稍顶出板面，然后在顶出的纤维表面用玻璃棒涂上薄薄一层火棉胶。稍放片刻，用锋利的刀片沿底座平面切下切片。

⑤将第一片切片丢弃，再旋转螺栓上刻度一格半，涂上火棉胶稍等片刻切片。

⑥按此法切下所需片数试样。将切片放在载玻片上，滴上一滴甘油，盖上盖玻片。将盖玻片置于显微镜下，按纤维纵向观察操作方法进行观察，并将观察到的切片图形描绘在纸上。

⑦对照表9-2常见纤维的纵向和横向截面形态，判断纤维的类别。

表9-2　常见纤维的纵向和横向截面形态

纤维种类	棉纤维	麻纤维	毛纤维	丝纤维	黏胶纤维	醋酯纤维
纵向形态	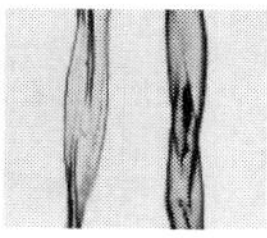	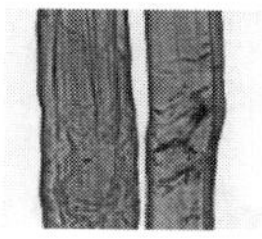	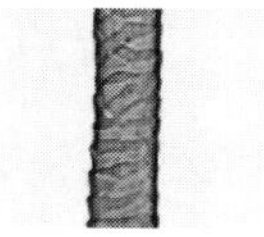			
横向截面	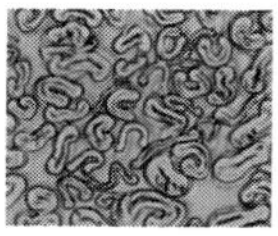	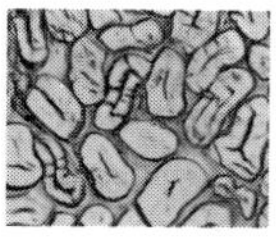	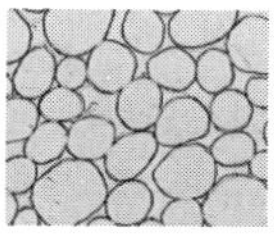	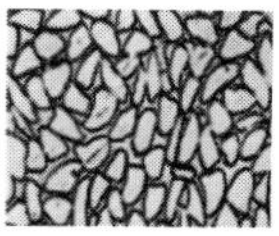	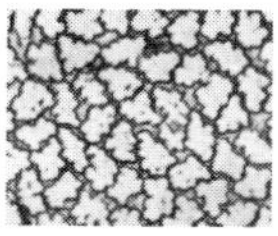	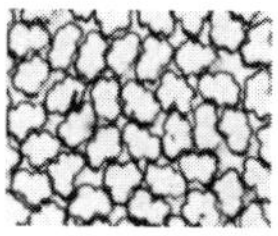
纤维种类	天丝纤维	涤纶纤维	锦纶纤维	腈纶纤维	氨纶纤维	乙纶纤维
纵向形态		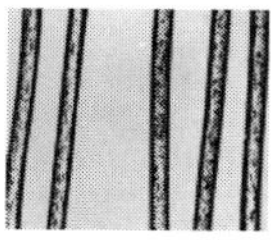	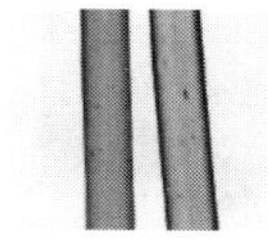	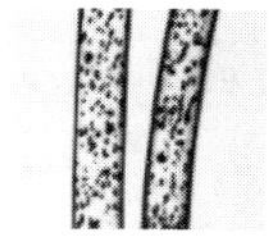		
横向截面	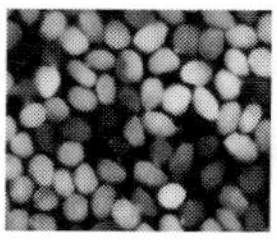	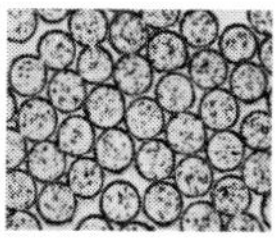	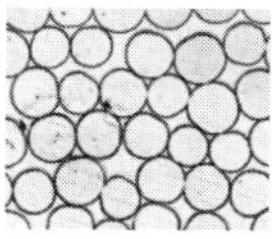	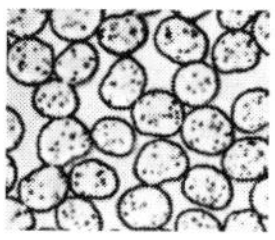		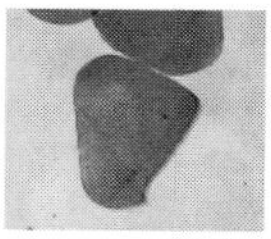

3. 燃烧法

燃烧法是鉴别纤维的常用方法之一，它是利用纤维的化学组成不同，其燃烧特征也不同来区分纤维种类的。

燃烧法适用于纯纺产品，不适用于混纺产品，或经过防火、防燃及其他整理的纤维和纺织品。几种常用纤维的燃烧特征见表9-3。

（1）操作步骤：

①将酒精灯点燃，取10mg左右的纤维用手捻成细束，试样若为纱线则剪成一小段，若为织物则分别抽取经纬纱数根。

②用镊子夹住一端，将另一端徐徐靠近火焰，观察纤维对热的反映情况（是否发生熔融收缩）。

③将纤维束移入火焰中观察纤维在火焰中和离开火焰后的燃烧情况，嗅闻火焰刚熄灭时的气味。

④待试样冷却后观察灰烬颜色、软硬、松脆和形状。

⑤逐一观察各种纤维的燃烧现象，并记录下来，对照表9-3常用纤维的燃烧特征，初步判断纤维的类别。

表9-3 常用纤维的燃烧特征

纤维名称	接近火焰	在火焰中	离开火焰后	燃烧后残渣形态	燃烧时气味
棉纤维、黏胶纤维	不熔不缩	迅速燃烧	继续燃烧	小量灰白色的灰，呈灰黑絮状	烧纸味
麻纤维、富强纤维	不熔不缩	迅速燃烧	继续燃烧	小量灰白色的灰，呈灰白絮状	烧纸味
天丝纤维	不熔不缩	迅速燃烧	继续燃烧	松散的青黑色絮状	烧纸味
醋酯纤维	收缩、熔融	先熔后燃烧	能延烧	硬而脆，不规则黑色	醋味
羊毛纤维、蚕丝纤维	收缩	逐渐燃烧	不易延烧	松脆黑灰	烧毛发臭味
涤纶纤维	收缩、熔融	先熔后燃烧且有熔液滴下	能延烧	玻璃状黑褐色硬球	特殊芳香味
锦纶纤维	收缩、熔融	先熔后燃烧且有熔液滴下	能延烧	玻璃状黑褐色硬球	氨臭味
腈纶纤维	收缩、微熔发焦	熔融燃烧，有发光小火花	继续燃烧	松脆黑色硬块	有辣味
维纶纤维	收缩、熔融	燃烧	继续燃烧	松脆黑色硬块	特殊甜味
丙纶纤维	缓慢收缩	熔融燃烧	继续燃烧	硬而光亮蜡状物	轻微沥青味
氯纶纤维	收缩	熔融燃烧，有大量黑烟	不能延烧	松脆黑色硬块	氯化氢臭味

（2）实验注意事项：

①某些通过特殊整理，如防火、抗菌、阻燃等的织物不宜采用此种方法。

②该方法较适用于纺织纤维、纯纺纱线、纯纺织物或纯纺纱交织织物的原料鉴别。

③在用嗅觉闻燃烧时的气味时，应注意勿使鼻子太凑近试样。正确的方法应该是：一手拿着刚离开火焰的试样，将试样轻轻吹熄，待冒出一股烟时，用另一只手将试样附近的气体扇向鼻子。

4. 药品着色法

药品着色法是根据各种纤维对某种化学药品的着色性能不同来迅速鉴别纤维品种的方法。此法适用于未染色的纤维。鉴别纤维用的着色剂分专用着色剂和通用着色剂两种。前者是用来鉴别某一类特定纤维，后者是由各种染料混合而成，可将各种纤维染成各种不同的颜色，然后根据所染颜色的不同鉴别纤维（表9-4）。

（1）碘—碘化钾溶液法：

将20g碘溶解于100mL的碘化钾饱和溶液中，再把纤维浸入碘—碘化钾溶液中0.5~1min，取出后水洗干净，根据着色不同，判别纤维品种。

表9-4 常用纤维的着色特征

纤维种类	着色剂着色	碘—碘化钾溶液着色	纤维种类	着色剂着色	碘—碘化钾溶液着色
棉纤维	灰	不染色	维纶纤维	玫红	蓝灰
麻纤维	青莲	不染色	锦纶纤维	酱红	黑褐
蚕丝纤维	深紫	淡黄	腈纶纤维	桃红	褐色
羊毛纤维	红莲	淡黄	涤纶纤维	红玉	不染色
黏胶纤维	绿	黑蓝青	丙纶纤维	鹅黄	不染色

（2）HI纤维鉴别着色剂法：

将纤维放入微沸的着色溶液中，沸染1min（时间从放入纤维后染液微沸开始计算）。染完后倒去染液，再用冷水清洗，晾干。然后与标准样对照确定纤维类别。

5. 溶解法

溶解法是利用各种纤维在不同的化学溶剂中的溶解性能来鉴别纤维的方法，它适用于各种纤维。

鉴别时可将少量待鉴别的纤维放入试管中，注入某种溶剂，用玻璃棒搅动，观察纤维在溶液中的溶解情况，如溶解、微溶解、部分溶解和不溶解等几种情况。

由于溶剂的浓度和加热温度的不同，对纤维的溶解性能表现不一，因此在用溶解法鉴别纤维时，应严格控制溶剂的初始和加热温度，同时要注意纤维在溶剂中的溶解速度。

（1）操作步骤：

①将待测纤维（若试样为纱线则剪取一小段纱线，若为织物则抽出织物经纬纱少许）分别置于试管内。

②在各试管内分别注入某种溶剂，在常温或沸煮5min并搅拌，观察溶剂对试样的溶

解情况，并逐一记录观察结果。

③依次调换其他溶剂，观察溶解现象并记录结果。

④参照表9-5常用纤维的溶解性能，确定纤维的种类。

表9-5 常用纤维的溶解性能

纤维种类	盐酸（37%，24℃）	硫酸（75%，24℃）	氢氧化钠（5%）煮沸	甲酸（85%，24℃）	冰醋酸（24℃）	间甲酚（24℃）	二甲基甲酰胺（24℃）	二甲苯（24℃）
棉纤维	I	S	I	I	I	I	I	I
羊毛纤维	I	I	S	I	I	I	I	I
蚕丝纤维	S	S	S	I	I	I	I	I
麻纤维	I	S	I	I	I	I	I	I
黏胶纤维	S	S	I	I	I	I	I	I
醋酸纤维	S	S	P	S	S	S	S	I
涤纶纤维	I	I	I	I	I	S（93℃）	I	I
锦纶纤维	S	S	I	S	I	S	I	I
腈纶纤维	I	SS	I	I	I	I	S（93℃）	I
维纶纤维	S	S	I	S	I	S	I	I
丙纶纤维	I	I	I	I	I	I	I	S
氯纶纤维	I	I	I	I	I	I	S（93℃）	I

注：S——溶解；SS——微溶；P——部分溶解；I——不溶解。

（2）实验注意事项：

①由于溶剂的浓度和温度不同，对纤维的可溶性表现不一样，所以应严格控制溶剂的浓度和温度。

②整理剂对溶解法干扰很大，因此，如果处理的是织物，测试前必须经预处理，将织物上的整理剂去除。

③溶剂对纤维的作用可以分为溶解、部分溶解和不溶解等几种，而且溶解的速度也不同，所以在观察纤维溶解与否时，要有良好的照明，以避免观察误差。

6. 熔点法

熔点法主要是根据合成纤维在高温作用下，大分子键结构发生变化，由固态转变为液态，通过目测和光电检测从外观形态的变化测出纤维熔点温度即熔点。因不同种类的合成纤维具有不同的熔点，故需要依次来鉴别纤维。但许多合成纤维的熔点在一定范围内，因此通常熔点法仅作辅助鉴别。操作步骤如下：

（1）取少量纤维放在两片盖玻片之间，置于熔点仪显微镜的电热板上，并调焦使纤维成像清晰。

（2）升温速率为3~4℃/min，在此过程中仔细观察纤维形态的变化，当发现玻璃片中的大多数纤维熔化时，此时的温度即为熔点。

（3）倘用偏光显微镜，调节起、检偏振镜的偏振面相互垂直，使视野黑暗，放置试样使纤维的几何轴在直交的起偏振镜和检偏振镜间的45°位置上。熔融前纤维发亮，而其他部分黑暗，当纤维一开始融化，亮点即消失，这时的温度即为熔点。

（4）对照表9-6常用合成纤维的熔点，判断合成纤维的种类。

表9-6　常用合成纤维的熔点

纤维名称	熔点（℃）	纤维名称	熔点（℃）	纤维名称	熔点（℃）
二醋酯纤维	255~260	腈纶纤维	不明显	丙纶纤维	160~175
三醋酯纤维	280~300	维纶纤维	不明显	乙纶纤维	130~132
涤纶纤维	255~260	锦纶 6 纤维	215~224	氨纶纤维	228~234

7. 红外吸收光谱鉴别法

以一束红外光照射纤维试样，试样的分子将吸收一部分光能并转变为分子的振动能和转动能。借助仪器将吸收值与相应的波数作图，即可获得该试样的红外吸收光谱带。红外光谱中的第一个特征吸收谱带都包含了试样分子中基团和化学键的信息。不同物质有不同的红外光谱，将试样的红外光谱对照来识别纤维。操作步骤如下：

（1）制样：主要有溴化钾压片法和薄膜法两种，薄膜法又由于铸膜方式的不同分为溶解铸膜法和熔融铸膜法。

（2）光谱测定：根据需要及样品和仪器类型，选择合适的扫描条件，如图谱形式、扫描次数、量程范围、坐标形式、分辨率和图形处理功能等。将制备好的试样薄片放置在仪器的样品架上，启动扫描程序，记录4000~400cm^{-1}波数范围的红外光谱图。

（3）参照表9-7，根据纤维红外主要吸收谱带及特征频率来鉴别纤维。

表9-7 纤维红外吸收谱带及特征频率

纤维种类	制样方法	主要吸收谱带及特征频率
纤维素纤维	K	3450~3200，1640，1160，1064~980，983，761~667，610
动物毛纤维	K	3450~3300，1658，1534.1163，1124，926
蚕丝	K	3450~3300，1650，1520，1220，1163~1140，1064，993，970，550
大豆蛋白纤维	K	3391，2943，1560，1534，1436，1019，848
醋酯纤维	K	3500，2960，1757，1600，1388，1239，1023，900，600
聚酯纤维	K	3040，3258，2208，2079，1957，1742，21421，1124，1090，780，725
聚丙烯腈纤维	K	2242，1449，1250，1175
锦纶 6	K	3300，3050，1639，1540，1475，1263，1200，687
锦纶 66	K	3300，1634，1527，1437，1276，1198，933，689
氨纶	K	3300，1730，1590，1538，1410，1300，1220，769，510
乙纶	K	2925，2868，1471，1460，730，719
丙纶	K	1451，1475，1357，1166，997，972
氯纶	K	1333，1250，1099，971~962，690，614~606
维氯纶	K	3300，1430，1329，1241，1177，1143，1092，1020，690，614
腈氯纶	K	2324，1255，690，624
聚偏氯乙烯纤维	F	1408，1075~1064，1042，885，752，599
芳纶 1313	K	3072，1642，1602，1528，1482，1239，856，818，779，718，864
芳纶 1414	K	3057，1642，4602，1545，1516，1399，1308，1111，893，865，824，786，726，664
聚四氟乙烯纤维	K	1250，1149，637，625，555
酚醛纤维	K	3340~3200，1613~1587，1235，826，758
聚砜酰胺纤维	K	1658，1589，1522，1494，1313，1245，1147，1104，783，722
聚芳砜纤维	K	1587，1242，1316，1147，1104，876，835，783，722
玻璃纤维	K	1413，1043，704，451
石棉纤维	K	3680，3740，1425，1075，1025，950，600，450
碳纤维	K	无吸收
不锈钢纤维	K	无吸收

注：制样方法一栏中，K 表示溴化钾压片法，F 表示熔融铸膜法。

（五）实验结果与分析

记录实验中所得到的结果，分析与评价实验结果。

（六）实验标准

FZ/T 01057.1—2007纺织纤维鉴别试验方法　第1部分：通用说明。FZ/T 01057.2—2007 纺织纤维鉴别试验方法　第2部分：燃烧法。FZ/T 01057.3—2007纺织纤维鉴别试验方法　第3部分：显微镜法。FZ/T 01057.4—2007纺织纤维鉴别试验方法　第4部分：溶解法。FZ/T 01057.5—2007纺织纤维鉴别试验方法　第5部分：含氯含氮呈色反应法。FZ/T 01057.6—2007纺织纤维鉴别试验方法　第6部分：熔点法。FZ/T 01057.7—2007纺织纤维鉴别试验方法　第7部分：密度梯度法。FZ/T 01057.8—2012纺织纤维鉴别试验方法　第8部分：红外光谱法。FZ/T 01057.9—2012纺织纤维鉴别试验方法　第9部分：双折射率法。

二、纤维含量分析

（一）实验原理

利用不同纤维化学稳定性也不同的特点，选择合适浓度的溶液，溶解其中的纤维组分，以求得另一组分的净干重含量，从而求得二组分的净干重量百分率。

（二）实验准备

1. 仪器设备

电子天平、称量瓶、有塞三角烧瓶、玻璃坩埚、吸滤瓶、量筒（100mL）、烧杯（250mL）、干燥器、剪刀、温度计、玻璃棒、恒温水浴锅。

2. 染化药品

硫酸、氨水。

3. 试验材料

涤/棉混纺纱线或织物两份（每份试样不少于1g）。如试样为纱线则剪成1cm长；如试样为织物，应将其剪成碎块或拆成纱线，并去除试样上的油脂、浆料等杂质。

4. 溶液制备

（1）75%硫酸溶液：在冷却条件下，将1000mL浓硫酸（浓度1.84g/mL）慢慢加入

570mL水中。硫酸浓度为73%~77%。

（2）稀氨溶液：将80mL浓氨水（浓度0.880g/mL）用水稀释至1000mL。

（三）棉涤二组分纤维含量测定操作步骤

（1）试样烘干：将预先准备好的试样置于称量瓶内，放入烘箱中，同时将瓶盖放在旁边，在（105±3）℃温度下烘至恒重（指连续两次称得试样重量的差异不超过0.1%）。

（2）冷却：将烘干后的试样迅速移入干燥器中冷却，冷却时间以试样冷至室温为限（一般不能少于30min）。

（3）称重：试样冷却后，从干燥器中取出称量瓶，在电子天平上迅速（在2min内称完）并准确称取试样干重W（精确到0.001g）。

（4）溶解：将试样放入三角烧瓶中，每克试样加100mL75%硫酸，盖紧瓶塞，摇动烧瓶使试样浸湿。将烧瓶在（50±5）℃保持60min，并每隔10min用力摇动1次。

（5）过滤清洗：用已知干重的玻璃砂芯坩埚过滤，将不溶纤维移入玻璃砂芯坩埚，用少量75%硫酸溶液洗涤烧瓶。真空抽吸排液，再用75%硫酸溶液倒满玻璃砂芯坩埚，靠重力排液，或放置1min后用真空抽吸排液，再用冷水连续洗数次，用稀氨水洗2次，然后用冷水充分洗涤。每次洗液先靠重力排出，再真空抽吸排出。

（6）最后把玻璃砂芯坩埚及不溶纤维按烘燥试样同样要求烘干、冷却，并准确称取残留纤维的重量W_A。

（7）计算涤纶和棉纤维的净干含量百分率。

（四）实验注意事项

（1）在干燥、冷却、称重操作中，不能用手直接接触玻璃砂芯坩埚、试样、称量瓶等，以免造成误差。

（2）称量时动作要快，以防止纤维吸潮后影响实验结果。

（3）被溶解纤维必须溶解完全，所以处理过程中应经常用力振荡。

（4）滤渣必须充分洗涤，并用指示剂检验是否呈中性，否则残留物在烘干时，溶剂浓缩，影响分析结果。

（五）实验结果与分析

记录实验中所得到的结果，分析与评价实验结果。

（六）实验标准

GB/T 2910.1—2009纺织品　定量化学分析　第1部分：试验通则。GB/T 2910.2—

2009纺织品定量　化学分析　第2部分：三组分纤维混合物。GB/T 2910.3—2009纺织品　定量化学分析　第3部分：醋酯纤维与某些其他纤维的混合物（丙酮法）。GB/T 2910.4—2009纺织品　定量化学分析　第4部分：某些蛋白质纤维与某些其他纤维的混合物（次氯酸盐法）。GB/T 2910.5—2009纺织品　定量化学分析　第5部分：黏胶纤维、铜氨纤维或莫代尔纤维与棉的混合物（锌酸钠法）。GB/T 2910.6—2009 纺织品　定量化学分析　第6部分：黏胶纤维、某些铜氨纤维、莫代尔纤维或莱赛尔纤维与棉的混合物（甲酸/氯化锌法）。GB/T 2910.7—2009纺织品　定量化学分析　第7部分：聚酰胺纤维与某些其他纤维混合物（甲酸法）。GB/T 2910.8—2009纺织品　定量化学分析　第8部分：醋酯纤维与三醋酯纤维混合物（丙酮法）。GB/T 2910.9—2009纺织品　定量化学分析　第9部分：醋酯纤维与三醋酯纤维混合物（苯甲醇法）。GB/T 2910.10—2009纺织品　定量化学分析　第10部分：三醋酯纤维或聚乳酸纤维与某些其他纤维的混合物（二氯甲烷法）。GB/T 2910.11—2009纺织品　定量化学分析　第11部分：纤维素纤维与聚酯纤维的混合物（硫酸法）。GB/T 2910.12—2009纺织品　定量化学分析　第12部分：聚丙烯腈纤维、某些改性聚丙烯腈纤维、某些含氯纤维或某些弹性纤维与某些其他纤维的混合物（二甲基甲酰胺法）。GB/T 2910.13—2009纺织品　定量化学分析　第13部分：某些含氯纤维某些其他纤维的混合物（二硫化碳/丙酮法）。GB/T 2910.14—2009纺织品　定量化学分析　第14部分：醋酯纤维与某些含氯纤维的混合物（冰乙酸法）。GB/T 2910.15—2009纺织品　定量化学分析　第15部分：黄麻与某些动物纤维的混合物（含氮量法）。GB/T 2910.16—2009纺织品　定量化学分析　第16部分：聚丙烯纤维与某些其他纤维的混合物（二甲苯法）。GB/T 2910.17—2009纺织品　定量化学分析　第17部分：含氯纤维（氯乙烯均聚物）与某些其他纤维的混合物（硫酸法）。GB/T 2910.18—2009纺织品　定量化学分析　第18部分：蚕丝与羊毛或其他动物毛纤维的混合物（硫酸法）。GB/T 2910.19—2009纺织品　定量化学分析　第19部分：纤维素纤维与石棉的混合物（加热法）。GB/T 2910.20—2009纺织品　定量化学分析　第20部分：聚氨酯弹性纤维与某些其他纤维的混合物（二甲基乙酰胺法）。GB/T 2910.21—2009纺织品　定量化学分析　第21部分：含氯纤维、某些改性聚丙烯腈纤维、弹性纤维、醋酯纤维、三醋酯纤维与某些其他纤维的混合物（环己酮法）。GB/T 2910.22—2009纺织品　定量化学分析　第22部分：黏胶纤维、某些铜氨纤维、莫代尔纤维或莱赛尔纤维与亚麻、苎麻的混合物（甲酸/氯化锌法）。GB/T 2910.23—2009纺织品　定量化学分析　第23部分：聚乙烯纤维与聚丙烯纤维的混合物（环己酮法）。GB/T 2910.24—2009纺织品　定量化学分析　第24部分：聚酯纤维与某些其他纤维的混合物（苯酚四氯乙烷法）。GB/T 2910.25—2017纺织品　定量化学分析　第25部分：聚酯纤维与某些其他纤维的混合物（三氯乙酸/三氯甲烷法）。GB/T 2910.26—2017纺织品　定量化学分析　第26部分：三聚氰胺纤维与棉或芳纶的混合物（热甲酸法）。

第二节 服装用纱线实验

一、纱线捻度测试

（一）实验的目的和要求

使用捻度机，根据退捻加捻法和直接计数法原理测定单纱和股线的捻度。通过实验，熟悉捻度机的结构，掌握操作方法和纱线的捻度、捻系数的计算。

（二）实验仪器和试样

捻度仪、分析针、放大装置、单纱和股线试样各一种。

（三）实验基本知识

纱线捻度是纱线单位长度上的捻回数，用来衡量同一细度纱线的加捻程度。以线密度表示细度的纱线，捻度用10cm长度内的捻回数表示纱线捻度；以公制支数表示细度的纱线则采用每米长度内的捻回数表示纱线捻度。

试样的实际捻度按下式计算：

线密度实际捻度T_t计算公式如式（9-1）所示。

$$T_t = \frac{\text{试样捻回数总和}}{\text{试样夹持长度} \times \text{试样次数}} \times 100 \tag{9-1}$$

式中，T_t单位为捻/10cm，试样夹持长度单位为mm。

公制支数实际捻度T_m计算公式如式（9-2）所示。

$$T_m = \frac{\text{试样捻回数总和}}{\text{试样夹持长度} \times \text{试样次数}} \times 100 \tag{9-2}$$

式中，T_m单位为捻/m，试样夹持长度单位为mm。

根据纤维在单纱上或单纱在股线上的倾斜方向不同，纱线加捻方向分为Z捻和S捻两种。加捻的多少，直接影响纱线的物理机械性能和纱线的产量。一般在不影响纱线质量的条件下，降低捻度可以提高生产效率。捻度的多少应根据纱线的用途而定。

捻度指标仅能度量相同细度和密度的纱线的加捻程度。当细度和密度不同时，捻度不能完全反映纱线的加捻程度。因此，常用捻系数指标来衡量纱线的加捻程度。试样的实际捻系数按下列公式计算：

线密度制捻系数 α_t 计算公式如式（9-3）所示。

$$\alpha_t = T_t\sqrt{\text{试样设计线密度}} \tag{9-3}$$

公制支数捻系数 α_m 计算公式如式（9-4）所示。

$$\alpha_m = \frac{T_m}{\sqrt{\text{试样设计公制支数}}} \tag{9-4}$$

（四）实验方法和程序

在规定的张力下，夹持一定长度试样的两端，旋转试样一端，退去纱线试样的捻度，直到被测纱线的构成单元平行。根据退去纱线捻度所需转数求得纱线的捻度。

试样取样及实验方法按照国家标准GB/T 2543的规定方法执行。

（五）实验结果与分析

计算试样捻度、样品平均捻度、捻系数等，捻度单位用捻/m或捻/cm，结果修约至0.1捻/m，分析实验结果。

（六）实验标准

GB/T 2543.1—2015纺织品　纱线捻度的测定　第1部分：直接计数法。GB/T 2543.2—2001纺织品　纱线捻度的测定　第2部分：退捻加捻法。

二、纱线细度测试

（一）实验的目的和要求

定长制纱线线密度是在量取合适的试样长度后，再称取质量计算而得。合适试样是在规定条件下，从调湿处理过的样品中摇取实验用的一定长度绞纱。通过实验掌握测定纱线线密度的方法和计算方法，并了解影响纱线线密度测定结果的因素。

（二）实验仪器和试样

缕纱测长器、烘箱、天平，试样可以是单纱、并绕纱、股线。

（三）实验基本知识

纱线的线密度指纱线单位长度内的质量。在规定的条件下，称重一定长度纱线的质量，经计算得到其线密度，用特克斯（tex）表示线密度单位。

（四）实验方法和程序

按国家标准GB/T 4743—2009规定的方法取样。从实验室卷装样品中绕取一缕试验绞纱，绞纱长度应满足所有测试要求。样品应按规定进行预调湿与调湿。

将已调湿好的卷装样品装在纱架上，按标准规定的卷绕张力绕取需要的圈数，以得到规定的绞纱长度。在要求绞纱时，纱线要在缕纱测长器允许的全动程上横动，以减少纱线重叠。把纱线的头尾结好，松开端剪短，结头要小于2.5cm，然后从缕纱测长器取下试验绞纱，以便称量。

（五）实验结果与分析

计算试样细度，结果修约至0.1tex，分析实验结果。

（六）实验标准

GB/T 4743—2009 纺织品　卷装纱　绞纱法线密度的测定。

第三节 服装用织物实验

一、织物厚度的测定

（一）实验的目的和要求

根据国家标准“GB/T 3820—1997纺织品和纺织制品厚度的测定”规定的实验方法，对织物厚度进行测量，通过测定，掌握实验方法和各指标的计算方法，并了解影响实验结果的因素。

（二）实验仪器和试样

实验仪器为数字式织物厚度仪，试样为普通机织物或针织物。

（三）实验基本原理

织物厚度与织物的组织结构、纱支、密度、织制条件等有关，对织物的服用性能影响很大。测量时需根据织物情况选择相应的压脚尺寸和压力。对于表面呈凹凸不平花纹结构的样品，压脚直径应小于花纹循环长度。

（四）实验方法和步骤

将试样放置在参考板上，平行于该板的压脚，将规定压力施加于试样规定位置上，规定时间后测定并记录两板间的垂直距离，即为试样厚度测定值。

按国家标准规定采集试样，实验时测定部位应在距布边150mm以上区域内按阶梯形均匀排布，各测定点都不在相同的纵向和横向位置上，且应避开影响实验结果的疵点和折皱。实验前按规定将试样调湿。

根据样品类型选取压脚。对于表面呈凹凸不平花纹结构的样品，压脚直径应不小于花纹循环长度，如需要，可选用较小压脚分别测定并报告凹凸部位的厚度。设定压力，然后驱使压脚压在参考板上，并将厚度计置零。提升压脚，将试样无张力和无变形地置于参考板上。使压脚轻轻压放在试样上并保持恒定压力，到规定时间后读取厚度指示值。

（五）实验结果与分析

计算所测厚度的算术平均值，修约至0.01mm。

（六）实验标准

GB/T 3820—1997 纺织品和纺织制品厚度的测定。

二、织物经纬密度的测定

（一）实验目的和要求

根据国家标准GB/T 4668—1995及有关实验方法，对织物单位长度内的纱线根数进行测定，然后计算经纬密度。通过实验，掌握织物密度的测量方法和计算，并比较不同织物的经纬密度。

（二）实验仪器和试样

照布镜、电子织物密度镜，试样为数种机织物。

（三）实验基本原理

织物经纬密度是指织物纬向或经向单位长度内经纱或纬纱根数。一般以10cm长度内的经纱或纬纱根数表示。织物密度测定只能在纱线粗细相同的织物间进行。织物密度的大小，直接影响织物的外观、手感、厚度、强力、透气性、保暖性和耐磨性等物理机械指标。

（四）实验方法和步骤

实验时将织物密度分析仪平放在织物上，刻度线沿经纱或纬纱方向，将刻度线与刻度尺上的零点对准，计算刻度线所通过的纱线根数。

把密度分析仪放在布匹的中间部位进行，纬密必须在经向不同的5个位置检验，经密必须在纬向不同的5个位置检验，每一处的最小测定距离按表9-8的规定进行。

表9-8　实验最小测定距离

密度（根/cm）	10以下	10~25	25~40	40以上
最小测定距离（cm）	10	5	3	2

点数经纱根数或纬纱根数，需精确到0.5根。点数的起点均以在2根纱线空隙的中间为标准。如迄点到纱线中部为止，则最后一根纱线作0.5根计，凡不足0.25根的不计，0.25~0.75根的作0.5根计，超过0.75根的作1根计。

将测得的一定长度内的纱线根数折算至10cm长度内所含纱线的根数，分别求出算术平均数。密度计算精确至0.01根。

（五）实验结果与分析

计算所测织物的密度，修约至0.01根/10cm。

（六）实验标准

GB/T 4668—1995 机织物密度的测定。

三、织缩率的测定

（一）实验目的和要求

通过实验掌握织物织缩率的测定方法，了解织物织缩率的影响因素。

（二）实验仪器和试样

捻度仪、机织物试样。

（三）实验基本原理

织物在织造过程中由于经纬纱的交织，会引起纱线长度的缩短，纱线在织物内的弯曲程度通常用织缩率来表示，即纱线因织造所引起的长度缩短值与织造前纱线长度值之比的百分率。

织物的组织、经纬向密度、织造张力，以及纱线的粗细及不匀，都会影响织缩率的大小。由于织缩率对纱线的用量、织物的物理机械性能和织物外观等均有较大影响，故需对之进行测定。

（四）实验方法和步骤

从标记过已知长度的织物试样上，拆下纱线，在规定初张力作用下使之伸直，测量其长度，计算出织缩率。

将经过调湿的织物试样摊平去皱，在织物上画出标记长度为250mm，含10根以上纱线的长方形。经向2块，纬向3块。裁剪长度大于250mm。

调节捻度仪的两纱夹距离为250mm。固定定位片，线密度大于7tex的棉纱、棉型纱预加张力调至（0.2×线密度值）+4cN。

用挑针从试样中部拔出最外侧的1根纱线，两端各留约1cm仍交织着的长度。从交织着的纱线中拆下纱线一端，将标记处夹入捻度仪的左纱夹中，再从织物中拆下纱线另一端，将标记处夹入捻度仪的右纱夹中，操作过程中应防止纱线退捻。

放开定位片，测量纱线的伸直长度（精确至0.5mm）。每块织物测10根。

（五）实验结果与评价

将10根纱线的平均伸直长度代入计算公式（9-5），计算出织缩率。

$$T = \frac{L - L_0}{L} \tag{9-5}$$

式中，T为织缩率（%）；L为10根纱线的平均伸直长度（mm）；L_0为织物试样上的标记长度（mm）。

根据各组织缩率，再分别计算出经纱和纬纱的平均织缩率。

（六）实验标准

FZ/T 01091—2008 机织物结构分析方法　织物中纱线织缩的测定。

第四节
服装用毛皮、皮革实验

一、毛皮鉴别实验

（一）实验目的及要求

通过实验掌握毛皮的鉴别方法，了解不同毛皮的外观特征及纤维的纵横向形态特征。

（二）实验仪器和试样

光学显微镜、哈氏切片器、载玻片、盖玻片、甘油等，待测毛皮。

（三）实验方法和步骤

根据不同动物毛皮的毛干组织结构特征差异，通过显微镜观察毛皮的毛干表面、横截面特征形态，鉴别毛皮材质。

（1）检查毛皮样品的皮板和毛被，初步确认是否为天然毛皮。

（2）鉴别毛干表面：从毛皮的毛被上取适量毛纤维，将其均匀平铺于载玻片上，滴1滴甘油（注意不能带入气泡），盖上盖玻片，用光学显微镜观察毛纤维中段的显微结构形态，通过与参考样品或图谱进行比对，确认毛被纤维的材质。如为染色毛皮，必要时可用连二亚硫酸钠溶液进行褪色处理。取样时宜取整根的毛纤维，并尽可能涵盖所有毛纤维类型。

（3）鉴别毛干横截面：如果通过毛干表面无法准确判断毛皮的材质，则继续观测毛干横截面。从毛皮的毛被上取适量毛纤维，用哈氏切片器按标准规定方法制备样品切片。将切片放置在载玻片上，滴1滴甘油（注意不能带入气泡），盖上盖玻片，用光学显微镜观察其毛纤维纵切片的显微结构形态，通过与参考样品或图谱进行比对，进一步确认毛被纤维的材质。

（四）实验结果与评价

给出毛皮的规范名称，动物名称后加“毛皮”或“毛革”，如绵羊毛皮、羊毛革等。如无法区分具体动物毛皮的材质，可标注大类，如羊毛皮、兔毛皮、狐狸毛皮等。

（五）实验标准

GB/T 38416—2019毛皮材质鉴别显微镜法。

二、皮革鉴别实验

（一）实验目的及要求

通过实验掌握动物皮革的鉴别方法，了解不同皮革的外观特征。

（二）实验仪器和试样

光学显微镜、刀片或冷冻组织切片机、载玻片、盖玻片、甘油等，待测皮革。

（三）实验方法和步骤

依据不同种类动物皮革的组织结构特征差异，通过显微镜观察皮革表面和纵截面组织纤维的显微结构，鉴别皮革材质。

在具有明显动物组织结构特征的部位裁取合适大小的试样3块。试样A用于观察表面，必要时可用丙酮、乙醇或适当溶剂清除试样表面的涂层；试样B用于观察纵截面组织结构，切割过程中应确保刀片的切边垂直于试样表面；试样C用于测定涂层厚度。

将试样A表面向上平放于显微镜下，对其表面进行观察；将试样B纵截面向上平放于显微镜下，对其纵截面组织结构进行观察。结合表面和纵截面的特征，与参考样品或图谱进行比对鉴别分析，从而确认皮革材质。

（四）实验结果与评价

根据试样组织结构特征、粒面结构形态和纵截面结构形态等特征，鉴别皮革的动物种类。当试样*A*在显微镜下可清楚观察到粒面，或试样*B*可观察到致密的粒面层特征时，可鉴别为粒面（皮）革，否则为剖层（皮）革。当试样的主要纤维为皮革纤维，但组织结构出现非天然皮革纤维的排列规则时，可鉴别为再生革。

（五）实验标准

GB/T 38408—2019皮革　材质鉴别　显微镜法。

第十章

服装材料应用实验

课题名称：服装材料应用实验　　课题时间：8学时

课题内容：

1. 服装材料设计应用实验
2. 服装材料功能应用实验

教学目的：

1. 使学生在掌握服装材料设计与功能应用相关知识的基础上，培养学生掌握设计应用与功能应用实验原理和方法、现代仪器操作步骤，以及实验数据获取和数据分析的能力。
2. 通过实验培养学生的创新意识和合作意识，提高学生独立思考与实践动手能力，将服装人的使命和责任内涵贯穿到服装材料应用实验与实践中。

教学方式：多媒体授课、实验演示、实验操作

教学要求：

1. 了解服装用织物性能原理及影响因素
2. 掌握服装用织物性能的测试方法与操作步骤

课前（后）准备：

1. 查阅服装材料功能实验相关的实验标准。
2. 整理实验数据，计算实验结果，分析实验结果影响因素。
3. 书写实验报告。

第一节

服装材料设计应用实验

一、织物拉伸性能测试

（一）实验的目的要求

通过织物拉伸性能测试实验，掌握织物拉伸断裂性能，掌握织物拉伸性能测试仪器的操作方法与实验方法，了解影响织物拉伸性能实验结果的各种因素。

（二）实验仪器和试样

电子织物强力机（图10-1），织物。

（三）实验基本原理

织物在使用过程中，受到各种不同的物理、机械、化学物质等作用而逐渐遭到破坏。一般情况下，机械力的作用是主要的。拉伸断裂强力实验一般适用于机械性质具有各向异性、拉伸变形能力较小的制品。对于容易产生变形的针织物、编织物及非织造布的强伸性能，一般用顶破强度表示。

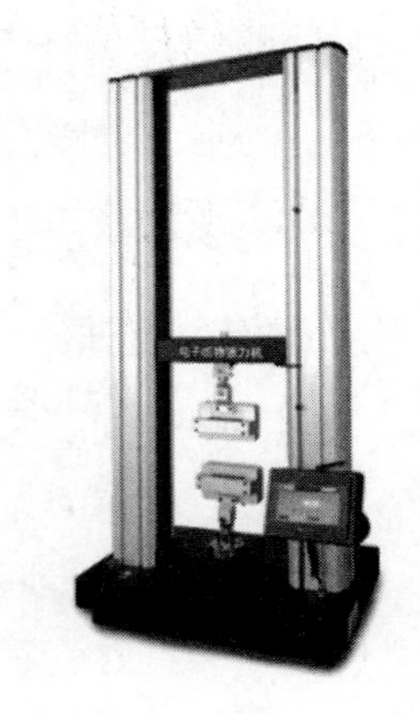

图10-1　电子织物强力机

进行拉伸断裂强力实验时，试样（条）的尺寸及其夹持方法对实验结果影响较大。常用的试样及其夹持方法有：扯边纱条样法、抓样法、剪切条样法。扯边纱条样法实验结果不匀率较小，用布节约。抓样法的试样准备较容易、快速，实验状态比较接近实际情况，但所得强力、伸长值略高。剪切条样法一般用于不易抽边纱的织物，如缩绒织物、毡品、非织造布及涂层织物等。

试样的工作长度对实验结果有显著影响，一般随着试样工作长度的增加，断裂强力与断裂伸长率有所下降。标准中规定，一般织物为20cm，针织物和毛织物为10cm。

（四）实验方法和程序

1. 试样准备

从每种样品上剪取两组试样，一组为经向试样，另一组为纬向试样。每组应至少包含5块试样，试样距布边至少150mm，经向试样组不应在同一长度上取样，纬向试样组不应在同一长度上取样。每块试样的有效宽度应为（50±0.5）mm（不包括毛边），长度应能满足隔距200mm。如果试样的断裂伸长率超过75%（弹性好），隔距可设定为100mm。

2. 设定实验参数

（1）测试次数：5。

（2）预加张力：2N（≤200g/m^2）；5N（＞200g/m^2，≤500g/m^2）；10N（＞500g/m^2）。

（3）起拉力值：30N。

（4）量程：2500N。

（5）夹距：200mm。

（6）拉伸速度：100mm/min。

（7）试样宽度：50mm。

3. 夹持试样

采用预张力夹持，预张力选择标准如下：2N（试样单位面积质量≤200g/m^2）；5N（试样单位面积质量＞200g/m^2，≤500g/m^2）；10N（试样单位面积质量＞500g/m^2）

4. 测定和记录

启动仪器，拉伸试样至断脱。记录断裂强力，单位为牛顿（N）；记录断裂伸长或断裂伸长率，单位为毫米（mm）或百分率（%）。

（五）实验结果与评价

1. 计算经纬向的断裂强力平均值（N）

结果按如下修约：＜100N，修约至1N；≥100N且＜1000N，修约至10N；≥1000N，修约至100N。

2. 计算经纬向的断裂伸长率平均值（%）

计算结果按如下修约：＜8%，修约至0.2%；≥8%且≤75%，修约至0.5%；＞75%，修约至1%。

（六）实验标准

GB/T 3923.1—2013纺织品　织物拉伸性能　第1部分：断裂强力和断裂伸长率的测定（条样法）。

二、织物悬垂性能测试

（一）实验目的及要求

通过织物悬垂性能测试实验，掌握织物悬垂性能，掌握织物悬垂性能测试仪器的操作方法及测试方法，了解悬垂性的表征指标及影响悬垂性的因素。

（二）实验仪器和试样

织物悬垂性能测试仪（图10-2），织物。

图10-2　织物悬垂性能测试仪

（三）实验基本原理

织物因自重而下垂的性能称为悬垂性。它反映织物悬垂程度和悬垂形态。悬垂系数是指试样下垂部分的投影面积与原面积的百分率，它是描述织物悬垂程度的指标。织物悬垂性的测定原理是将一定面积的圆形织物试样放在一定直径的小圆盘上，织物依自重沿小圆盘周围下垂呈均匀折叠的形状，然后从小圆盘上方用平行光线照在试样上，得到一水平投影图，如图10-3所示。

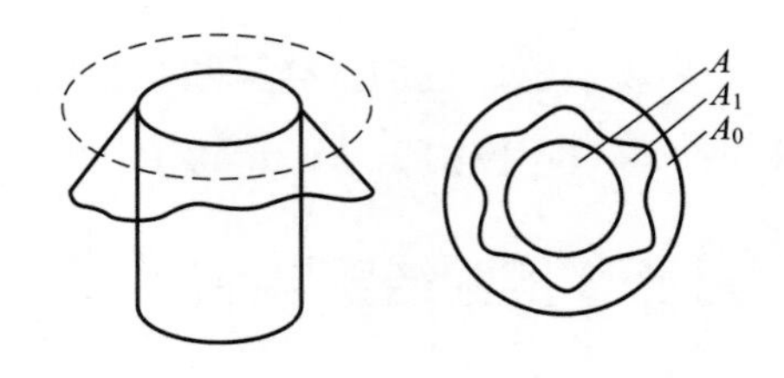

图10-3　织物悬垂性

根据试样投影面积与小圆盘面积之差的比值计算出悬垂系数，计算公式如式（10-1）所示。

$$F=\frac{A_1-A}{A_0-A}\times 100\% \tag{10-1}$$

式中，F为悬垂系数；A_0为试样面积（mm^2）；A_1为试样投影面积（mm^2）；A为圆台面积（mm^2）。

悬垂系数越小，表示织物越柔软，悬垂性越好；反之，织物越硬挺，悬垂性越差。

（四）实验方法和步骤

1. 试样准备

将试样放在平面上，利用模板画出圆形试样轮廓，标出每个试样的中心并裁下；分别在第一个试样的两面标记“*a*”“*b*”。不同直径的试样得出的结果没有可比性。

2. 试样直径的选择

（1）仪器的夹持盘直径为18cm时，先使用直径为30cm的试样进行预实验，读取悬垂系数。若悬垂系数为30%~85%，所有实验的试样直径均为30cm。若悬垂系数小于30%，实验的试样直径除了30cm外，还要选择直径为24cm；若悬垂系数大于85%的硬挺织物，实验的试样直径除了30cm外，还要选择直径为36cm。

（2）如果夹持盘直径为12cm，所有实验试样的直径均为24cm。

3. 预实验

打开仪器电源开关，安装试样，将试样面朝下，打开测试软件，仪器控制—预实验—确定。

4. 正式实验

根据预实验测得的悬垂系数确定试样直径，确定—退出。裁取正式实验所需要的试样，按照相同的方法安装试样。进行“*a*”和“*b*”两面的分别测试。

（五）实验结果与分析

记录实验中所得到的结果，分析与评价实验结果。

（六）实验标准

GB/T 23329—2009 纺织品　织物悬垂性的测定。

三、织物褶皱性能测试

（一）实验目的及要求

通过织物褶皱性能测试实验，掌握织物褶皱外观性能，掌握织物褶皱外观性能试验仪器的操作方法及测试方法，了解影响织物褶皱性能实验结果的各种因素。

（二）实验仪器和试样

织物褶皱外观性能测试仪（图10-4），织物。

图10-4 织物褶皱外观性能测试仪

（三）实验基本原理

织物在使用过程中如果产生褶皱，就会影响其外观性能。抗皱性指织物在使用中抵抗起皱及褶皱容易回复的性能。织物的抗皱性与纤维的弹性、纱线的细度、捻度、织物的组织结构、密度等因素有关。纤维在干、湿态下的拉伸弹性回复率大、初始模量较高，则织物的抗皱性较好。纤维的几何形态尺寸特别是细度也将影响织物的抗皱性，较粗的纤维抗皱性较好。此外，纱线经过树脂整理，分子链之间形成交键，提高了纤维的初始模量与拉伸变形回复能力，从而提高了织物的抗皱性。织物经过染整加工、热定形后，也可改善其抗皱性。

（四）实验方法和步骤

1. 试样准备

从样品的无褶皱区域剪取三块试样，每块尺寸约为150mm × 280mm，试样长边为机织物的经向或针织物的纵行方向。在每块试样的正面作出标记。如果在试样上出现不可避免的任何褶皱，在调湿之前，要用蒸汽熨斗进行轻微的熨烫。

2. 测试程序

（1）升起褶皱仪的上压头，使其固定在顶部。将经过预调湿和调湿的试样正面朝外，其长边围在褶皱仪的上压头上，并且用夹持器将其夹住。调整试样的末端，以使试样在夹持器两边的开口是相对的。

（2）将试样长边的另一端围在下压头上，将试样夹住。通过拉试样的底部来调节试样，以使试样平整，在上下压头之间没有松弛。设定上压头下降速度为（200 ± 10）mm/min，使其在下降的同时进行旋转，直到静止位置。

（3）当试样所受负荷达到（39.2 ± 1）N时，保持该负荷，开始计时。（20 ± 0.1）min之后，升起上压头，去除负荷，松开夹持器。轻轻地从褶皱仪上取下试样，不能扭曲任何已形成的折痕。尽量避免用手接触试样，将较短一边夹在试样架上，并且使试样沿较长一边垂直悬挂。

（4）将夹有试样的试样架放在标准大气中平衡24h之后，轻轻地放到评级区域。

3. 评级

根据表10-1中的描述，将最接近试样外观的级数作为评定等级。如果起皱的情况介于两极之间，则记录半级。

表10-1　织物褶皱性能评级表

级数	试样表面起皱状态描述
5	无变化
4	试样表面有轻微折痕或起皱
3	试样表面有清晰折痕或起皱，但起伏不明显
2	试样表面有显著折痕或起皱，起伏较大，折痕或起皱覆盖试样的大部分表面
1	试样表面有严重折痕或起皱，起伏很大，折痕或起皱覆盖试样的整个表面

（五）实验结果与评价

计算每个样品的三块试样的9个评级结果的平均值作为试验结果，修约到最接近的整数级或半级表示，如3级或3~4级。

（六）实验标准

GB/T 29257—2012 纺织品　织物褶皱回复性的评定外观法。

四、织物耐磨性能测试

（一）实验目的及要求

通过织物耐磨性能测试实验，掌握织物耐磨性能，掌握织物马丁代尔耐磨仪的操作方法及测试方法，了解织物起毛起球过程与机理，了解影响织物起毛起球的因素。

（二）实验仪器和试样

马丁代尔耐磨仪（图10-5），毛毡，起毛起球样照，织物。

图10-5 马丁代尔耐磨仪

（三）实验基本知识

织物在日常使用、实际穿着与洗涤过程中，不断经受摩擦，在容易受到摩擦的部位，织物表面的纤维端由于摩擦滑动而松散，露出织物表面，并呈现许多绒毛，即为“起毛”；若这些绒毛在继续穿用时不能及时脱落，又继续经受摩擦卷曲而相互纠缠在一起，被揉成许多球形籽粒，称为“起球”。织物起毛起球会使织物外观恶化，降低织物的服用性能，特别是合成纤维织物，由于纤维本身抱合性差，强力高，弹性好，所以起球疵点更为突出。目前起毛起球已成为评定织物服用性能的主要指标之一。

织物起毛起球的过程可分为起毛、纠缠成球、毛球脱落三个阶段，如图10-6所示。

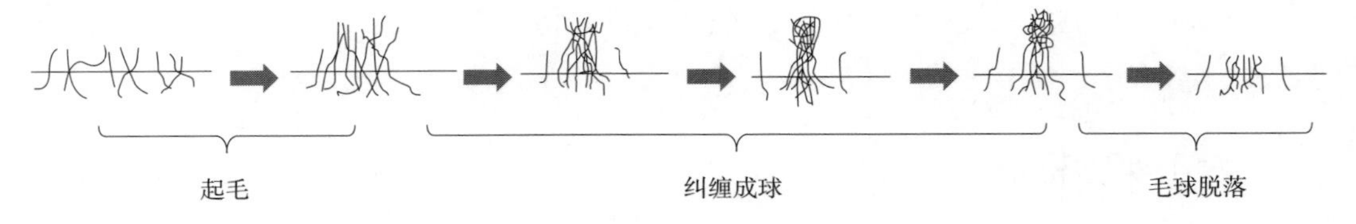

图10-6 织物起毛起球的过程

织物表面的纤维受外部的摩擦作用，首先被拉出形成圈环和绒毛，即起毛。对短纤维而言，绒毛被拉出的条件是外部摩擦力要大于纤维在纱内的抱合力。在绒毛达到一定长度后，才能相互纠缠成球，因此被拉出的纤维长度对织物起球有一定的影响。此外，纤维的抗弯性、强度和耐磨性也影响起毛起球性能，容易弯曲的纤维在摩擦中易相互纠缠成球，比较粗硬的纤维要比细而柔软的纤维容易起球。有些纤维在形成较长的绒毛之前，已被磨断或拉断，只剩下很短的绒毛，就不易起球。有些纤维虽然容易形成数量众多的小毛球，但如果纤维的抗弯性和耐磨性强度较弱，织物表面的毛球在继续摩擦中很快就会脱落。

（四）实验方法和步骤

在规定压力下，圆形试样以李莎茹（Lissajous）图形的轨迹与相同织物或羊毛织物磨料进行摩擦。试样能够绕与试样平面垂直的中心轴自由转动。经规定的摩擦阶段后，采用视觉描述方式评定试样的起毛和起球等级。

（1）取样：剪取3组试样，每组含2块圆形试样，一块直径为140mm，另一块直径为40mm，取样和试样准备过程中避免织物被不适当地拉伸。必要时正反面做标记区分。

（2）试样的安装：将试样按要求安装到试样夹具和起球台。试样下面必须放入毡垫，试样正面朝外，固定好。放好加载块。

（3）预置摩擦次数最低1000转。

（4）摩擦结束后取出试样，对照起毛起球样照对每一块试样进行评级。依据表10-2列出的级数对每一块试样进行评级。如果介于两极之间，记录半级。

表10-2　织物起毛起球评级

级数	状态描述
5	无变化
4	表面轻微起毛和（或）轻微起球
3	表面中度起毛和（或）中度起球，不同大小和密度的球覆盖试样的部分表面
2	表面明显起毛和（或）起球，不同大小和密度的球覆盖试样的大部分表面
1	表面严重起毛和（或）起球，不同大小和密度的球覆盖试样的整个表面

（五）实验结果与评价

记录每一块试样的级数，单个人员的评级结果为其对所有试样评定等级的平均值。样品的试验结果为全部人员评级的平均值，如果平均值不是整数，修约至最近的0.5级。并用“—”表示。

（六）实验标准

GB/T 4802.2—2008纺织品　织物起毛起球性能的测定　第2部分：改型马丁代尔法。

第二节

服装材料功能应用实验

一、织物吸湿性能测试

（一）实验目的及要求

通过织物吸湿性能测试实验，掌握织物吸湿性能及应用，掌握织物恒温烘箱设备及实验使用方法，了解恒量织物吸湿性能的指标及影响因素。

（二）实验仪器和试样

全自动快速八篮恒温烘箱（图10-7）、天平、待测材料。

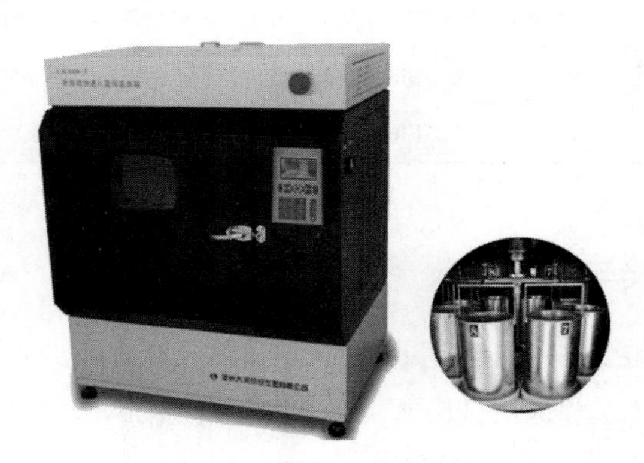

图10-7 全自动快速八篮恒温烘箱

（三）实验基本原理

服装材料在穿用过程中，可从皮肤表面吸收汗液或从周围大气中吸收水分，这种性能称为服装材料的吸湿性。服装材料的吸湿性可用回潮率来表示。回潮率指材料内所含水分重量与材料干燥重量的百分比。回潮率高，则纤维吸湿性好，材料的触感舒适；回潮率低，则纤维吸湿性差，材料的手感粗糙，易产生静电，从而导致材料缠体、易吸附灰尘，人体所排泄的汗液也无法被吸收，容易产生闷热或潮湿之感。一般来说，天然纤维的吸湿性好，合成纤维的吸湿性差。

在不同的外界条件下，服装材料中的纤维回潮率不一样，也就是说，随着外界条件的变化，其回潮率也发生变化，纤维能从空气中吸收水分或向空气中放出水分，达到动态平衡。为了使服装材料的吸湿性能具有可比较性，就必须保证衡量标准的一致，因此规定纤维材料的回潮率测试应在标准状态（温度为20~22℃，湿度为60%~65%）下进行。

（四）实验方法和步骤

1. 取样

按标准规定抽取样品，取样应具有代表性，并防止样品中水分有任何变化。

2. 称取烘前质量

取样后应立即快速地称取试样，并记录其烘前质量，精确至0.01g。

3. 烘燥及确定烘干质量

可选箱内称重法或箱外称重法。

（1）箱内称重法：将试样放入烘箱的称重容器内，在规定温度下烘燥至恒重，连续称重之间的时间间隔按规定执行。称重前关断烘箱气流，称取烘至恒重的试样连同称重容器的质量，精确至0.01g。

（2）箱外称重法：把试样放在称重容器内，然后一起放入烘箱，敞开称重容器，在规定温度下烘燥至恒重，连续称重之间的时间间隔按规定执行。如果用玻璃称量瓶，瓶盖应与瓶子一起放入烘箱内烘燥，否则瓶子在冷却时收缩可能使瓶盖太紧而不能揭开，甚至使瓶子破裂。称重时，在烘箱内将称重容器盖好，移至干燥器内，盖好干燥器。在称重容器和试样冷却过程中，揭开干燥器盖子2~3次，轻轻提起称量容器的盖子片刻以平衡压力，再把干燥器盖子盖好。当冷却至室温时，取出装有试样的称重容器一起称重，精确至0.01g，再将称重容器与试样放回烘箱内，打开称重容器盖。按规定的时间间隔重复烘燥、冷却和称重，直至恒重，记录试样和称重容器合在一起的最后质量和空称重容器的质量。

（五）实验结果与评价

计算试样的烘干质量，计算回潮率。每份试样的回潮率精确至小数点后两位，几份试样的平均值精确至小数点后一位。

（六）实验标准

GB/T 9995—1997纺织材料含水率和回潮率的测定　烘箱干燥法。

二、织物保暖性能测试

（一）实验目的及要求

使用纺织品热阻测试仪测定纺织品的热阻。通过实验掌握织物热阻的测试方法，并了解影响织物热阻的因素。

（二）实验仪器和试样

纺织品热阻测试仪（图10-8），各类纺织品。

（三）实验基本原理

织物的保暖性能是纺织品服用性能中的一项重要内容。根据织物的用途和使用季节不同，对其保暖性会提出不同的要求。冬季服装要求织物具有良好的保暖性能，夏季服装则要求织物具有良好的透气性。保暖性的表征指标有导热系数和热阻等。

图10-8 纺织品热阻测试仪

（四）实验方法和步骤

将试样覆盖于测试板上，测试板及其周围的热护环、底部的保护板都能保持恒温，以使测试板的热量只能通过试样散失，空气可平行于试样上表面流动。在实验条件达到稳定后，测定通过试样的热流量来计算试样的热阻。

准备试样。如果材料厚度≤5mm，试样尺寸应完全覆盖测试板和热护环表面；如果材料厚度＞5mm，需要一个特殊的程序以避免热量或水蒸气从其边缘散发。每个样品至少取3块试样，试样应平整无折皱，实验前应在规定的实验环境中调湿至少12h。

调试好测试仪器，将试样平置于测试板上，将通常接触人体皮肤的一面朝向测试板，多层织物也是如此。在试样不受张力作用、多层试样各层之间无空气缝隙的情况下测试。

调节测试板表面温度T_m为35℃，气候室空气温度T_a为20℃，相对湿度为65%，空气流速为1m/s。在测试板上放置试样后，待测试环境温湿度稳定后，记录热阻值。

（五）实验结果与评价

计算所测试样的热阻算术平均值。

（六）实验标准

GB/T 11048—2018 纺织品　生理舒适性　稳态条件下热阻和湿阻的测定（蒸发热板法）。

三、织物透湿性能测试

（一）实验目的及要求

使用织物透湿量仪测定织物的透湿量。通过实验掌握织物透湿性的测试方法，并了解影响织物透湿性的因素。

（二）实验仪器和试样

织物透湿量仪（图10-9）、电子天平、织物厚度仪等，织物。

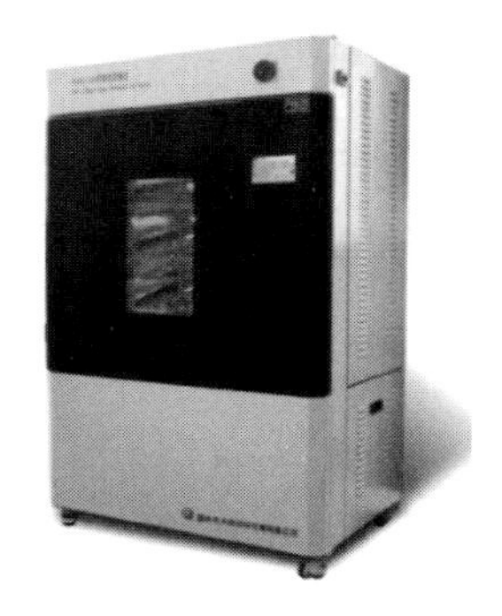

图10-9　织物透湿量仪

（三）实验基本原理

织物的透湿性是指湿气透过织物的性能，也是服装热湿舒适性评价的重要内容。人们较为熟悉的测试织物透湿性的方法是透湿杯法。透湿杯法可分为吸湿法和蒸发法。吸湿法是通过测定吸湿剂的增重量及试样的面积，计算织物透湿量。蒸发法是根据容器内蒸馏水减少的质量和试样的有效透湿面积，计算织物的透湿量或透湿率。

织物的透湿性主要和水汽通过织物的传递途径有关，一是水汽通过织物孔隙扩散，二是纤维自身吸湿，并在织物水汽压较低的一侧逸出。透气性好的材料通常透湿性也较好，透湿性好的材料不仅要有好的吸湿性而且要有好的放湿性。

（四）实验方法和步骤

把盛有一定温度的蒸馏水并封以织物试样的透湿杯放置在规定温度和湿度的密封环境中，根据一定时间内透湿杯质量的变化计算试样透湿率、透湿度和透湿系数。

准备试样，样品应在距布边1/10幅宽的距离，距匹端2m外裁取，每个样品至少剪取3块试样，每块试样直径为70mm。两面材质不同的样品（如涂层织物），应在两面各取3块试样。将试样按要求调湿。

设定实验条件，优先采用（1）组试验条件。

（1）温度（38±2）℃，相对湿度（50±2）%。

（2）温度（23±2）℃，相对湿度（50±2）%。

（3）温度（20±2）℃，相对湿度（65±2）%。

（正杯法）用量筒精确量取与实验温度相同的蒸馏水34mL，注入清洁、干燥的透湿杯内，使水距试样下表面位置10mm左右。将试样测试面朝下放置在透湿杯上，装上垫圈和压环，旋上螺帽，再用乙烯胶带从侧面封住压环、垫圈和透湿杯，组成实验组合体。迅速将实验组合体水平放置在已达到规定实验条件的实验箱内，经过1h平衡后，按编号在箱内逐一称重，精确至0.001g。若在箱外称重，每个实验组合体称量时间不得超过15s。随后经过实验时间1h后，按规定以同一顺序称重。整个实验过程中要保持实验组合体水平，避免杯内的水沾到试样的内表面。

（五）实验结果与评价

记录试样透湿率和透湿系数，试验结果以三块试样的平均值表示。

（六）实验标准

GB/T 12704.1—2009纺织品　织物透湿性试验方法　第1部分：吸湿法。

GB/T 12704.2—2009纺织品　织物透湿性试验方法　第2部分：蒸发法。

四、织物透气性能测试

（一）实验目的及要求

通过实验掌握服装材料透气性能相关知识，掌握织物透气仪器的操作方法，了解影响服装材料透气性的因素。

（二）实验仪器和试样

织物透气仪（图10-10）、剪刀等，面积不小于20cm×20cm的不同种类的织物数块。

图10-10　织物透气仪

（三）实验基本知识

服装材料的透气性是指材料两面存在压强差的情况下，空气透过服装材料的性能。其透气量则是材料两面在规定的压强差下，单位时间内流过材料单位面积的空气体积。服装材料的透气性直接影响服装的舒适性。夏天的服装材料需要有较好的透气性，冬天的外衣材料需要有较小的透气性，以保证服装具有良好的防风性能，防止热量的大量散失。

服装材料透气性的影响因素有织物中经纬纱线间及纤维间空隙的数量与大小，即经纬密度、经纬纱线密度、纱线捻度等。此外，还与纤维性质、纱线结构、织物的组织结构、织物厚度和体积重量等因素有关。

（四）实验方法和步骤

在规定的压强差条件下，测定一定时间内垂直通过试样给定面积的气流流量，计算出透气率。

根据产品标准规定取样，将样品调湿处理。调整好仪器状态，设定实验参数。将试样夹持在试样圆台上，测试点应避开布边及折皱处，夹样时采用足够的张力，使试样平整而又不变形。为防止漏气，在试样的低压一侧（即试样圆台一侧）垫上垫圈。启动吸风机或其他装置使空气通过试样，调节流量，使压强逐渐接近规定值1分钟后或达到稳定时，记录气流流量。使用压强差流量计的仪器，应选择适宜的孔径，记录该孔径两侧的压强差。

在同样的条件下，在同一样品的不同部位重复测定至少10次。

（五）实验结果与评价

计算压强测定值的算术平均值。

（六）实验标准

GB/T 5453—1997纺织品　织物透气性的测定。

参考文献

[1] 姚穆. 纺织材料学 [M].5 版. 北京:中国纺织出版社有限公司,2020.

[2] 王曙中,王庆瑞,刘兆峰. 高科技纤维概论 [M]. 上海:东华大学出版社,2014.

[3] 王革辉. 服装材料学 [M].3 版. 北京:中国纺织出版社有限公司,2020.

[4] 白琼琼. 高性能纤维的发展现状及展望 [J]. 毛纺科技,2021,49(6):91-94.

[5] 方国平,刘福荣. 多功能纺织新材料研究 [J]. 针织工业,2021(8):29-34.

[6] 朱平. 功能纤维及功能纺织品 [M].2 版. 北京:中国纺织出版社,2016.

[7] 商成杰. 功能纺织品 [M].2 版. 北京:中国纺织出版社,2017.

[8] 刘明月,李金强,马建伟. 智能服装的应用现状及展望 [J]. 棉纺织技术,2021,49(9):80-84.

[9] 吴云,刘茜. 可穿戴智能纺织品研究现状及展望 [J]. 棉纺织技术,2018,46(6):79-84.

[10] 孙瑞,王晓映,薛菁雯,等. 国内废旧服装回收再利用的调查与分析 [J]. 纺织导报,2021(1):44-47.

[11] 汪少朋,吴宝宅,何洲. 废旧纺织品回收与资源化再生利用技术进展 [J]. 纺织学报,2021,42(8):34-40.